尾矿筑坝技术原理与案例

徐洪达　著

北　京
冶　金　工　业　出　版　社
2020

内容提要

本书共3篇，第1篇为尾矿筑坝技术，详细介绍了冶金矿业尾矿筑坝的研究现状、上游法尾矿筑坝技术现状、中线法的推广和改进、膏体和膏体筑坝等；第2篇为尾矿坝抗震防洪及事故防范，不仅以实例详述了尾矿坝的地震设防问题，还对尾矿坝事故进行了分析，给出了防范措施；第3篇为尾矿筑坝技术案例，共包含峨口铁矿一尾中线法改造、鲁中御驾泉尾矿坝等7个案例，使本书理论性与实践性兼备，对指导尾矿坝的安全运行具有借鉴意义。

本书可作为矿业类专业高等院校本科生、研究生的教学用书，也可供尾矿筑坝领域的科研人员、管理人员等学习参考。

图书在版编目(CIP)数据

尾矿筑坝技术原理与案例/徐洪达著. —北京：冶金工业出版社，2020. 9

ISBN 978-7-5024-6342-7

Ⅰ. ①尾… Ⅱ. ①徐… Ⅲ. ①尾矿—筑坝 Ⅳ. ①TD926. 4

中国版本图书馆CIP数据核字(2020)第170792号

出版人　苦长永
地　　址　北京市东城区嵩祝院北巷39号　邮编　100009　电话　(010)64027926
网　　址　www. cnmip. com. cn　电子信箱　yjcbs@ cnmip. com. cn
责任编辑　王梦梦　徐银河　美术编辑　郑小利　版式设计　禹　蕊
责任校对　卿文春　责任印制　李玉山

ISBN 978-7-5024-6342-7
冶金工业出版社出版发行；各地新华书店经销；三河市双峰印刷装订有限公司印刷
2020年9月第1版，2020年9月第1次印刷
169mm×239mm；17. 5印张；343千字；270页
99. 00元

冶金工业出版社　投稿电话　(010)64027932　投稿信箱　tougao@cnmip. com. cn
冶金工业出版社营销中心　电话　(010)64044283　传真　(010)64027893
冶金工业出版社天猫旗舰店　yjgycbs. tmall. com

前　言

进入21世纪以来，尾矿坝由不足千座迅速增加到一万两千多座。事故率也在升高，公众对尾矿坝安全及环保的期望值很高，政府监管部门杜绝尾矿库事故的决心和力度也很大，但效果并不尽如人意。

1982年以来，经不断总结并补充完善形成的以冲积法为主体的尾矿筑坝技术，长期指导各企业尾矿处置，功不可没。但是，由于湿滩面尾矿库的出现，传统尾矿筑坝技术存在明显的局限性，滞后于筑坝实践。因此，需要一本全面、科学、客观地总结、解读尾矿筑坝和排放技术的书籍。

本书总结了此类湿滩面坝安全运行的经验，其重点和亮点如下。

(1) 梳理总结了我国尾矿筑坝技术，补充完成了由“干滩”到“湿滩”的筑坝技术传承和发展。内容涉及滩面形成、滩坡和筑坝高度的计算、稳定性计算，尾矿浆由软变硬的水分转移计算，基于土力学原理、常规土工试验、滩面升高速率，对沉积尾矿进行物理力学特性和应力状态的计算机模拟，并提供了若干坝的模拟与勘察成果的比较。传统上认为只有粗颗粒尾矿才能采用上游法筑坝，细颗粒尾矿不能，本书的案例表明，细颗粒用上游法也能快速筑成百米高坝。

(2) 给出了我国尾矿库的年度大事故和保有总数的比例，为制定安全管理和风险控制标准提供了第一手资料。

(3) 倡导持续总结和创新。例如，传统上重视排和堆，以满足采选生产链的运转；本书强调筑子坝，有坝才有空间，有空间才可以排，能排自然就实现了堆。干滩面类型的坝，按已有的、传统的经验可以用小子坝、滩坡防洪。湿滩面类型的坝，为了确保安全运行，必须用大子坝，每期坝高至少3~10m。

最后，感谢北京宏冶安泰环境岩土技术中心，在该中心的帮助下，作者在近几年先后完成了“尾矿坝安全运行管理绩效评价研究”“上封赤泥库干法筑坝试验研究”“上游法尾矿坝物理力学仿真模拟计算”“尾矿坝风险的经验概率评估研究”“膏体尾矿筑坝试验研究”“尾矿坝抗震设防研究”等项目，上述项目的总结和积累，促成了本书的出版。此外，本书在撰写过程中参阅了一些著作、论文、标准等文献资料，在此对文献作者一并表示感谢。同时也衷心感谢冶金工业出版社有限公司对本书出版所做的一系列工作。

由于时间和作者水平所限，书中疏漏和不妥之处，恳请读者批评指正。

徐洪达

2019年5月22日

于北京紫竹居屋

目　　录

第1篇　尾矿筑坝技术

第1篇　尾矿筑坝技术

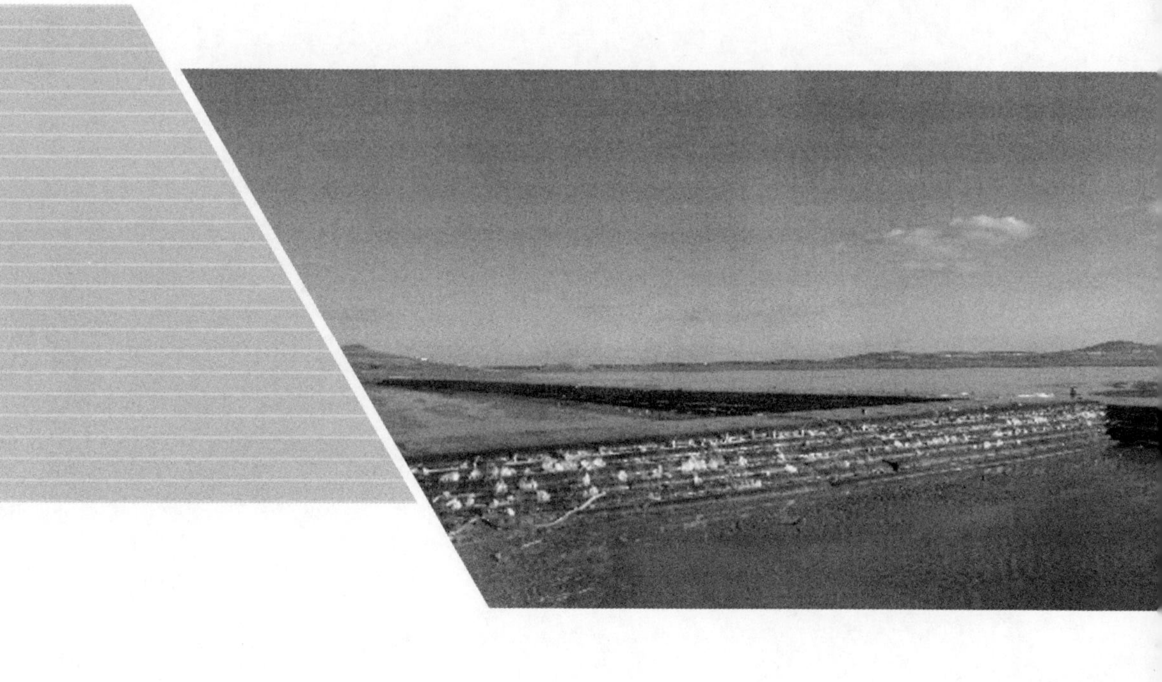

1 绪 论

1.1 尾矿库

尾矿库包括沟谷型、傍山型和平地型尾矿库，涵盖了金属、非金属选厂和其他厂的尾矿、工业渣，包括湿式和干式尾矿处理工艺[1~5]，文献［1~5］定义其为“筑坝拦截谷口或围地构成的、用以储存金属、非金属矿山进行矿石选别后排出的尾矿或其他工业废渣的场所”。众所周知，尾矿和工业废渣是不同的，干法和湿法处理的尾矿也有较大差别。根据现在尾矿库相关规范的条款，可以把尾矿库理解为：筑坝拦截谷口或围地形成空间，以储存金属非金属矿山经矿石选别后湿式排出的细粒物料，有时，也泛指堆存其他工业废渣（如赤泥、磷石膏、中和渣）的场所。这样理解，就排除了直接进入排土场或干堆场的那类尾矿。这样，库和场也分开了，而且突出了湿式排出的细粒尾矿，与《尾矿库安全技术规程》（AQ 2006—2005）以及后边各章节的条文相吻合。《尾矿库安全技术规程》（AQ 2006—2005）和《尾矿设施设计规范》（GB 50863—2013）有关筑坝条款的内涵针对的都是上游式筑坝[2~4]。

用“场所”定义尾矿库过于简单，仅有坝绝不能构成一个安全好用的库，仅形成空间，具有容积，并不能准确表达库的主要功能。不妨这样定义尾矿库：为了储存尾矿、调洪蓄水、保障回水、保护环境，筑坝拦截谷口，围地或利用洼地，与其他设施形成的一组构筑物。所谓一组构筑物，主要包括：

（1）尾矿坝（包括副坝）。用土石等材料修筑的坝体，以形成一个空间，提供存储尾矿、澄清矿浆水、调节洪水的库容。

（2）防排洪设施。有溢洪塔、泄洪管（隧洞）斜槽、溢洪道，坝肩或环库的截洪沟，坝面排水沟等。

（3）坝面护坡、踏步、马道、栏杆、坝肩截洪沟、坝面排水沟、草皮等。

（4）观测设备。坝和塔、管、洞等构筑物的位移观测、浸润线观测、库水位观测、排渗和外排水质观测等设备。

（5）回水设施。可以利用排洪设施，也有单独设置泵站、浮船的。

（6）环保设施。确保外排水质的尾矿水净化设施，最简单的是一个泵站。

（7）排渗、防渗设备。近年来，通常把防渗设施（铺膜及其系统）作为环保设备。

(8) 浓缩系统。浓缩池、浓密机、旋流器、压滤机等，不一定全有，可根据需要组合。

(9) 输送系统。泵房、泵、管阀、自流沟槽等，如果遇山、遇河，则需要隧洞、栈桥等。

其中 (8) 和 (9) 没有被直接定义为尾矿库安全设施。图 1-1～图 1-4 阐释了尾矿库一些基本概念。

图 1-1 尾矿库[3]

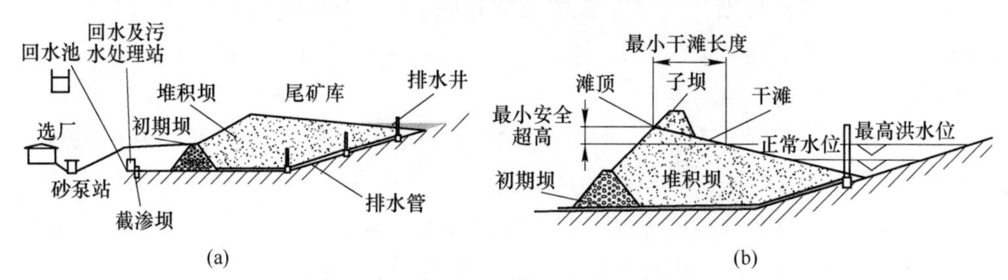

图 1-2 尾矿库和尾矿坝的示意图[3]

(a) 尾矿库设施示意图；(b) 尾矿坝几个概念示意图

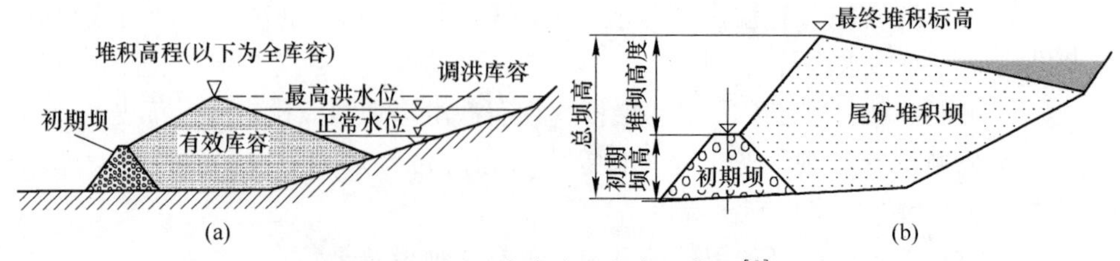

图 1-3 尾矿库库容和坝高示意图[3]

(a) 尾矿库的库容；(b) 尾矿库的坝高

以上对尾矿库的定义有如下特色：

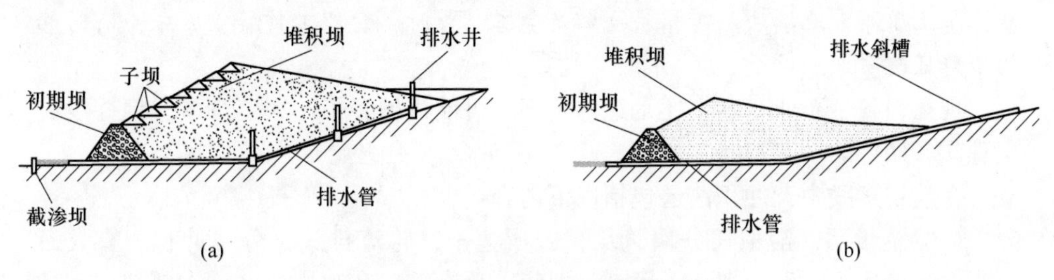

图 1-4 尾矿库常用的排洪系统[3]

(a) 塔-管排洪系统；(b) 斜槽排洪系统

(1) 明确了尾矿库各组成部分的功能和定位，也把露天采坑、洼坑等负地形的利用包含在选择之内。

(2) 丰富了尾矿库各组分功能上的内涵和外延，在环境保护方面，许多尾矿库的自然氧化、净化作用是非常重要的功能。某些高酸、高碱性水，回到系统再利用，可以节约资源、降低成本。

(3) 强调了尾矿库的复杂性和各部分的相关性，例如，支管布设和排矿相关，排放和滩面相关，和筑坝作业条件相关。筑坝、排放、水位控制都与防洪条件有关。例如，某小库，下午封堵一个排塔孔，夜间库水位升高，并引发了子坝溃口，造成尾矿流失，淹没了农田。

1.2 尾矿筑坝工艺和方法

按 GB 50863—2013 第 4.1.6 条，后期筑坝方式可选择直接冲积法和分级冲积法，还专门设立了第 5 章“干堆”。

什么是冲积法，怎么筑子坝？文献［1］认为：冲积法是用支管分散放矿，人工或机械筑子坝，向坝内冲填。一般沿坝轴线方向分为冲积段、准备段、干燥段，轮流交替进行矿浆排放、晾晒、筑坝等作业。

冲积侧重的是矿浆支管排放结果，这与水力冲填（采矿专业用充填）、水坠（水利和水土保持用的筑坝工艺）属于一类概念，是一种浆体排放工艺。洪积也是“湿法”，是自然的；坡积也是自然的，未必“全干”；风积肯定是“干法”，也是自然的，并非碾压式。“干堆”“碾压式”“水坠”或“冲积”都是形成坝体的一种方法，或者叫工艺。比如碾压式土石坝的工艺包括选料、装运、摊铺、碾压、检验等主要工序。

30 多年以前，前冶金部矿山司印发《我国冶金矿山尾矿坝安全稳定性技术调查》(1986 年)，有一段描述上游法作业落后的话，原文如下：

“筑坝方法基本上是沿用 20 世纪 50~60 年代的人工筑坝、半人工的池填法筑坝或半机械半人工的推土机筑坝。这些方法都没有脱离繁重体力劳动。尤其是尾矿坝上劳动条件差，效率低，难以保证施工质量。有些地方人工筑坝，不夯不压，堆上了事。池填法、单槽法也都是费工、费时、管理工作繁重紧张，有时管的不好还跑矿毁坝。”

现在，各个企业基本上还是这样筑坝，可能机械多了，人工少了，但并没有出现作者期望的“高科技”。

在筑坝实践中，冲积法还包括以下内容：

(1) 池填法。沿坝长分块筑埝，做成池子，轮流排放，分块冲积。有人设想改进池填法，首先是把池子做大，把库区分为筑坝区和排放区，实现筑坝和排放作业分离，互不依赖；再引进一些可反复使用的土工织物材料，实现筑埂和埝的“模板化”。就像现浇混凝土，凝固后拆模。池内排放、晾干还跟原池田法一样。

(2) 旋流器分级的上游法筑坝。较早用旋流器沉沙筑子坝的是五龙金矿，后来有尖山铁矿、中钢赤峰铜钼矿等。GB 50863—2013 中所说的分级冲积法，或许也可以用旋流器沉沙筑坝。

(3) 旋流器尾矿分级下游法筑坝。有的文献把中、下游法筑坝都叫作后退法筑坝施工。

(4) 旋流器尾矿分级的中线法筑坝。国内较早采用该方法筑坝的有德兴铜业4号库、太钢峨口铁矿。

(5) 废石筑坝。不一定用于细尾矿，也不一定在尾矿滩面上筑坝，也有人把这种方法叫排土场结合尾矿筑坝。其实这种坝是用废石筑的，上游只排尾矿。早期的废石筑坝不是专指筑子坝，是结合排土场一起筑坝建库，著名的实例是大孤山铁矿。后来有大顶铁矿焦园西沟、太钢袁家村。大孤山、大顶都是在初期坝的上游排放尾矿，初期坝的下游排放废石，中部形成工作平台，沿初期坝坡方向碾压、升高、反滤，形成子坝。为了取料方便，中部工作区低于排土顶面，高于排放使用的坝顶。

(6) 泥浆上管袋成埂池田法。中金某矿膏体筑坝研究中引进的一种分区筑坝工艺。尾矿浆先充填管袋，在自重作用下从泥浆表层下沉到相对硬层，穿越泥浆层的管袋，将坝库区分成筑坝和排放两个区。

表1-1是尾矿筑坝方法的适用性的汇总，在20世纪80年代，行业内并没有完全解决当时的细粒尾矿筑坝问题。当时矿浆浓度高于25%的不多，但已经有了以云锡各选厂尾矿坝为代表的细颗粒上游法。按照《冶金矿山尾矿设施管理规程》(1982版) 和《选矿厂尾矿设施设计规范》(1984版)，堆存细尾矿的主流办法是一次性筑坝，新规范沿用了这一规定[4,5]。

根据《干法赤泥堆场设计规范》[6] (GB 50986—2014)，表1-2总结了中线法、管袋筑埂池填法、浆体干法、压滤干法等新工艺的适用性。

表 1-1 筑坝方法的适用性[1]

筑坝方法	特 点	适用范围
冲积法	操作简便，管理方便，便于用机械筑子坝，尾矿冲积均匀	适用于中粗颗粒的尾矿堆坝
池田法	人工围埝工程量大，上升速度快	适用于尾矿细、坝长、防洪库容大者
渠槽法	人工小堤工程量大，渠槽末端易沉积细颗粒，影响坝体强度	适用于坝体短尾矿颗粒细的情况
分级上游法	可提高尾矿粗粒上坝率，增强坝坡稳定性	适用于尾矿细颗粒
分级下游法	坝型合理，较上游法安全可靠	费用高，目前经验少

表 1-2 新筑坝方法的适用性

筑坝方法	特 点	适用范围
分级中线法	国内中线法实践仍在发展中	偏粗尾矿
管袋筑埂池田法	可以在泥浆上作业，筑埂围池沉坝	渗透性小于 10^{-5}cm/s 浆体
浆体干法	适于各类尾矿，类似池田法	升高速率确保干燥即可
压滤干法	选厂压滤或坝附近压滤各有便利之处	适宜于选厂规模小、场地小且纵坡陡

1.3 尾矿坝的学科基础

1986 年为了学习班的教学需要，冶金部建筑研究院组织编写了一套讲义，包括《尾矿库概论》《尾矿库设计》《洪水计算和防洪》《尾矿库运行和管理》《坝的渗流控制》《坝的液化现象和防治》《尾矿坝的加固补强》等，共 12 分册。1992 年，重新编写了一套讲义，共 10 分册，即《尾矿坝工程概论》《尾矿库的设计规范基本知识》《尾矿筑坝技术与管理（含渗流）》《尾矿库洪水设计和调洪计算》（2 册）《尾矿坝静力稳定分析》《尾矿坝地震液化与动力分析》《尾矿坝监测技术》《尾矿坝降水和加固》（2 册）。这两套讲义缺少同一块重要内容——坝料和压实。作为坝工，研究坝料和不同坝料、不同工艺的压实效果和要求，是必要的和不可少的。

以下是 1992 年讲义中的一段，主要介绍尾矿库管理的具体工作内容。

“尾矿设施管理工作的目标与特点：

冶金矿山尾矿设施管理是一项政策性、技术性很强的工作。其目的可概括为：为矿山生产服务，为人民生命财产负责。具体工作是：

（1）堆存选厂排出的尾矿。

（2）有回水要求的尾矿库，保证库内有一定水深，以便满足澄清、回水要求，供选厂生产使用。不需要循环回水使用者，也应保证排放水达到国家有关环保排放要求。

(3) 保证各构筑物的安全、稳定，特别是坝体和排洪设施的安全。

(4) 做好环保方面的工作，主要是管理好排放水，保证排放水质达到排放标准，做好坝面防护工程，防冲刷，防止管道跑、冒、滴、漏。

(5) 搞好规划，保证在整个矿山生产年限内各尾矿库工程如期建设，顺利衔接。

尾矿设施管理工作技术性很强，它涉及选矿、机械、水文、水工、环保、结构、岩土工程等多种学科和专业，是一种细致的技术性管理工作。仅就尾矿坝本身而言，要回答如下问题就非易事。

(1) 坝和基础是否处于设计假设的状态，其位移、沉降、开裂、侵蚀、沼泽化、渗透是否在设计预期范围之内？(作者曾研究过几个勘察的坝，与筑坝研究报告结果不同。)

(2) 尾矿坝持力区的材料特性，与设计中采用的指标是否一致，是否变化，假如有，对坝的稳定性将产生什么影响？

(3) 尾矿滩面的升高，坡比变化，库内水位的控制，是否与设计预期指标一致，能否抵御设计洪水？

(4) 排洪管、塔是否堵塞或开裂，排水能力或结构稳定性是否满足要求？

(5) 坝体由于渗透饱和，是否发生管涌、流土或其他地下浸蚀现象？

(6) 坝体浸润线随库水位变化，降水系统运行、放矿等条件是否变化，有何规律，对坝的稳定性影响如何？

毫无疑问，及时发现及解决上述问题，对于消除坝的隐患，保证尾矿库的运行安全是有其重要意义的。”

这段文字指出，尾矿坝的决策需要以下基本知识：

(1) 水文水利计算方面，至少要了解简化推理公式和设计洪水的计算公式以及参数来源，至少能看懂设计文件，最好掌握几种基本方法。

(2) 土力学和基础工程学方面，要了解土力学的基本知识和理论，知道土工试验结果和方法，熟悉沉积尾矿的性质和指标，了解地基承载力和变形的概念，建立基础稳定和边坡稳定的基本知识，以便于解决以下问题：

1) 沉积尾矿的抗剪强度指标分类、试验、应用与坝坡的稳定性分析。

2) 渗流的基本理论和尾矿坝的渗流问题，会用到固结和压缩、有效应力原理、固结度等知识点。

3) 土的液化概念、基本评价方法和应用，静力和地震都会引起尾矿坝液化和流滑。

(3) 碾压式土石坝常识，其基础是土的压实理论和筑坝工艺。

(4) 材料力学、结构力学、混凝土结构等学科，用以解决排洪塔和坝下混凝土管道的埋设、维护等结构安全问题。

1.4 尾矿坝的专业定位

新中国成立至今矿业尾矿库的发展已经走过了70年。1984年《尾矿设施设计参考资料》的出版[1]，被认为是尾矿库设计逐步成熟的标志。该书主要介绍了黑色、有色选矿厂湿法处理尾矿设施的设计，包括尾矿坝、尾矿库排水构筑物、尾矿浆输送管槽、砂泵站、尾矿浓缩池的设计和设备选择等，并适当介绍了尾矿综合利用、尾矿水处理、尾矿设施技术经济和尾矿设施的运行管理等内容。虽然尾矿设施的内涵就是尾矿库工程，但当时并没有使用“尾矿库工程”或“尾矿坝工程”的概念。其主要原因也许是冶金行业的因素在起作用。

从冶金专业技术上，冶炼、采矿、选矿三者构成冶金行业的主体工艺链。其他专业，如土建、结构、地质、机械等，都属于辅助专业。钢厂的土建、结构再复杂，投资再大，都是为冶炼和轧钢服务的。尾矿库也如此，不管工程的复杂性多高，工程投资的比例占多大，都是选矿工艺的末端。

比较岩土工程和尾矿库工程的内涵可知：尾矿库工程属于岩土工程，而不属于冶金工程。在尾矿库工程的9个单项中，许多属于岩土工程范畴或以岩土工程为基础，这可以证明以下3点：

(1) 岩土工程领域广阔，它们都以工程地质学、土力学、结构力学、水文学、水力学、混凝土结构力学等学科为基础，为几乎所有的地面工业与民用建筑工程服务。

(2) 尾矿库工程与其他工程具有共同学科基础，许多单位工程、单项工程属于同一学科，所以尾矿库工程属于岩土工程范畴。

(3) 从事尾矿库工程设计和其他技术服务的个人有一定的准入要求：注册土木工程师（岩土）、注册结构工程师、注册建造师等。国内建筑、水利、电力、铁道、交通、港口、道桥等部门都实行注册土木工程师制度。

尾矿库的规模根据坝高和库容来确定，而冶金工程的规模由冶炼和采掘或处理矿石的能力来确定。库和冶金工程这两套工程规模并不相同，即大冶金不一定有大矿山（可买矿），大选厂不一定必须建大尾矿库（可分期建多个中、小库），中、小选厂不一定不建大库（长期服务）。考虑到行政许可（设计、监理、工程质量评定、工程验收）监管和专业配置的需要，为了避免各类问题和矛盾，有必要建立尾矿库工程概念。

据2007年10月数据，全国共有尾矿库6261座，至2008年年底，全国有各类尾矿库共计12655座，其中已闭库的有1950座、在建的有1853座，运行使用的有8852座。尾矿库数量大约是我国水库大坝的1/10，但“尾矿库工程”这一概念在我国至今仍没有确立。尾矿或尾矿处理仍被划分在矿物加工工程专业或附属于选矿工艺，有的行业附属于矿山专业。

岩土工程的框架图如图 1-5 所示。

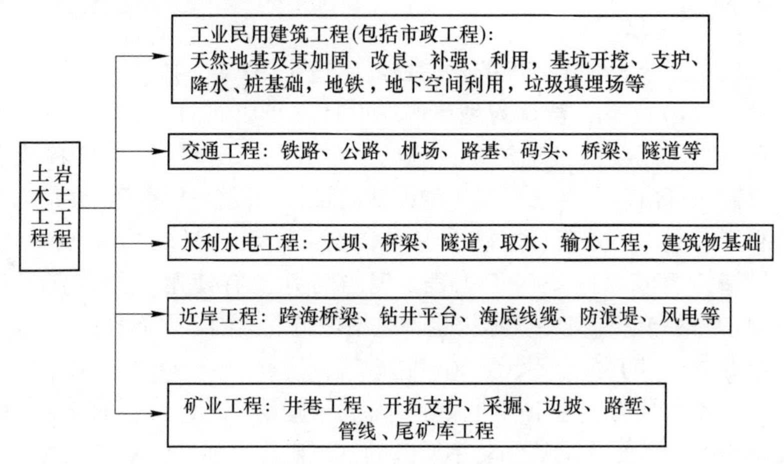

图 1-5 岩土工程的框架图

尾矿库工程框架如图 1-6 所示。

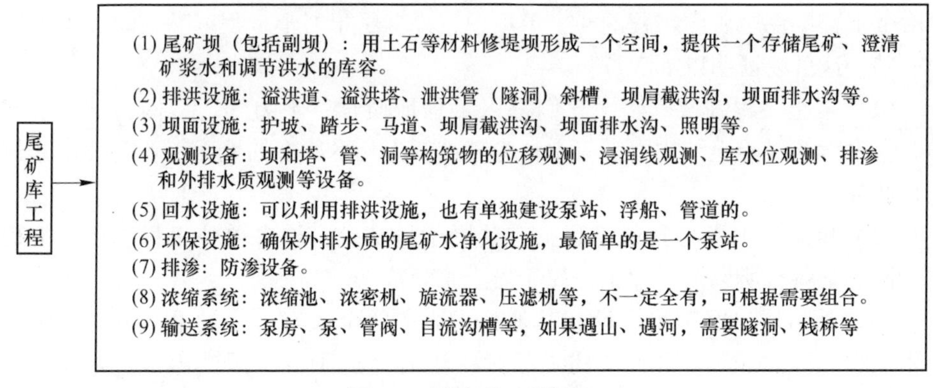

图 1-6 尾矿库工程框架

1984 年颁发的《选矿厂尾矿设施设计规范（试行）》是以选矿工艺流程为体系编排的。1990 年修订的《选矿厂尾矿设施设计规范》（ZBJ 1—90）虽然突出了尾矿库的内容，调整、增加了尾矿坝设计规定，但仍以选矿工艺流程为体系的格局并未改变。

国家建设工程资质管理部门设立的相关矿业（冶金、核工业、化工、建材）设计资质的专业配置目录没有尾矿库这一专业，相关矿业工程规模分级也没有这一工程。行政许可和监管对尾矿库工程设计、施工、监理等资质要求越来越严格；但在尾矿库工程概念没有确立，在“建设工程”系列中没有确定其地位的情况下，涉及尾矿库建设（包括立项、勘察、设计、施工、监理、运行、监管）的许多问题，特别是工程质量评定、验收等就难以处理。

至今，虽然有岩土工程专业硕士或博士专攻尾矿坝方向，但并没有一所高校或职业学校设置尾矿工程专业。进入 21 世纪，尾矿工程界出版了几本与尾矿库有关的书，但至今却没有一本专门研究尾矿后期筑坝技术的。

众所周知，尾矿库由初期坝、堆积坝、副坝、排渗设施、排洪设施、回水设施、观测设施以及必要的环保工程等分项或单项工程组成，如果建在河道或沟谷中，与典型的水利枢纽工程十分相似；如果建在山边或平地，则与垃圾填埋场类似；如果尾矿中含有毒、有害矿物、放射性物质，更是一个包括环保专业在内的复杂工程。

显然，尾矿库工程应该包括尾矿坝、尾矿库排洪构筑物、尾矿浆输送管槽、砂泵站、尾矿浓缩池的设计和设备选型，尾矿水回收、处理和利用，环保工程，水土保持工程，尾矿综合回收利用，尾矿库工程技术经济分析，尾矿库的安全运行和管理等。

根据水利部门对水利枢纽和引水工程设计配置的要求，设计尾矿库需要的专业配置可以在水利枢纽和引水工程设计的专业配置基础上增减为：水文、工程规划、水工结构、水利工程、水库移民、工程地质、水力机械、电工、通信、金属结构、采暖通风、工程施工、环境保护、水土保持、观测、建筑、工程造价、技术经济。

由于尾矿库工程的综合性以及设计院尾矿专业配套的单一性，对尾矿库工程设计人员的技术素质要求极高，因此，各大设计院所非常缺乏高水平的技术带头人。矿山企业缺乏高素质、有丰富经验的尾矿库管理人，这也是尾矿库事故频发的本质因素之一。

在岩土工程学的基础上衍生出一个“环境岩土工程”，专门研究人类生产活动（如采矿引起的地面塌陷）和工程活动导致的环境问题。尾矿库的修建会导致一系列环境岩土问题，可以概括如下：

（1）随着堆积尾矿的升高，库区各类岩土中产生应力增量，坝越高应力增加越大，可能诱发地震，我国监测到的水库诱发地震最高达 6.2 级。

（2）尾矿库中的水对岸坡产生浸蚀，土质的、偏陡的库岸边坡会加剧坍塌、滑坡等地质活动。

（3）松散、饱和的堆积尾矿属于可液化材料，静、动剪应力作用下都有可能发生液化。

（4）可能发生的工程意外加剧了下游公众安全和环境安全的防范压力。

很长时间内，诸如此类问题未引起设计人员的重视，而政府和社会对下游安全和环境的关注，也许会带动对这些问题的研究和解决。近十多年以来，在这方面的应对只在演练而已，在技术研究、标准化等方面无实质性建树。

2　冶金矿业尾矿筑坝的研究

自 1962 年以来的很长时期内，我国冶金矿业非常重视尾矿坝的调查研究[1~3]。

多年来，有好几个术语描述这一项工作，如尾矿筑坝试验、尾矿筑坝试验研究、尾矿筑坝工艺试验、尾矿筑坝模型试验、尾矿堆坝试验、堆坝试验研究，等等。

其实，筑坝试验研究是尾矿库运行中产生的一个需求。最早，人们发现筑子坝的作业条件不好，存在不同程度的筑坝困难，担心所筑坝的安全。当尾矿颗粒细、液面升高快，滩面不能上人进行筑坝作业时，需要进行筑坝研究和库的安全性论证。后来，类似的库越来越多，引起了全行业的重视。设计人员关心设计责任，企业的高管和政府的监管人员关心连带责任，因此该问题逐渐演变为一个选择筑坝方法的设计决策问题。企业只有选择解决问题，而不是回避问题。目前许多企业的尾矿库运行问题虽解决了，但多达不到现行规范的标准。

每发生一次尾矿库事故后，对冲积法的质疑就深化一次。似乎是设计决定尾矿库成败，研究决定尾矿库设计对错。上游法的声誉欠佳与此观点有关。其实这都是对尾矿筑坝了解不多、总结研究不够衍生的“误解”，由此带来的“锦上添花”式的整改花费不计其数。

《尾矿库设计规范》(GB 50863—2013)（以下简称《规范》）以前的版本，对尾矿筑坝试验研究没有具体的规定，该新《规范》把筑坝试验研究纳入了设计程序。《规范》实施以来，在行内探讨的问题有尾矿筑坝方法选择、断面概化、筑坝试验研究、抗剪强度指标的应用、抗震设计和分析等。虽然《规范》第 4.1、4.2、4.4、4.6、5.1、5.3 节就尾矿筑坝规定了若干条款，但使用中仍有一些不方便，本章重点讨论筑坝试验研究方面的问题。

2.1　早期的尾矿筑坝

早期的尾矿筑坝研究是指改革开放以前的尾矿筑坝研究。20 世纪 60 年代尾矿坝工程技术研究从零开始，经过拓荒者们的辛勤耕耘，在调查研究国内情况、学习国外经验的基础上，在筑坝试验、渗流试验等方面取得了可喜成果[7~9]。早期的代表性成果有：

(1)“云锡新冠尾矿坝事故及今后处理方案的报告”(1960 年 12 月)。

（2）“云锡公司老厂、大屯、黄矛山、卡房尾矿坝调查报告”（1962 年 10 月）。

（3）“利用分散排矿工艺进行细粒尾矿堆坝的可行性”（1963 年）。

（4）“南芬小庙儿沟尾矿坝试验研究报告”（1964 年）。

（5）《选矿厂尾矿坝设计论文集》(1964 年 6 月)。

（6）“渡口尾矿坝二相电拟试验报告”（1965 年）。

（7）“渡口尾矿坝排水设施三相电拟试验报告”（1965 年）。

（8）“包钢尾矿坝试验报告”（1966 年，冶建院牵头多院所合作）。

（9）“东北地区尾矿坝考察报告”（1975 年）。

（10）“江西广东两省部分尾矿坝调查报告”（1976 年）。

（11）“尾矿筑坝中几个问题的讨论”（1977 年 5 月）。

（12）“尾矿的工程技术综合分类研究”（1979 年 7 月）。

1980 年后，有“南芬高坝研究”“本钢电厂粉煤灰筑坝研究”“大姚铜矿筑坝试验”等成果，如图 2. 1~图 2-3 所示。

由图 2-1~图 2-3 可以清楚地看到，早期的研究除了实验报告，库的运行调查是一个重要部分，这个时期的表现是认识尾矿库，了解尾矿坝和构成坝的主体——沉积尾矿。

图 2-1 早期尾矿坝调研和试验研究报告（1966~1976 年）

这些成果都是 1982 年和 1984 年先后颁发的《尾矿设施管理规范》和《尾矿设施设计规范》的重要基础之一。至 1996 年，峨口铁矿和德兴铜矿中线法实践成功，我国上游法和中线法高坝技术逐步成熟。所谓成熟技术，是指在特定尾矿粒度、尾矿浓度、地形、管理要素等具体条件下，实现尾矿库安全运，不是单指设计、管理或监管，更不是一成不变。

自 1990 年至今，尾矿库的运行条件有了很大改变，筑坝试验研究有了新的变化，这些变化可概括为尾矿细、浓度高、库的地形条件差、民营小企业多等。结果是，湿滩面的和短滩长的小库多了。

图2-2 本钢小庙儿沟尾矿坝高坝试验研究资料（1982年）

图2-3 粉煤灰筑坝试验研究报告（1984年）

当时，有几个尾矿筑坝试验研究的典型成果是针对高浓度的，如邯邢冶金矿山管理局符山铁矿高浓度上游法的研究，鲁中御驾泉尾矿坝333m筑坝试验研究等成果，还有专题研究的文章问世[10~15]。表2-1是部分尾矿筑坝试验研究课题的汇总。

表2-1 尾矿筑坝试验研究一览表

序号	项目名称	完成单位	年份	主要工作和成果	主持人
1	包钢尾矿筑坝试验	中冶建筑研究总院等	1965	浆体冲填，常规土工试验	王治平

续表 2-1

序号	项目名称	完成单位	年份	主要工作和成果	主持人
2	本钢粉煤灰筑坝试验研究	中冶建筑研究总院	1983	砖槽、土槽浆体冲填，常规土工试验，静动三轴试验，坝的数值计算等	王治平
3	大姚尾矿筑坝试验	中冶建筑研究总院	1988	土槽浆体冲填，常规土工试验	栾永超
4	德兴中线法试验研究	北京有色金属研究总院		旋流器分级和现场筑坝试验，常规土工试验，静动三轴试验	陈洪业等
5	鲁中尾矿筑坝试验研究	中冶建筑研究总院	1989	砖槽浆体冲填，常规土工、静动三轴试验，旋流器沉砂试验，浆体沉降试验，静动三轴试验，坝的数值计算等	王治平、徐洪达
6	峨口中线法改造试验研究	峨口铁矿	1990	旋流器分级试验，上游法坝勘察	王柏纯等
7	符山尾矿筑坝研究	中冶建筑研究总研	1992	提高输送浓度的改造，分散排放，尾矿坝勘察，滩面取样，静动三轴试验，坝的数值计算等	徐洪达等
8	鲁中泥质尾矿筑坝试验研究（333m）	中冶建筑研究总院	1993	水力固结试验，无纺布淤堵试验，常规土工实验，静动三轴试验，坝的固结度计算，静动有限元等	
9	370 标高筑坝	中国京冶工程技术有限公司	2009		徐洪达
10	白雉山尾矿筑坝试验研究	长沙矿冶研究总院有限公司	1993	现场筑坝工艺试验，常规土工试验，抗滑稳定、静动力分析	裘家骙
11	西石门尾矿筑坝试验研究	长沙矿冶研究总院有限公司	1994	现场筑坝工艺试验，常规土工试验，抗滑稳定、静动力分析	裘家骙
11	西石门加高可行性	中冶建筑研究总院	2003	综述、勘察、动力分析、加高	徐洪达
12	大顶尾矿筑坝试验研究	中国京冶工程技术有限公司	1998	现场筑坝工艺试验，常规土工试验，常规稳定性分析，勘察验证	徐洪达
13	司家营尾矿筑坝试验研究	中国京冶工程技术有限公司	2005	规范法和工程类比法进行沉积断面概化和筑坝可行性论证，仿真模拟，静动三轴试验和坝的数值计算	徐洪达
14	镇沅金矿尾矿筑坝试验研究	北京宏冶安泰环境岩土技术中心	2011	规范法和工程类比法进行沉积断面概化和筑坝可行性论证，仿真模拟、数值计算和勘察验证	徐洪达

续表 2-1

序号	项目名称	完成单位	年份	主要工作和成果	主持人
15	中钢赤峰金鑫尾矿筑坝试验研究	承德龙兴矿业工程设计有限责任公司	2012	规范法和工程类比法进行沉积断面概化和旋流器分级试验，筑坝可行性论证	徐洪达
16	某铝业赤泥干法筑坝试验研究	北京宏冶安泰环境岩土技术中心	2012	现场筑坝工艺试验和土工试验	徐洪达
17	膏体尾矿筑坝试验研究	北京宏冶安泰环境岩土技术中心	2013	现场筑坝工艺试验和土工试验，仿真模拟、数值计算等	徐洪达
18	某菱铁矿尾矿筑坝研究	北京宏冶安泰环境岩土技术中心	2014	土工试验、仿真模拟、数值计算等	徐洪达

表2-1中的项目，有的只写了冲槽试验和常规土工试验。冲槽试验主要确定沉积滩面上不同位置的冲积坡度和尾矿的粒度；常规土工试验主要确定沉积尾矿的物理力学特性，统称为尾矿的沉积规律。

冲槽试验应包括2~3个单宽流量和浓度的排放条件，土工常规试验项目有密度、天然密度、含水量，黏性土做液限、塑限，砂性土做最大最小干密度，压缩系数、固结系数、渗透系数、直剪等。对于上游法，依据这些试验成果，基本可以根据升高速率确定筑坝工艺和方法了。

要确定筑坝高度和防洪安全，还需进行相关的安全论证，也许还应安排更多的试验。例如，高坝需要有限元分析，故需要静三轴试验、振动三轴试验等成果。排洪构筑物复杂的，还要安排水工模型试验。表2-1中，有的项目叫“筑坝试验”，可解决筑坝工艺可行性。有的叫“筑坝试验研究”，既解决工艺可行性，也论证坝的安全性。不同表述，研究的工作量、深度、手段、时间都有一定差别。从表2-1中项目看，必要工作时间多在1~2年。

在过去的实践中，多在发生筑坝问题时直接解决，而不是在工程设计前或初期坝施工期间解决，既不是行政许可前后就进行筑坝试验研究，也不是设计的必要内容。按GB 50863—2013第4.1.6节要求，筑坝试验可理解为设计的一部分，似乎应该在行政许可和设计前就要完成。对于高坝，还应包括“地震危险性分析”“三维渗流分析”“时程法地震反应分析”。

这里的行政许可，指政府部门组织的审查会和验收活动，尾矿库有可行研究阶段的预评价报告和方案设计阶段的安全专篇审查。在尾矿库报建时，有的地方还审查施工图。

以前的筑坝试验研究不这样做，因为选厂还没有投产，投产初期从选厂到尾矿库各部分的工艺尚不稳定，尾矿代表性和数量都不足，不能准确评估筑坝可行性。冶金建筑研究院主持的筑坝研究，设计前做的是司家营铁矿范各庄尾矿坝；而中金集团某矿二期库的筑坝研究，是在一期库停用后二期库开工时开始的。

表 2-1 初步描述了尾矿筑坝试验、尾矿筑坝试验研究或 GB 50863—2013 规定的“堆坝试验研究”的含义。这些试验研究项目越多，周期也越长。由于新企业的建设者并不清楚必要周期是多少，故可以参考已有的研究信息。研究、设计和审查、许可的周期将因此被延长。且真正的筑坝工艺试验研究在厂子投产之前算是无米之炊。从某种意义上讲，不落实和解决这些问题，“堆坝试验研究”可能是一个让相关部门和企业违规的技术“陷阱”。当然，GB 50863—2013 要求的“堆坝试验研究”包括许多不同概念，如尾矿筑坝工艺试验、冲槽试验、冲积试验、调查研究、工程类比、室内模型试验、水工模型试验、渗流模型试验，等等。这些关于尾矿筑坝试验的术语，在业主、设计人、审查专家和许可各部门相关人员之间，存在不同的理解，并有可能找到某个平衡点，达成某种默契；也可能达不成默契，不得不放弃尾矿筑坝的选择。这样，一般是提高尾矿坝的造价，或者勉强通过上游法尾矿筑坝。

目前，GB 50863—2013 这种粗线条的规定，让大家无所适从（可操作性差）。有一个较负面的实例，某企业、原设计单位、勘察单位、高校、旋流器厂家在 3 年中做了大量工作，换了两种筑坝方法，出了很多报告，花了不少钱，但新的筑坝方法（土石料子坝、沉砂子坝）是否可行，原设计坝高是否安全基本没有结论，影响了验收和安全生产许可证。一方面，是筑坝试验研究的复杂性，人们对这个专业性问题尚缺乏共识；另一方面，作为设计的一部分要求，但对筑坝试验行为并未进行规范。为了避免这种情况，有必要从技术到行政许可都予以厘清有关筑坝研究和实施问题。

1995 年以前尾矿坝的研究成果较多，此后“轰轰烈烈”的筑坝专题研究成果少了[7]。尾矿颗粒越来越细了，浓度高了，原来上游法的经验不好用了，为慎重起见，堆坝试验研究变成了设计决策冲积法的必须环节。如何做筑坝试验？《选矿厂尾矿设施设计规范》没有更细的规定，第 4.1.6 条的条文说明中，再次强调了细颗粒筑坝的危险性，但没有关于筑坝试验的参考性资料，也没有给出试验指导性附录[4]。

《规范》规定的“堆坝试验研究”是一个总体要求，但具体包括哪些内容，调研哪些工程项目，试验哪些项目，必须进行哪些分析论证，如何实施，属于研究范畴还是工程建设类的行政许可范畴，由谁来做，什么资质才能做？等着有人把这些问题说清楚也不现实，本节给出的仅是“以前如是”，并不是“现在必是”。以表 2-1 项目的实践，-0.074mm（-200 目）的细尾矿大于 85%或小于

0.005mm 的超过 15%的尾矿，都在可行性研究报告阶段初步解决了筑坝方法问题。设计院有责任解决或建议何时、找谁、如何来做好此工作，不一定留给企业。

笔者从跟随前辈一起做尾矿筑坝试验，到独立进行筑坝试验，并没有形成共性的筑坝试验研究指导性的文件，只有做过的试验项目的研究方案和试验报告。现在尾矿颗粒细，排放浓度高，库的条件差（底坡陡、纵深短），地域差距也很大（气候、气象、工程地质），所以，尾矿筑坝的个性很强，共性很难写。即使总结出来，也不应作为尺子去量别人的是非对错，只能作为研究工作的参考。即便有那么一份关于筑坝试验的文件，也应是指导性的，不应是强制性的，因为筑坝问题的复杂性和人们认知的不同是客观存在的[10~13]。

2.2　《尾矿设施设计规范》对筑坝试验的规定

根据我国上游法的实践，对细砂类以上的粗尾矿、部分粉砂类尾矿（粗粉土类），上游法筑坝基本无困难，对部分粉土（细粉土）类和黏土类尾矿上游法筑坝有困难，浓度越高困难越突出，地形差时，筑坝和防洪都不利。

GB 50863—2013[4] 对上游式堆坝在第 4.1.6 条有 3 款规定：

（1）下游式或中线式尾矿筑坝分级后用于筑坝的 $d \geqslant 0.074$mm 的尾矿颗粒含量不宜少于 75%，$d \leqslant 0.02$mm 的尾矿颗粒含量不宜大于 10%，当分级后用于筑坝的尾矿颗粒不满足以上要求时，应进行筑坝试验。

（2）上游式堆坝的尾矿浆质量浓度超过 35%（不含干堆尾矿）时，不宜采用冲积法直接筑坝，当尾矿浆质量浓度超过 35%，且采用冲积法直接上游式筑坝时，应进行尾矿堆坝试验研究。

（3）对于湿排尾矿库，当全尾矿颗粒极细（$d<0.074$mm 大于 85%或 $d<0.005$mm 大于 15%）时，宜采用一次建坝，并可分期建设；当全尾矿颗粒极细且采用尾矿筑坝时，应进行尾矿堆坝试验研究。

关于上游法，规定的核心是浓度高过 35%，全尾颗粒极细时，细尾矿的数值要求为 $d<0.074$mm，含量大于 85%或 $d<0.005$mm，含量大于 15%，要通过筑坝试验决定用“冲积法直接筑坝”还是放弃尾矿筑坝。当然放弃尾矿筑坝，指的是放弃上游法冲积法直接筑坝。依据 GB 50863—2013 4.1.7 条，其他方法应该还允许选择，比如旋流器子坝、废石土或山皮土子坝、池填法等。根据 4.1.8 条，如果尾矿过细，按照第 7 款说法，应选择一次性筑坝分期施工。那么，是否可以用全尾矿做坝料？按 4.1.6 条的说明书所言是不行的。文献 [4] 第 75 页内容比较武断：“当尾矿浆质量浓度超过 35%时，上游法尾矿沉积后分选效果不佳，所筑坝体稳定性往往达不到要求。”[4] 这句话成立的前提是细尾矿的浓度大、分选性差，长期处于流态。勘察表明，这样的尾矿沉积特性也很理想。这是因为浓度超过 35%的矿浆虽有分选不佳（见图 2-4 和图 2-5），但并不是没有分选。沉降试

验结果可以证明，大顶铁矿的尾矿浆在质量浓度45%时，仍然有明显分选。符山矿的沉降试验表明，浓度在45%~61%时，虽然清水厚度较薄，也有分选。即使不分选，或者分选性很差，尾矿特性并没有恶化到使“坝体稳定性往往达不到要求”[4]。因为尾矿软、强度不足而滑坡的还缺乏实例依据，未见或少见国内有这类报道。如果因滩面过缓，防洪条件不足《尾矿设施设计规范》也没有给出漫坝实例；反之，细颗粒上游法成功的筑坝实例并不少见，《尾矿设施设计规范》应该留有技术发展的余地。水利部门关于“水坠坝”坝料规定是可以用黏粒含量小于30%的土“水坠”成均质坝[11]。

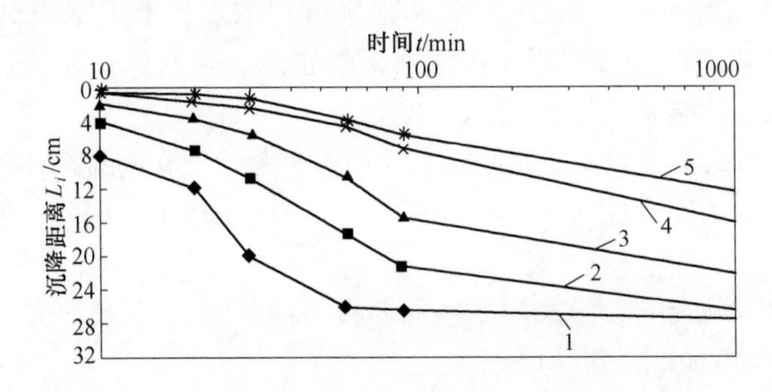

图 2-4 大顶尾矿浆的沉降试验结果（质量浓度45%）

1—L_{10}；2—L_{20}；3—L_{25}；4—L_{30}；5—L_{45}

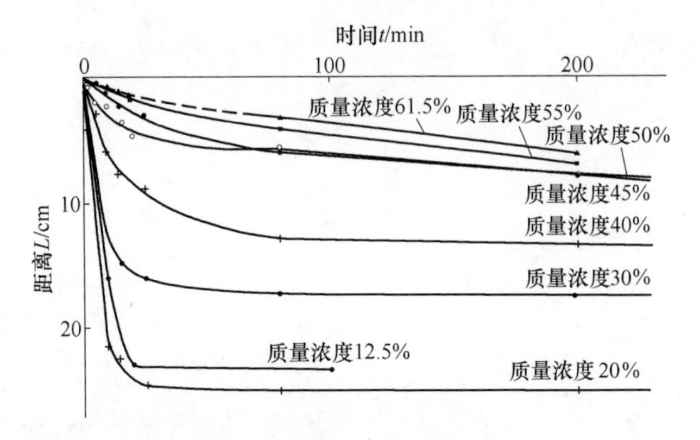

图 2-5 符山尾矿浆沉降试验

作为技术规定，当涉及行政许可和安全时必须慎重，使用以下的语言来描述也许更好：对于用尾矿筑坝缺乏经验、尾矿坝安全缺乏信心的部分粉土类和黏土类尾矿，需要在可行性研究、方案设计或试生产期间，进行筑坝方法的补充研究和论证。毫无疑问，补充研究和论证属于对企业的要求，也是企业的责任。当然，对尾矿库验收以前的技术问题，设计院提供技术服务也是责无旁贷。

关于尾矿筑坝试验的小结：

（1）全尾矿中颗粒小于 0.074mm 的含量大于 85%，或小于 0.005mm 的含量大于 15%，都要通过筑坝试验决定用“冲积法直接筑坝”还是放弃尾矿筑坝。

（2）按《尾矿设施设计规范》，筑坝试验应在行政许可前做完，似乎是设计的一部分。以往的实践表明，投产以后发现原设计方法筑坝有困难时，再着手解决筑坝工艺问题和安全问题还来得及。这说明，设计不能确认的后期筑坝问题，留给企业当作生产问题去解决更靠谱。

（3）冲槽试验应确定尾矿的沉积规律，即沉积滩面上不同位置单管冲积坡度、尾矿的粒度和尾矿的物理力学特性。

（4）冲槽试验通常包括 2~3 个单宽流量和浓度，土工常规试验涉及比重（密度比）、颗粒级配、液塑限、击实、天然密度、含水量、直剪强度、压缩系数、渗透系数、固结系数等。

（5）“筑坝试验”可解决筑坝工艺可行性问题，“筑坝试验研究”既解决工艺可行性，也论证安全性问题。不同表述，研究的工作量、深度、手段、周期都有一定差别。

（6）鉴于国内有许多这类尾矿坝的勘察资料，“筑坝试验研究”应该允许或者包括调研资料的对比分析和工程类比。

（7）按现行的监管程序，一个库的筑坝问题必须在试运行期间予以解决。但实际上，在半年的试运行期内难以完成全部研究工作。

3 上游法尾矿筑坝技术现状

我国从1962年火谷都溃坝后，对尾矿筑坝的调研和总结很多，但开始只有上游法。1990版本的《选矿厂尾矿设施设计规范》(ZBJ 1—90) 发布后，有了中线式和下游式的表述。ZBJ 1—90把它们都叫“直接冲积法”[4]，也有人把它们叫湿法或湿排。

“直接冲积法”都必须先做子坝，再排放，并不是没有子坝就排放。子坝的坝顶作为工作平台，子坝内坡和高度用来拦尾矿浆，防止流失和冲刷。尾矿浆的澄清、沉积、固结（压力和渗流作用的结果)、硬结（晾晒、物理和化学综合作用结果）都是排放的自然结果，伴随的现象是水分流失和转移。

除“直接冲积法”外，还有其他形成子坝的方法，如废石土抛填、旋流器沉砂、池填法、渠槽法筑坝，土工管袋装尾矿浆子坝，压滤干饼子坝，等等。废石土子坝改变的是子坝材料，旋流器子坝和压滤干饼子坝改变的是工艺，袋装尾矿子坝引入的是织物技术，它们都是以尾矿为坝料，以沉积滩为坝基，形成子坝后排放尾矿浆。

中国矿山企业从有尾矿坝以来，在1985年之前，多为粗尾矿、低浓度。现在有了细颗粒尾矿，中、高浓度膏体矿浆，出现了湿滩面的坝。“直接冲积法”虽然被人接受，实践中遇到筑坝困难，克服困难而坚持筑坝和排放，维持选厂生产的也不少，但是，用此种方法都不太被认可，常遭受到“违反规范、不符合规范”的非议。

尾矿库一旦发生事故，比如溃坝、溃口、漫顶，第一个否定的就是“上游法”。新版GB 50863—2013第4.1.6条说明书的观点，是有广泛代表性的。连赤泥湿法管道输送、支管排放、干法筑子坝的工艺都被认可，赤泥通常比金属矿山的尾矿更细，这就在逻辑上不通了。

近年来，尾矿浆不仅颗粒细、浓度高，常见的是质量浓度达40%左右，有的矿浆质量浓度接近70%，这就带来了欠分选甚至不分选的问题。库内表层看上去是一库流体矿浆，不具备人、机筑坝作业的基本条件。尾矿量大、升高快的坝加剧了筑坝困难，需要抛填土石料“挤泥”“造陆”，以实现基本筑坝作业条件。实际上，国内上游法废石土子坝、沉砂子坝、池填法子坝、滤饼子坝的实例很多，试验研究也很多，资料很翔实。袋装尾矿子坝还得到了国家安监总局的推广。

上游法尾矿筑坝技术的现状，一方面，《尾矿库设计规范》在审慎地禁止细颗粒上游法，而另一方面又有大量所谓不合规的上游法坝。

3.1　上游法的调研总结和发展

近年来，本书作者在冶金建筑研究总院对 1977 年上游法尾矿筑坝总结的基础上，做了尾矿筑坝技术方面的梳理，认为当时对 276 座尾矿库的调研资料和部分沉积尾矿的物理力学试验结果，有以下几个显著的特点[7,9,13]：

（1）分散排放条件明确（质量浓度低于 25%）且与沉积尾矿性质有关联。

（2）上游法的适用范围在 75%左右，不太适宜所提理论和方法的是特粗尾矿和特细尾矿。

（3）尾矿的堆积坝高是有效滩长的 1/2。

（4）尾矿冲积滩面以下的沉积尾矿的构成和沉积尾矿的基本性质是明确的。

（5）堆高度一定，坝外坡的稳定性由坝坡、有效滩长和渗径系数构成的三角形决定。

当时没解决和期盼解决的问题主要有：

（1）对滩面形成过程和变干、变硬的条件描述与认识均不够全面。

（2）滩面平均坡比的计算和预测几乎是空白。

（3）期待勘察和观测资料对所提理论予以验证。

3.1.1　尾矿工程分类

全尾矿也称作原尾矿，指选矿厂各流程末端收集后排到尾矿库的细颗粒尾矿。按加权平均粒径 d_p 和筛上或筛下颗粒含量百分数 P_i，把尾矿分为 6 挡，见表 3-1。土力学和土木工程各领域也都以 0. 074mm 为细颗粒分界，本分类方法守住了这个原则，把细粒组分分成了 4 组，方便尾矿浆的输送及筑坝方法的选择。早期的筑坝研究成果也使用这个标准来概化尾矿坝的计算主剖面，用于渗流和稳定分析以及防洪设计。

表 3-1　按加权平均粒径的尾矿分类[7]

平均粒径	极粗	粗	中粗	中细	细	极细
d_p/mm	>0. 25	>0. 074	0. 074～0. 037	0. 037～0. 003	0. 003～0. 019	<0. 019
粒级含量 P_i/%	>40	<20	20～40	20～50	<20	>50
对应名称	砾砂～中砂	尾细砂	粉砂	粉土	粉质黏土	黏土

注：勘察的分类（见《尾矿堆积坝岩土工程技术规范》(GB 50547—2010)）：尾砾砂：粒径大于 2mm 的颗粒质量占总质量的 25%～50%。尾粗砂：粒径大于 0. 5mm 的颗粒质量超过总质量的 50%。尾中砂：砂、粒径大于 0. 25mm 的颗粒质量超过总质量的 50%。尾细砂：粒径大于 0. 075mm 的颗粒质量超过总质量的 85%。尾粉砂：粒径大于 0. 075mm 的颗粒质量超过总质量的 50%。尾粉土：粒径大于 0. 075mm 的颗粒质量不超过总质量的 50%，且塑性指数不大于 10。尾粉质黏土：塑性指数大于 10，且小于或等于 17。尾黏土：塑性指数大于 17。

遗憾的是，尾矿设计规范和勘察规范都没有使用这一分类方法，而是采用了冶金建筑研究总院张德强的分类体系，基本是与国内工民建各领域相合。使用老的资料时，应该考虑这两个分类之间的区别。

冶金工业部建筑研究总院王治平、张德强等人，通过总结276个尾矿样本的试验，充分分析研究滩面沉积尾矿的物理力学特性，以尾矿滩的性能可支持筑坝为基础，提出的原尾矿和沉积尾矿分类方案如下：

（1）原尾矿砂分类（$d<0.02$mm颗粒不超过20%）。原尾砾砂$d>2$mm颗粒含量占总重25%~50%，砾质原尾砂$d>2$mm颗粒含量占总重10%~25%，粗原尾砂$d>0.5$mm颗粒含量占总重50%，中原尾砂$d>0.25$mm颗粒含量占总重50%，细原尾砂$d>0.1$mm颗粒含量占总重75%。

（2）原尾矿粉土分类（小于0.02mm粒组含量大于60%）。极细原尾矿粉$d<0.02$mm颗粒含量占40%~60%，细原尾矿粉$d<0.02$mm颗粒含量占30%~40%，中原尾矿粉$d<0.02$mm颗粒含量占20%~30%，粗原尾矿粉$d<0.02$mm颗粒含量占20%~30%，极粗原尾矿粉$d<0.02$mm颗粒含量小于20%。

（3）沉积尾矿砂分类（0.005mm颗粒不超过5%）。尾砾砂粒径$d>2$mm颗粒含量占总重25%~50%，砾质尾砂大于2mm粒组含量占总重10%~25%。粗尾砂$d>0.5$mm颗粒含量占总重50%，中尾砂$d>0.25$mm颗粒含量占总重50%，细尾砂$d>0.1$mm颗粒含量占总重75%。

（4）沉积尾矿粉土分类。尾矿泥$d<0.005$mm颗粒含量大于30%，重尾亚黏$d<0.005$mm颗粒含量占15%~30%，轻尾亚黏$d<0.005$mm颗粒含量占10%~15%，尾亚砂$d<0.005$mm颗粒含量占5%~10%，尾粉砂$d<0.005$mm颗粒含量小于5%。

泥质尾矿这个词很有意思，在土力学中，泥的概念是有黏性，分类采用塑性指标，是黏土和粉质黏土的统称。在选矿专业，泥质尾矿是由抛泥工艺决定的；在破碎筛分作业中，小于3mm的颗粒通常为矿泥；多数工艺把小于0.074mm的颗粒称为矿泥；在摇床作业中，把小于0.074mm或者小于0.044mm的作为矿泥；在螺旋流槽中，把小于0.01的作为矿泥；在浮选作业中，把小于0.01或0.005mm的看作矿泥。由此可见，从选矿角度，着眼于矿物的回收率，不回收的都是矿泥。

尾矿坝专业在考虑尾矿分类时，必须考虑工程性质，包括矿浆的水理特性和管道输送的经济性，支管排放后的沉积规律、沉积尾矿的物理力学特性及其变化，可见，尾矿坝专业比选矿专业复杂些。为了岩土资料的交流和使用，尾矿颗粒分析试验需要标准化的法定方法。最重要的一条要求是最细一级颗粒的含量不大于10%。

3.1.2 有效滩长和渗径系数

尾矿堆积坝技术应该能阐释堆积坝的安全原理，方便建库决策，并能指导尾矿库的安全运行。我国上游法筑坝技术的成熟和定型始于 1977 年，这年初夏，在昆明召开了冶金部尾矿坝勘察、设计研究公关经验交流会。由冶金工业部建筑研究院王治平教授等撰写的《尾矿筑坝中几个问题的讨论》一文正巧是 1977 年 5 月会前油印的。上游法技术成熟以有效滩长和渗径系数的理论为标志，因有效滩长和渗径系数的文章参加了昆明会议交流，冶金工业部的公关交流会就是我国上游法筑坝技术成熟定型的时间点。

3.1.2.1 有效滩长和渗径系数概念

所谓有效滩长，直观上指可以走人；力学上指平均粒径大于 0.045mm，内摩擦角 $\varphi_{cq} \geqslant 24°$，渗透系数 $K \geqslant 10^{-5}$cm/s，压缩模量 $a_{1-3} \geqslant 0.1$MPa。图 3-1 中，有效滩长之后是过渡段，平均粒径大于 0.03mm，再之后是水下沉积段，平均颗粒小于 0.02mm。这个描述便于确定坝体的基本构造，即概化计算模型，方便安全论证和相关计算。

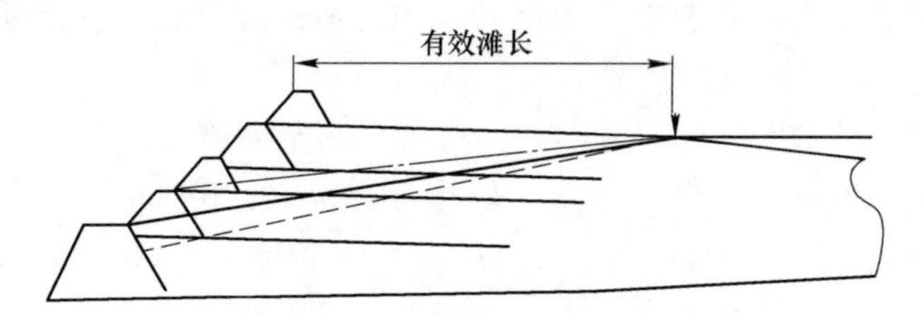

图 3-1 有效滩长和渗径系数的示意图[9]

（情况 1，子坝坡出逸，堆坝高需减掉出逸高度；情况 2，初期坝顶出逸，堆坝高度从坝顶算起；情况 3，初期坝坡渗出，堆坝高度应增加坝顶下高度）

渗径系数就是入渗点和渗出点所连直线的斜率 c，这条直线可以近似为浸润线。依据有效滩长和浸润线就可以推测堆积坝高。

这个理念的形成与分类一样，都是基于对当时尾矿坝的调查研究，基本条件和成果如图 3-2 所示。表 3-2 是对当年调查结果的汇总，最后一栏是依据有效滩长和渗径系数原理推测的堆积坝高度。由图 3-2 可以看出，排放条件是尾矿颗粒相对密度在 2.66~3.71，矿浆浓度为 5%~25%，支管间距为 6~18m，有效滩长在 30~300m，滩面上大于 0.037 的颗粒含量在 25%~60%。有效滩长范围内，沉积的尾矿平均粒径是 0.038~0.15mm，内摩擦角 $\varphi_{cq} \geqslant 24°$，渗透系数 $K \geqslant 10^{-5}$cm/s，压缩模量 $a_{1-3} \geqslant 0.1$MPa。

图 3-1 中，堆积坝坡、有效滩长和浸润线构成一个三角形，只要渗径系数 c 大于外坝坡的坡比系数 m，堆积坝就应该是安全的。c 比 m 大的越多，坝坡越稳

定，堆积坝的高度也就越大。研究者认为，在坝坡渗流和稳定的条件下，堆积坝高 h 可表示为有效滩长 L 的1/2，即 $h=L/2$。

当然，排放的条件必须符合图3-2，全尾矿定名为尾中砂、尾细砂、尾粉砂、尾粉土类，过粗和太细都不在覆盖范围内。坝前分散排放，支管间距为6~18m，单管流量为5~30L/s，质量浓度为5%~25%。

表3-2最后一栏是对堆积坝高的预测。全尾矿为细砂和粉土类的，堆积坝高 h 多超过百米，全尾矿为粉土和更细的，则难以超过30m，筑坝实践表明，这个预测过于保守。

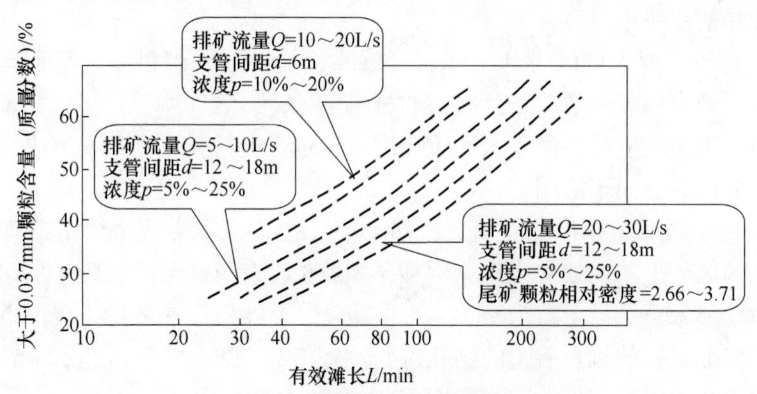

图3-2　有效滩长上的颗粒[13]

表3-2　早期关于尾矿筑坝可能性的成果[9]

尾矿名称	尾矿类别		尾矿级配/%			正在堆积高度/m	预计可堆高度/m
			>0.074mm	>0.037mm	<0.005mm		
砂和粉砂	A	粗	70~80	90	—	25	100~150
		中	50~60	70~80	少量	40	
		细	30~40	60~70	少量	40	
砂质粉土	B	粗	20~30	50~60	<10	45	80~120
		中	20~25	40~50	<15	35	80~100
		细	10~20	30~40	<20	20	40~60
		极细	10~15	20~30	<20	—	20~30
砂质黏土	C	粗	20~25	35~40	20~30	20	40~50
		中	15	25~30	20~30	25	25~30
		细	10	20~25	20~30	15	20~25
		极细	<5	<10	30	—	—

注：本表尾矿的分类依据为表3-1。

3.1.2.2　有效滩长和渗径系数的意义

建立有效滩长和渗径系数的意义可概括为：

（1）便于企业高层决策。在矿山建设的高阶段（可行性研究设计开始以前），决策者是企业的核心领导层。这时候需要库容、坝高、服务期、征地面积等数据。为了避免黄梅山、襄汾塔儿山和镇安岭那种小库址带来的大麻烦，选到与矿山规模匹配的库址，需要一种快速决策安全条件下堆积坝高的方法。企业的领导，包括工作时间短、缺乏经验的年轻人，按上述步骤也可以决策坝高，选择理想库址并初步决策建库方案。

（2）便于专业人员的设计工作。有效滩长是依据尾矿粗细和沉积尾矿的物理力学性质确定的。有效滩长范围内的材料定了，力学性质就定了，从而坝坡安全就定了。滩面坡度是防洪安全的重要因素，也是由材料决定的，本书已经补充了这一部分内容，便于应用。

（3）便于企业领导检查和监管人员监督。把检查重点集中到有效滩长这一平行坝坡的区域上。比如尖山东城沟坝，坝坡长度有300余米，1∶6.5坡度。有效滩长100余米，渗径系数为9。渗径系数远大于堆积坝外坡比，浸润线不在坝坡出逸。何况，有效滩长后边的钻孔区长度还有约300m才到水边，只需要关注坝坡前的400m内，只要这个区域中尾矿的物理力学性质好，就支持高坝的稳定。

（4）免去了若干费时而烦琐的分析。按照《尾矿设施设计规范》，可研阶段可不做坝坡稳定计算，而设计阶段，需要做许多论证性工作，有地震危险性分析、三维渗流分析、时程法地震稳定性分析、坝坡抗滑稳定计算等。在有效滩长这一概念下，坝体质量和大小、指标高低是明确的。

3.1.3　有效滩长和堆积坝高的关系

按有效滩长和渗径系数的理念，考虑3种浸润线情况，如图3-1所示。设初期坝高h_0，初期坝内坡比1∶n。堆积坝高h_d，平均坡比1∶m。设3种浸润线情况的渗径系数分别为c_1、c_2、c_3，各种情况有效滩长为L_x，滩面平均坡度为i和堆积坝高为h_d，可导出如下关系[9]。

（1）浸润线从堆积坝坡出逸，出逸点在初期坝顶以上a_1处：

$$L_x = \frac{c_1 - m}{1 + ic_1}(h_d - a_1) \tag{3-1}$$

或简化为：

$$L_x = (c_1 - m)(h_d - a_1) \tag{3-2}$$

（2）浸润线从初期坝以上出逸，出逸点在初期坝顶处：

$$L_x = \frac{c_2 - m}{1 + ic_2}h_d \tag{3-3}$$

或简化为：
$$L_x = (c_2 - m)h_d \tag{3-4}$$
（3）浸润线从初期坝反滤层入渗，与内坡相交于 a_0 处：
$$L_x = \frac{c_3 - m}{1 + ic_3}h_d + \frac{c_3 - n}{1 + ic_3}(h_0 - a_0) \tag{3-5}$$
或简化为：
$$L_x = (c_3 - m)h_d + (c_3 - n)(h_0 - a_0) \tag{3-6}$$
王治平认为，堆积坝高度 h 至少是有效滩长 L 的 1/2，调研的渗径系数 c 值在 7～12.5。平均的渗透坡降为 0.142～0.08，远小于沉积尾矿的临界坡降 $J_{cr}(\geqslant 0.24)$。

或许不少人在许多会议上多次听到过关于“中国上游法尾矿筑坝技术世界领先”的说法。除了与尾矿设施相关的几个规范外，中国上游法尾矿坝之所以领先，其独到之处可从以下几个方面来理解：

（1）对于一定排放条件、升高速率、筑坝和排放工艺，创立了有效滩长和渗径系数理论。

（2）将勘察技术用于尾矿坝，并逐渐形成关于中期勘察的规定。

（3）比较重视运行管理，重视筑坝实践。

（4）积累了大量各类尾矿坝的勘察资料。

必须指出，所谓上游法堆积坝技术已经成熟、定型，仅适用于 276 座坝中的 75%，这是 1977 年的调查结论，是不应该长期被人忽视的。但从 1984 年的设计规范发布至今，没有一次就这个技术背景予以说明。

能不能把 40 年前的研究结论直接应用于今天的尾矿坝，敢不敢把原 200 座库的经验用于上万座尾矿库，是必须经过验证的。这一工作将有助于治疗行业里的“恐高症”，平息唱衰上游法筑坝的“奇谈怪论”。

3.1.4 安全滩长和有效滩长

有效滩长和渗径系数理论与现在常说的安全滩长是有区别的。有效滩长既定义滩的质量，又重视滩的长度。《选矿厂尾矿设施设计规范》(ZBJ 1—90)，从防洪角度强调滩的长度，定义是：“由滩顶至库内水边线的距离。”GB 50863—2013 补充定义了沉积滩：“水力沉积尾矿形成的沉积体表层，按库内集水区水面划分为水上和水下两部分。”这个表层不管多厚，也不管软硬、流动性有或无，都叫滩，简单说就是“湿滩也叫滩”，暗示了一个认知——从上到下的尾矿都很软，至少给想这么说的人留了机会。

人和机械都不能上的沉积滩的确存在，且为数不少。有的尾矿库初期坝内有 3～4m 厚的浆体，所以，从筑坝作业安全、坝坡抗滑安全来看，沉积滩的概念由干延伸到湿，上游法筑坝理论的基础并不包括这一情况。前述关于沉积尾矿分布、堆积坝高、坝坡稳定性也应该有变化，在变化的条件下如何应用和改进这些成果呢？显然，这不是修改一个术语能解决的。

1991 年以前，尾矿坝设计规范没有安全滩长的规定，有效滩长和安全滩长没有差别。现在必须认清 3 个概念：

（1）干滩。泛指尾矿浆落地后形成的滩面表面。

（2）有效滩长。能走人的那一段长度。

（3）安全滩长。规范条文规定在汛期保留不被入库洪水淹没的一段滩长，无论干、湿、软、硬。

有效滩长和渗径系数理论描述的不仅是对筑坝实践的认知，也是一个关于尾矿坝决策的工具：依据全尾矿粒度、排放工艺、场地条件、尾矿排放量等指标，推断滩面以下材料有粗、中、细、粉砂，砂质粉土、粉土、黏质粉土等；再根据材料的大致分布，初步确定这些材料的物理力学指标，如密度、孔隙比、状态、渗透性、压缩性等；分区、长度、材料性质确定后，可进一步考察渗透坡降，从而确定渗流和坝坡的稳定性，由此可以推定坝高，至此，完成了库的初步规划。

3.2　有效滩长理念的适用性验证

笔者选择了 5 个实例，其中 4 个有勘察资料，1 个是新建库，得到的结果如下所述[9]。

4 个实例的排放浓度、上升速率、尾矿粒度、堆积坝高等，都有一项或者几项是以前的调研资料不能覆盖的。其中有两个坝，按现有规范安全滩长和坡比不足，因此，滩面软，不能行人，但在一定措施条件下可以筑坝。这几个尾矿坝的渗径系数、渗透坡降等参数见表 3-3 和表 3-4。

表 3-3　有效滩长和渗径系数方法的应用结果

实例名称	勘察浸润线坡降	平均坡降	渗径系数	堆积坝坡	堆坝高/m	实际高/m	浓度/%
镇沅斑毛沟	0.11~0.21	0.158	6.31	1∶4	58	86	37
尖山东城沟	0.10~0.60	0.111	9.01	1∶6.49	46.4	95	<48
符山黑铁峧	0.145	0.145	6.92	1∶4	68	79	45
蒋坑	0.22~0.44	0.212	4.71	1∶3.5	64	107	25
北沟	—	0.105	9.5	1∶5	120	—	40

表 3-4　几个实例的情况

序号	实例的图	简要说明
1	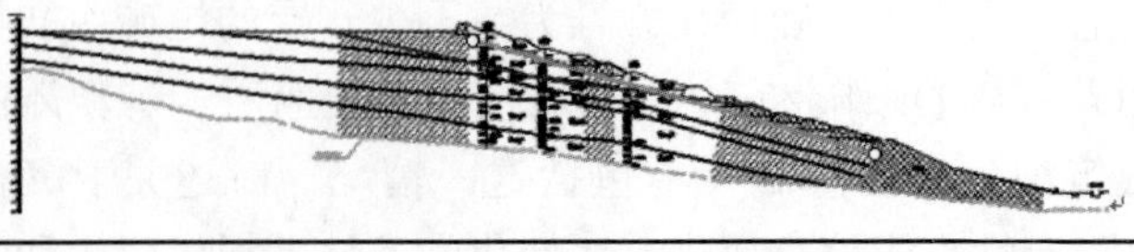	初期坝顶以下 3m 确定一点，在子坝顶以下 8m 水位选一点，连线

续表 3-4

序号	实例的图	简要说明
2	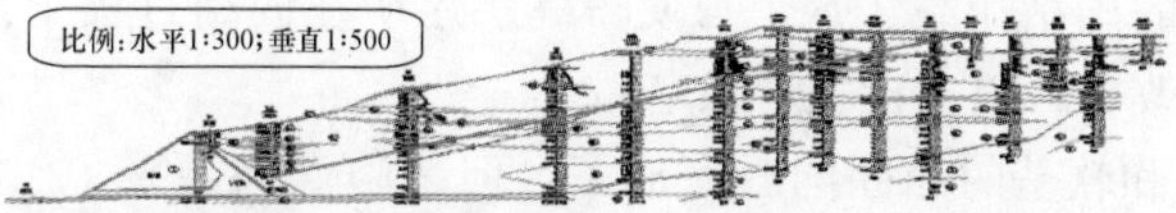 比例：水平1:300；垂直1:500	下游水位埋深 31m，子坝顶水位 17m，近水区 3.5m
3	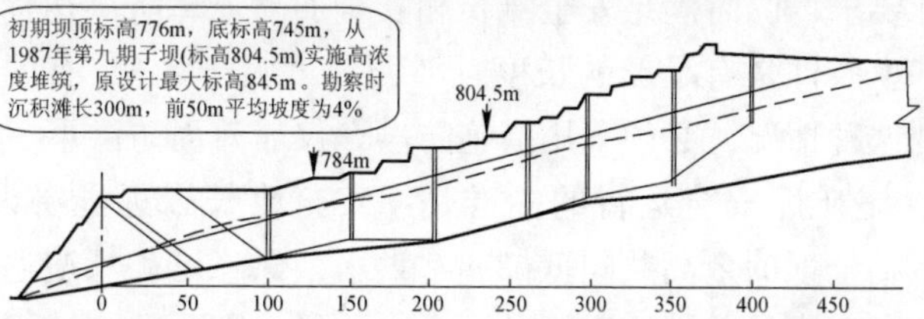 初期坝顶标高776m，底标高745m，从1987年第九期子坝(标高804.5m)实施高浓度堆筑，原设计最大标高845m。勘察时沉积滩长300m，前50m平均坡度为4% 804.5m 784m 0　50　100　150　200　250　300　350　400　450	静力瑞典法抗滑稳定性安全系数为 1.77，拟静力安全系数为 1.13，毕肖甫法静力安全系数为 2.19
4	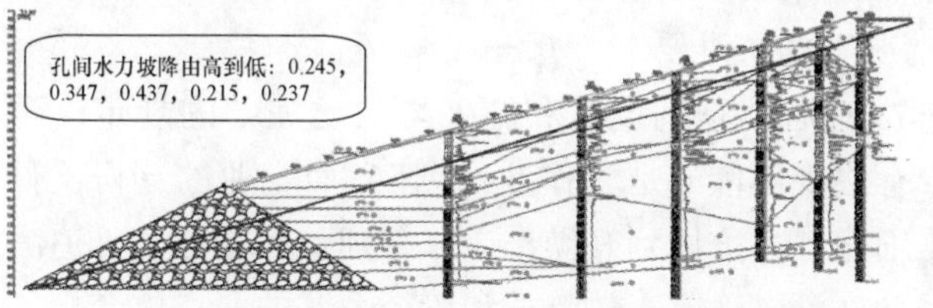 孔间水力坡降由高到低：0.245，0.347，0.437，0.215，0.237	这是一个小高坝，升高速率月均 1.0~1.2
5	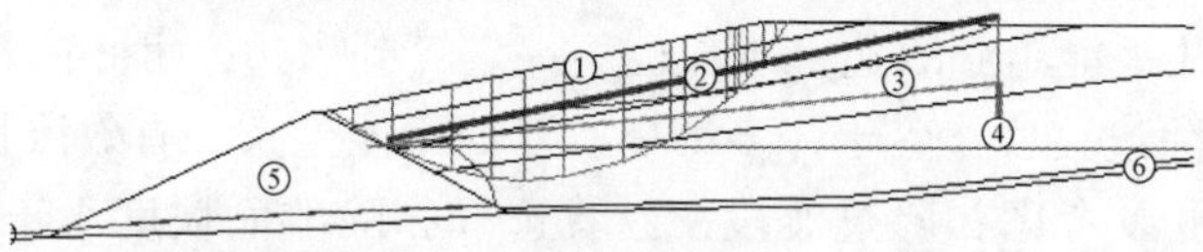 ①　②　③　④　⑤　⑥	这是一个新建库

注：①初期坝；②中砂；③细砂；④粉砂；⑤粉质黏土；⑥坝基。

渗径系数有效滩长的理论和方法需要变通适用，即把湿滩作为滩。表 3-3 结果表明，平均渗透坡降很小，无须担心渗流破坏。渗径系数 c 均大于堆积坝平均坡比系数 m，比值 $\lambda=c/m$，取值范围 1.35~1.90。根据这个结果可以认定：规范规定的模式以外还有保障尾矿坝安全的条件。当有可靠子坝支挡库内泥浆时，λ 在 1.35~1.90 之间的坝的坝坡是稳定的。子坝的余高满足挡水和调洪要求并有一定的安全超高时，是可以安全度汛的。

根据这几例验证性研究，应该高度重视以下事项：

（1）必须重视子坝。根据泥面上升速度、坝轴线长度、筑坝效率、子坝工程量等具体情况，决策子坝开工和完成的时间，汛前必须完成。开始时间由子坝顶到泥面的高差决定，这个高差应该不小于 1m。当然，有的坝升高很慢，年升高小于 3m，在筑坝前到坝顶的高差低于 1m 开始筑坝，也不一定耽误度汛；有的坝轴线很长，子坝工程量大，也不应跨汛期，宁可增加设备和人力。

（2）看上去，有的库内矿浆长期呈流态状。排放初期，上升速率快，流体的厚度至少 1m，甚至 3~4m。按传统思维，是不能采用上游法筑坝的。新的实践表明，采用土石料抛填挤泥，可以堆筑子坝；旋流器分级沉砂也可堆成子坝；有的还用池填法堆成了子坝；一个膏体研究项目，用管袋在泥面上直接填装尾矿浆，筑埂沉坝，也取得了成功。表层的流体尾矿由子坝支挡是安全的。子坝和泥浆共同成为下层尾矿的固结压载，这个力使得下层尾矿在固结过程中，承载力、变形和抗剪强度逐渐改善，以支持坝坡稳定。

（3）子坝的形成和软基的加固同时完成了，但是防洪问题来了。按照 1990 年以来尾矿设施设计要求，同时满足安全滩长和安全加高才算防洪达标。就沉积滩面而言，达标的基本条件是有足够的长度且滩面坡度大于 1%，有的库长期不满足这一要求。遇到这种情况，必须采用措施防洪，仅靠滩面防洪不一定达标。

（4）按现规范，尾矿库安全运行的标准是：安全滩长以远抵御设计洪水，安全滩长对应的超高和子坝的余高共同抵御非常洪水，保障尾矿坝遭遇超标洪水时不漫、不溃。不符合双满足条件的库不是一个小数目，需要补充滩面坡比小于 1%又没有较大库长情况下的防洪要求。

（5）现行技术标准对后期坝的设计和施工均缺乏完善的规定，至少是不够全面。有文字可查、有法规可依的是“作业计划”。而企业的这份文件中排放计划比较可行，筑坝需细化，力争做到好操作、好管理、好查验、可追溯。

最后，总结根据勘察资料确定有效滩长和渗径系数的两点体会：

（1）如果滩面几乎能走到水边，滩长也不一定算到水边，可扣除滩坡小于 0.5%的部分或者扣除过渡段；鉴于许多细尾矿滩面不能走人，有效滩长不一定从水边线算起，也可以考虑扣除过渡段，或者选择扣除滩面坡度小于 0.3%的部分。

（2）渗径系数是两点间直线的斜率，代表的是浸润线。入水点就按有效滩长的原则确定。出水点明确的，例如，初期坝上的出水点，应取高点；再如，堆积坝上有渗流出逸、潮湿、散浸、沼泽化的也取高点。有的坝有检测数据或者勘察数据，要考虑使得滩面之间的偏差较小。如果有勘察剖面，则可以沿着钻孔水位的走向画一条直线。这种情况不必非要找到入水点和渗出点，只要能确定斜率、求出渗径系数就可以了。

3.3　滩面坡度的统计和分析

按现行《尾矿设施设计规范》(GB 50863—2013)，沉积滩坡度是防洪的重要条件之一，也是尾矿库设计中有点忽略的一个问题。笔者参加的不少设计审查，见到的是类似这样的设计说明：堆积坝的滩面平均坡度在 1.5%~2%时，防洪是达标安全的。还有的设计者把平均粒径 0.03mm 的全尾矿，在概化稳定计算图的时候，出现了大面积中砂、细砂。本小节在汇总前人研究的基础上，给出一个覆盖面更大、更方便使用的方法[9]。

3.3.1　早期的滩面坡高成果

在1984年版《尾矿设施设计规范》中，规定用3种方法确定滩坡：由试验确定，参考同类工程确定，初步设计阶段用《尾矿设施设计规范》第115条附图确定，如图3-3所示。

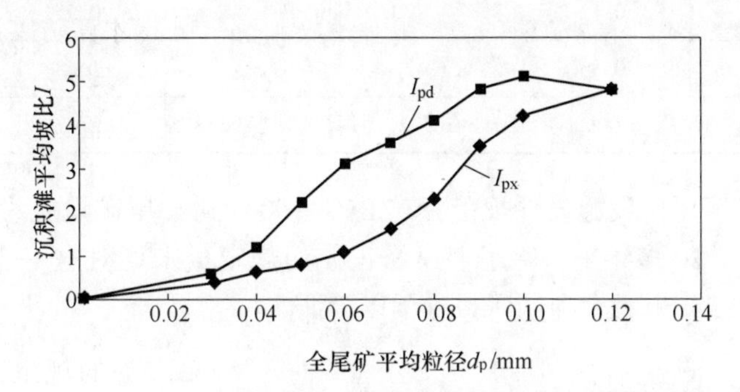

图3-3　1984版尾矿库设计规范的滩面坡比

修订后的《选矿厂尾矿设施设计规范》(ZBJ 1—90)，不再坚持试验确定，也不再分设计阶段，但更新了方法和图表(ZBJ　1—90附录2)。到了《尾矿设施设计规范》(GB 50863—2013) 更名为附录B。自ZBJ 1—90发布以来，都要求把偏于安全的放大或折扣后的坡比数据用于设计。

1995年的《中国有色金属尾矿库概论》推荐了计算滩面坡比的公式，也介绍了国内尾矿库滩面坡比的资料，但这个方法应用不多。

《选矿厂尾矿设施设计规范》(ZBJ 1—90)和《尾矿设施设计规范》(GB 50863—2013) 采用了王治平教授的研究成果。王治平教授分析了冶金矿山55个工程，共63个现场实测和筑坝试验资料，矿浆浓度在10%~25%，支管排放流量10~100L/s。距排矿口任意长度L处的平均坡度I_L由式 (3-7) 确定。

$$I_L = I_{100}(100/L)^{\alpha} \tag{3-7}$$

式中　I_L——任意排矿长度L的平均坡度；

I_{100}——100m滩面的平均坡度，以小数计；

L——任意滩长，以m计；

α——衰减指数，0.23~0.38，可取0.3。

式 (3-7) 在双对数坐标中是一条直线，斜率即为衰减指数。考虑排放浓度、流量和尾矿粒径一定，用式 (3-8) 计算任意滩长L处的平均坡度I_L：

$$I_L = (A \times d_p^{\beta_d} \times p^{\beta_p})/(q^{0.26} \times L^{0.3}) \tag{3-8}$$

式中　d_p——加权平均粒径；

p——矿浆的质量浓度；

q——支管放矿流量；

A，β_p，β_d——经验系数，取决于流量、浓度、粒径等，按表 3-5 采用。

表 3-5　经验系数

粒径		$d_p \leqslant 0.074$mm		$d_p \geqslant 0.074$mm	
系数 A、β_p、β_d	β_p	A	β_d	A	β_d
$q \leqslant 10$L/s	0.12	4.27	1.3	0.95	0.72
10L/s<$q \leqslant$20L/s	0.36	7.42	1.3	1.65	0.72
20L/s<$q \leqslant$30L/s	0.6	10.92	1.3	2.43	0.72

从《选矿厂尾矿设施设计规范》（ZBJ 1—90）到《尾矿设施设计规范》(GB 50863—2013)，20 多年来，除了上述修正使用规定，未见对这一方法使用情况方面的经验介绍，也无专项调研报告予以验证。

3.3.2　沉积滩面的坡度

本书作者从泥砂运动力学出发，曾经用六因素公式归纳坡比在滩长 L 的分布结果[16]。假设滩面坡度 I 取决于尾矿比重 G_s、水的比重（密度比）G_w、加权平均粒径 d_{cp}或中值粒径 d_{50}、排矿浓度 C_w、单宽流量 q，则：

$$I = K_6[(G_s - G_w)/G_w]^{1/2} d_{50}^{1/2} C_w^{3/4} q^{-1/3} L^{-1/2} \tag{3-9}$$

$$I = K_3 C_w^{3/4} q^{-1/3} L^{-1/2} \tag{3-10}$$

对于一个矿山，通常矿石性质和选矿流程在一定时期内变化不大，尾矿的比重（密度比）和粒径变化也很小，式（3-9）可简化为三因素公式（3-10）。为了与六因素系数 K_6区别，把三因素系数记为 K_3。把筑坝实验所得指数与河床运动研究结果进行比较后认为，将描述河床运动的指数 3/4、-1/3、-1/2 用于式(3-9)、式（3-10）是可行的。南芬试验结果表明，当 $K_3 = 0.3664$ 时，指数为 0.7481、-0.3160、-0.4952。

采用上述资料，可以求得一个更为简捷的滩面平均坡度方法。先整理数据表，结果见表 3-6，再绘制灰尘图，如图 3-4 所示。

表 3-6　滩面坡比的资料

序号	工程名称	比重（密度比）G_s	平均粒径 d_p/mm	支管流量 q /L·(s·m)$^{-1}$	浓度 p/%	滩坡 I_{50}/%	滩坡 I_{100}/%
1①	杨家杖子	2.85	0.14	1.25	28	5.4	4.7
2	立山	2.8	0.055	0.833	20		1.8
3	立山	2.8	0.055	0.833	25		1.8

续表 3-6

序号	工程名称	比重（密度比）G_s	平均粒径 d_p/mm	支管流量 q /L·(s·m)$^{-1}$	浓度 p/%	滩坡 I_{50}/%	滩坡 I_{100}/%
4①	东风	3.39	0.038	0.2	21		1
5①	五龙	2.66	0.032	0.5	16	1	0.7
6①	五龙	2.66	0.032	0.5	20		0.7
7	东鞍山	2.7	0.045	1.765	15	1.16	0.97
8	东烧	2.7	0.046	1.765	13		0.73
9	南芬	2.86	0.048	5.833	14.5		0.64
10	南芬	2.89	0.048	4.59	35		1
11	南芬	2.89	0.048	4.1	35		1.04
12	南芬	2.89	0.048	2.94	45		1.41
13①	南芬	2.89	0.048	3.27	45		1.37
14	包头	3.52	0.038	1	10		1.36
15	包头	3.75	0.029	1.75	5		0.96
16	包头	3.75	0.029	1.667	5	0.74	0.61
17①	包头	3.75	0.029	1.333	5		0.7
18①	包头	3.75	0.029	1.667	6		0.61
19	大石河	2.75	0.182	1	16		2
20	德兴	2.79	0.07	2	20		1
21	德兴	2.79	0.07	3	20		1
22①	川口	2.7	0.543	2.94	16		7.4
23	弓长岭	2.7	0.097	5	20		1.3
24	弓长岭	2.7	0.097	5	18		1.3
25	弓长岭	2.7	0.097	5	20		0.7
26	秦王坟	2.95	0.06	1.25	13		1.05
27	秦王坟	2.95	0.06	1.67	15		1.05
28	天宝山	3.2	0.044	0.125	25		2
29	小寺沟	2.58	0.062	0.3	25		1
30	小寺沟	2.58	0.062	2	25		1
31	尖山	2.84	0.043	0.87	35		2.08
32	尖山	2.84	0.043	0.89	40		2.3

续表 3-6

序号	工程名称	比重（密度比）G_s	平均粒径 d_p/mm	支管流量 q /L·(s·m)$^{-1}$	浓度 p/%	滩坡 I_{50}/%	滩坡 I_{100}/%
33①	尖山	2.84	0.043	0.685	48		0.79
34①	符山	3	0.165	1	45		1.85
35	符山	3	0.165	1.25	50		1.6
36	符山	3	0.165	1.25	50		4
37	矿山村	2.9	0.066	0.3	25		1
38	矿山村	2.9	0.066	2	25		1
39	援阿项目	3.35	0.092	0.556	6		1.9
40	援阿项目	3.35	0.073	0.893	8		1.8
41	桃林		0.075	10		5	3
42	烧结总厂		0.04	30	17	0.81	0.73
43	水口山		0.075	20	30	2.5	2
44	寿王坟		0.12	10	12	2.8	1.9
45	狮子山		0.0713		29		3.5

①数据来自文献［16］。

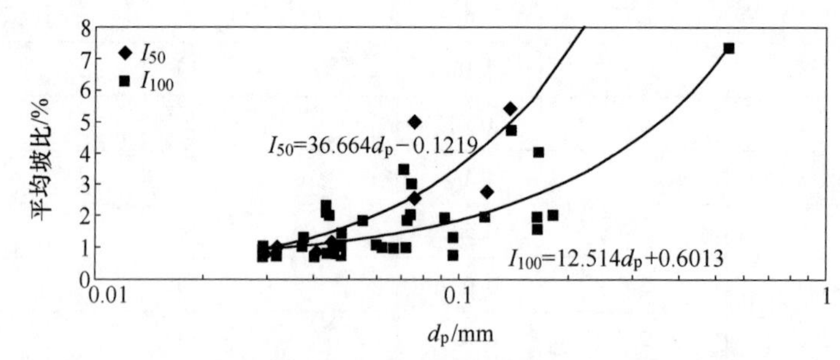

图 3-4 尾矿库沉积滩面的平均坡比和全尾矿平均粒径

用图 3-4 和图中的公式，求出滩长 50m 和 100m 处的滩坡比 I_{50}、I_{100}。把各种方法的滩坡汇总于表 3-7 中。通过比较可知，按图 3-4，读图或公式计算都可以获得具有一定代表性的设计参数。

表 3-7 不同方法确定的沉积滩面平均坡度

尾矿平均粒径/mm	0.03	0.04	0.05	0.07	0.08	0.10	备 注
图 3-4 I_{100}	0.8	1.1	1.3	1.5	1.7	1.9	读图
	0.98	1.10	1.23	1.48	1.60	1.85	公式

续表 3-7

尾矿平均粒径/mm		0.03	0.04	0.05	0.07	0.08	0.10	备　注
图 3-4I_{50}		1.0	1.4	1.70	2.5	2.9	3.5	读图
		0.98	1.35	1.71	2.44	2.81	3.54	公式
1984 版规程 I_{pj}		0.4~0.6	0.6~1.1	0.8~1.8	1.1~3	2~4	1.6~3.6	读图 3-3
GB 50861—2013 I_{100}		0.69	1.02①	1.34	2.20①	2.49①	2.78	P=25%、10L/s

①内插值。

使用这些图表时，可根据排放浓度和支管流量予以增减坡度值，增减规则可参考表 3-5 之经验系数的规律拟定（按尾矿颗粒粗细）。图 3-4 和新规范附录 B 所得 100m 处的平均坡度值，全尾矿平均粒径小的时候很接近，平均粒径大于 0.05mm 后所得滩面平均坡度渐大。

必须注意，图 3-4 的数据包含了尖山、符山、南芬等高浓度尾矿浆的试验数据，浓度覆盖到 45%。故比规范方法覆盖浓度范围大，使用起来也简便。

1984 版设计规范的坡度其适用范围现已经说不清是从滩顶到水边，还是有效滩长范围之内，其浓度应该覆盖到 25%以内。图 3-5 所求为 I_{100}，位置明确，浓度覆盖范围也大。

3.4　沉积规律和沉积滩形成

本节探讨尾矿沉积规律、沉积滩的形成及特性，也涉及排放、筑坝和库水位。

3.4.1　沉积规律

3.3 节已经讨论了滩长和滩面坡度。现在还需要说明滩面是如何形成的，尽可能描述清楚它的形成过程。也会涉及颗粒沿滩长和深度的分布，即滩面下沉积尾矿的分布和构成。介绍这个问题是因为：（1）如今的浓度比以前高；（2）依据不同，本节将依据勘察钻孔资料对其进行介绍。

笔者曾经用一张纵剖面图（图 3-5）描述冲积滩面的形成[16]，说的是矿浆从支管落地后，先形成一个圆形冲坑，消能后的矿浆从坑的四面外溢，此时矿浆流厚度不大，流速很低。由于一面有子坝阻挡，矿浆流向 3 个方向。在库内流向水区的形成消能段、陡坡段、过渡段和水下段。如果按照 10m 或十几米的支管间距，相邻一组 2~4 个支管同时排放，较大矿浆流会汇集在一起，形成“弯弯小河”，把滩面上的颗粒输送到远处。

现在看几段相关描述，选自有关项目的试验研究报告：

较粗的砂类尾矿，在支管排出的矿浆流在滩面上形成一个消能坑。矿浆从消

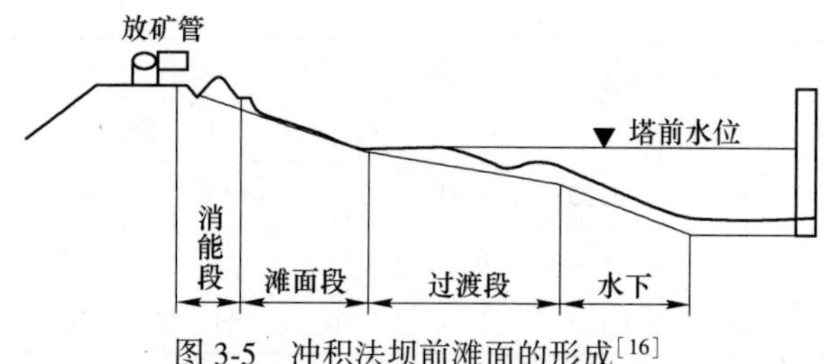

图 3-5 冲积法坝前滩面的形成[16]

能坑携带尾矿向四周流出，由于子坝的阻挡，矿浆流形成以子坝为直线边的扇形冲积滩。推移质尾矿沉积在扇形区，推移质或悬移质的尾矿被矿浆携向远处。有时，矿浆也在两扇形区相交处形成“弯弯小渠”，渠中涓涓细流较扇形区水深大、流速也大，足以冲刷挟裹粗粒尾矿。但是，由于离开放矿口不远处滩面坡度变得很平缓，流速很慢，形成均匀缓慢的泥浆流动，因此，这一段由推移质尾矿组成的滩面坡度较陡，其长度主要取决于全尾矿的粗粒含量。

粉砂、粉土类尾矿是最常见的尾矿，平均粒径为 0. 074～0. 037mm。当排放浓度为 15%～25%，支管流量为 10～30L/s 时，宏观沉积规律接近，粉土尾矿沉积滩面坡度稍缓。滩面上形成以排矿口为起点的扇形漫流区，这里的尾矿多为沉砂质。在两扇形区的交界处易形成弯曲主流槽，槽内矿浆流速大、挟砂能力也大，可将沉砂质和推移质送往更远处。进入池心区的矿浆迅速在水中扩散。大于 0. 019mm 的颗粒也随之较快沉淀，形成水下陡坡段。悬浮质的颗粒在池心区缓慢沉积，形成矿泥层。如果 0. 019mm 以下粒组含量较大，滩面的长度和沉积尾矿的特性将与库水位有关。当然地形因素也影响沉积滩的形成和构成。比如，尾矿库的筑坝长度大，库区纵深短，则滩面坡度、滩长、澄清距离将难以控制。根本原因为沉砂质相对不足或者建库条件欠佳。

根据符山铁矿的经验，这类尾矿的浓度在 50%左右。采用支管流量 8～15L/s 放矿，可形成 300 余米的沉积滩，坝前 50m 滩面坡度为 4%，190m 的坡度为 1. 6%，至水边 330m 的坡度为 1. 19%。沉积尾矿颗粒随滩面变缓而变细。坝前 50m 为中、细砂，50～100m 为粉砂和粉土，100～200m 为粉土和粉质黏土。但是沉积的砂性尾矿中含有原尾矿中的黏颗粒。

黏土类尾矿，一般小于 0. 037mm 粒组含量高于 60%。我国的铁矿、锡矿、锰矿、铝矿等均有这类尾矿。在分散排矿条件下，支管排出的矿浆流在滩面上形成一个消能坑。离开放矿口不远滩面坡度快速变缓，流速渐慢，转变为均匀缓慢的泥浆流动。这一段坡度较陡，由推移质尾矿组成，长约 30 余米，取决于全尾矿的粒度组成。此后，尾矿浆一边在重力下分选下沉，一边向前移动，同时，离析出的水以更快的速度流向池心区。矿浆浓度增大，流速减小，直到停止分选和宏观运动（流动）。根据流槽试验，维持这种缓慢滑移流动的滩面坡度约为

0.3%（这是鲁中的冲槽试验）。这类尾矿采用分散放矿的上游法筑坝通常不一定能满足《选矿厂尾矿设施设计规范》关于滩长的规定，需要论证变通。

库内停止分选和宏观流后，仍然不断改变自身的密度和含水量。这一过程叫自重条件的排水固结。黏土类尾矿静态沉降试验表明，无论起始浓度大小，对于大顶尾矿经过一昼夜的沉降、澄清，尾矿浆密度均为1.41~1.53g/cm^3，含水量稍大于流限，为90%~127%。在低应力（<10kPa）、一面排水条件下，进一步固结，密度可增至1.49~1.65g/cm^3，含水量减至流限状态75%~81%。固结（压缩）试验表明，当压力不大于200kPa时，相应的固后密度为1.80~1.86g/cm^3，含水量可接近塑限，为48%~55%。

尾矿坝的勘察报告通常也描述沉积规律和滩面形成，以下文字来自某勘察报告：

尾矿筑坝方式为上游式，采用水力旋流器筑坝工艺同分散放矿相结合的方法堆筑子坝平台。目前，子坝每年上升高度约3.0m，每次一个台阶，总外坡比为1∶5.5，外坡表面铺有0.3~0.5m厚的黏性土层。

尾矿矿浆排放浓度为45%左右，尾矿粒度偏细，不易分级。尾矿浆在放矿过程中逐渐形成坝前沉积滩与积水区两部分，矿浆在注入坝内过程中在沉积滩面上从垂直坝轴线至水边线方向沉积物颗粒由粗渐细，在纵向上依次形成尾细砂（局部为尾粗砂、尾中砂）、尾粉砂、尾粉土，而且层与层呈渐变过渡关系。由于矿浆注入池中流量、流速及放矿口位置的不断变化，导致尾矿沉积体纵向上的变化，粗细颗粒相间出现，从而形成了薄层或透镜体较多的一个复杂的地质体（作者注：复杂坝体应该与旋流器有关）。这里描述的断面见表3-3的序号2。在堆积子坝时，采用了水力旋流器筑坝工艺分选（级）筑坝，致使子坝堆积表部多为尾细砂组成，局部为尾粗砂、尾中砂。向滩面（即尾矿池内）方向延深逐渐变为尾粉砂。尾粉砂层中夹有尾粉土、尾粉质黏土尖灭体多层。该尖灭体对整个坝体没有形成大的软弱结构面，钻孔ZK5-ZK11，分布有三层尾粉土，中间一层延续长度达355.13m，最大厚度为24.80m，为一相对软弱面，处于稍密-中密状态。

最后总结滩面形成和沉积规律：

（1）有干滩面的坝，即使浓度偏高，落地的矿浆流都有消能坑，无干滩面的也无消能坑。

（2）进入库内的尾矿浆在消能坑基本完成固液分离后，水沿着扇形区流动。这个水不是很清，即含有细颗粒。落地尾矿的状态可实测密度、含水量等。其中水的转移变化可以计算，有人建议用式（3-11）计算[13]：

$$w_0 = \frac{1 - \dfrac{\rho_n}{G_s}}{\rho_n - 1} \tag{3-11}$$

式中　w_0——尾矿泥的落地含水量；

ρ_n——泥浆的密度；

G_s——尾矿的比重（密度比）。

这里 $G_s = 2.69 \sim 2.70$，$\rho_n = 1.86\text{g/cm}^3$（一期勘察），$\rho_n = 1.87\text{g/cm}^3$（量筒测试）。

用式（3-12）可以计算停止排放后，库内浅层尾矿某时刻的含水量 w_t：

$$w_t = w_0 - \frac{\left(\frac{1}{G_s} + \frac{w_0}{S_R}\right)(h_t - Q_o)}{10V} \tag{3-12}$$

式（3-12）引入了泥面日蒸发量 Q_0（mm/d）、表面排水量 h_t(mm/(m^2·d))、泥面升高速度 V（cm/d）。表面排水量可能有渗水，也有明流，难以计算，仅考虑蒸发（按年蒸发量均值计算），一天（24h）后最理想的泥浆含水量是 19.9，起点是前述计算的 37%。

表层尾矿自重固结对水分转移的贡献很小，蒸发比自重固结更重要。

显然，有无消能坑，现行放矿水影响浸润线的计算方法，从假设到计算结果差别显然很大。以前并没有人考虑放矿水从坝前的消能坑下渗，只考虑排放区的滩面下渗。

（3）相邻的排放管口，提供了矿浆流相对集中的条件，矿浆流往往在较低处汇集，并形成弯弯小溪，随着同时开启的排放管口位置和数量的变化，“弯弯小溪”的位置和走向都会变。这种变化决定了尾矿颗粒的分布。

（4）水流夹裹的沉沙质、推移质、悬移质尾矿在不同的距离上沉降，形成了不同的滩面尾矿沉积和滩面坡比。尾矿粗，坡比陡；尾矿细，坡比缓。

（5）矿浆形成的“弯弯小溪”因排放的支管间距、直径、同时开启的数量和位置等因素而不同，有的还用了旋流器分级，沉砂和溢流就近入库，这些复杂的条件组合决定着各类尾矿的移动、下沉、冲刷、移动、再下沉，直至水区。故排放和水位控制影响滩和坡。

（6）颗粒的粗细是沉积滩坡比陡和缓的主要因素，沉沙质的滩坡陡、推移质的滩坡缓，悬移质基本在水区沉积，水区的坡比由自然堆积角决定。

（7）库水位影响沉积滩长度，也决定各种沉积尾矿的相对位置。

（8）浓度高到一定数值，粗细颗粒不分选，矿浆成滑移流动。此时，无消能坑，也不再呈现“弯弯小溪”。

（9）宏观上，滑移流动的滩面坡比有的 0.3%、有的 0.5%，膏体排放的能达到 2%。

（10）全尾矿中 0.019mm 细颗粒多到一定水平，水分转移靠晾晒，而不是固结。年大于 3m 升高，就可能出现软滩面。升高速率在 3~8m，又遇到了狭窄地形，也会出现这种软滩面。这里所指软滩面，就是水先流走以后的细颗粒泥浆，厚度1~4m。

(11) 滩面湿软，筑坝条件差，滩面坡度缓，用大子坝仍然能实现安全运行，但有的库表面上违反了《尾矿设施设计规范》(GB 50863—2013) “子坝不挡水的规定”。

根据流行的冲积法的几种筑坝工艺，和上述关于滩面形成的讨论，有干和湿两类滩面，总结如下：

(1) 支管排放条件下滩面出现消能坑，矿浆从坑内漫溢流出，形成弯弯小溪，输送矿浆进入水区。特点是滩面可走人，筑坝作业和坝体安全可靠。如果有问题，多在疏于管理或违背了设计和规范的相关条件。

(2) 支管或者单管排放条件下滩面不出现消能坑，坝前会有1~4m厚度的高浓度流动浆体，没有便于机械和人作业的干滩面。有的用池填法、用废石、用旋流器沉砂筑子坝。但是普遍担心坝坡稳定问题和防洪条件两大问题。虽然有了不少实例和论证，但行业内对此类子坝防洪没形成共识。焦点在于多大的子坝可以挡水防洪？什么子坝可以长期挡水？

(3) 上述第1类问题，1977年的“有效滩长和渗径系数”理论给出了明确的回答，规范和筑坝实践给出了肯定的验证。只是近30年，有“恐高症”，对以前研究的高堆坝结论产生了怀疑和回潮。这是对尾矿库了解不够、知识积累不足造成的。

(4) 第2类问题需要依据有勘察的工程实例，按实事求是思路，予以总结，扩大宣传范围，形成共识。

3.4.2　沉积尾矿计算断面概化

尾矿坝的相关计算和论证需要一个概化模型，来表达尾矿坝的各部分物质构成和属性，以便根据计算分析需要赋予各种坝料的工程性质。初期坝部分可按施工图确认，坝基按工程勘察报告的建议选用。堆积坝部分，1977年提出了图3-6所示的简化模型，当时，不像现在有这么多的勘察资料可以借鉴。1979年7月，张德强在《尾矿多工程技术综合分类》中提出了0.02mm为可筑坝颗粒，并给出图3-7。据他的调查，原尾矿属于中粉质以上砂类尾矿有188例，占68.1%；中粉质以下的88例，占31.9。前者沉积的尾矿性能好一点，后者稍差。1984版《尾矿设施设计规范》提出了图3-8的概化断面。这是我国第一个具有法规意义的断面，表达了设计人员对尾矿坝概化断面的重视和认可。到了1995年，有色系统出了一本《中国有色金属尾矿库概论》的书，作者根据栗西沟和阳山冲尾矿库滩面沉积尾矿的资料，给出了一个理想的概化断面图，如图3-9所示。

在1995年以前，断面概化都还在图3-6（1977年）的水平上，都是依据表层取样试验得到尾矿的粒度资料，按颗粒分布的位置划分区域。

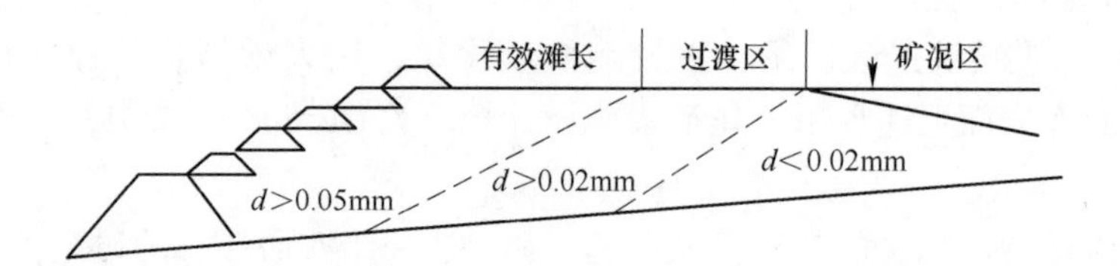

图3-6 1977年“几个问题”总结的尾矿坝沉积断面

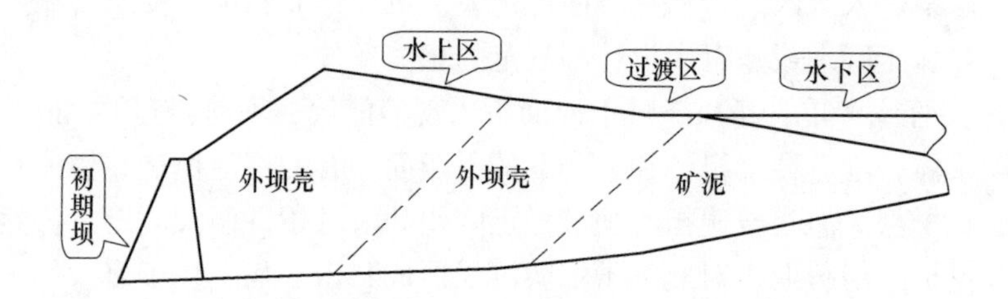

图3-7 1979年尾矿分类研究报告的尾矿坝沉积断面

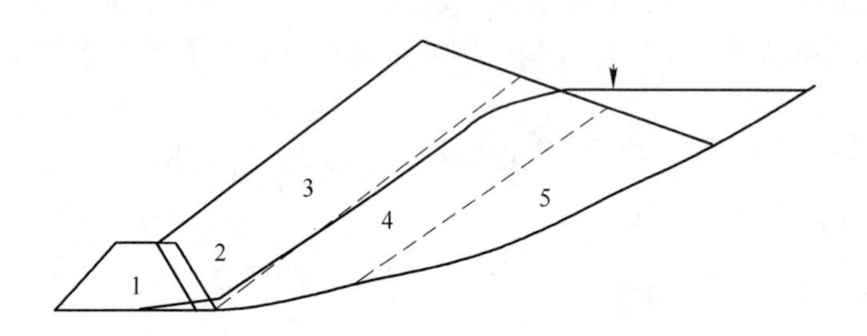

图3-8 1984版《尾矿设施设计规范》的概化断面

1—初期坝；2—返滤体；3—粗尾矿；4—细尾矿；5—尾矿泥

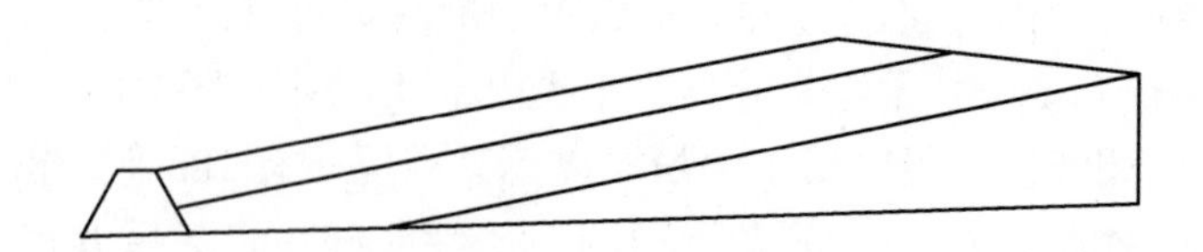

图3-9 1995年有色公司编写公司10周年文集上的概化断面

（自上而下尾矿的命名为粗尾矿砂、细尾矿、矿泥）

2003年，作者提出了做断面概化的一个方法（图3-10）。在初期坝或者高于初期坝的某一高度，依据现场取样的筛分结果，可知尾矿沉积距离与中值粒径有关，即可在水平方向把沉积尾矿分为粗、中、细。分区确定后，还可以根据排放管理情况（如水位控制、筑坝和排放记录）、选厂流程考核的筛分资料，添加细颗粒的夹层和互层等透镜体。

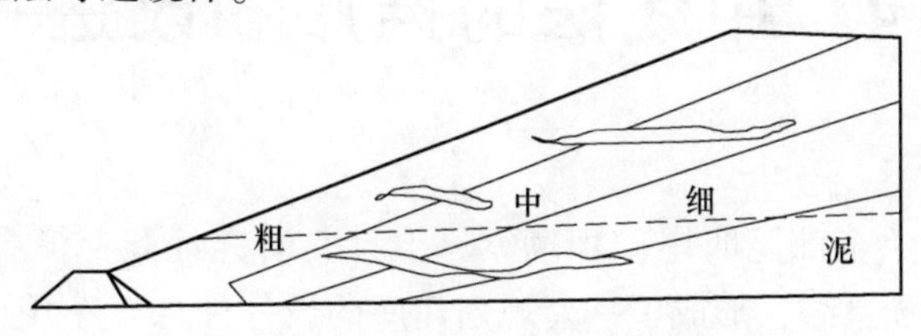

图 3-10 概化分区示意图[16]

尾矿坝断面概化的重要性不必多言，但必须指出，1977 年以来的概化模式，即图 3-6，用于今天的尾矿坝是有一定误差的。原因是：

(1) 如今的尾矿普遍偏细、排放浓度偏高。勘察资料表明，沉积尾矿的颗粒的分选性变差，使得尾矿趋向于均质坝。

(2) 当年尾矿库的水位控制比现在要求的松，高水位运行时间长。自《选矿厂尾矿设施设计规范》(ZBJ 1—90) 发布以来，多数尾矿库长期低水位运行，使得滩面上出现长距离的“弯弯小溪”。偏低浓度的尾矿浆在溪中流动、冲刷，把粗尾矿裹挟到过渡区以远的水区。

尾矿库水位控制至关重要，涉及安全运行、筑坝作业、坝体沉积和构成、环境保护和外排水质等。有的库根本就不允许外排，包括汛期。水位怎么控制呢？据多年观察到的运行情况，可以用图 3-11 来说明。

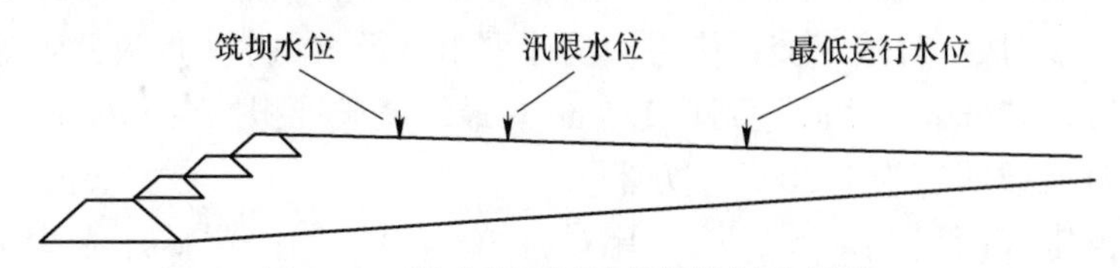

图 3-11 尾矿库运行的水位控制示意图

筑坝作业通常在汛前完成，所以筑坝期间的库水位可以抬高，筑坝期间的水位稍微高于安全滩长对应的水位不会出险。这样有助于尾矿沉积在坝前，加快滩面升高。汛限水位可以依据安全滩长要求确定，但必须满足当年的防汛复核要求。最低运行水位是确保外排水达标的运行水位。

依据这一构想，尾矿库的水位控制在汛期为 3 个月（有的地区长一点），各级别的库都可按照安全滩长的要求控制，其他时间排放时按筑坝水位和最低水位之间灵活控制。

再直观一点，正常运行的库，水区控制在纵深的 2/5~1/3 之间是合适的。

4　中线法的推广和改进

1977 年夏，冶金部昆明尾矿坝勘察、设计、研究经验交流会对上游法尾矿筑坝做了全面系统总结，形成了一套规划建库的设计理念，并开始了尾矿高坝公关研究。前述《尾矿筑坝中几个问题的讨论》的文章，预测了我国今后建造尾矿坝的两个趋势：

（1）未来的初期坝将采用透水坝型，以利于上游法后期坝体的排渗。这一预测被后来的设计和筑坝实践证实。

（2）国外“以 0.074mm 作为分级界限，将分离出来的沉砂进行下游法筑坝”。对下游法和中线法的预测，恰恰反映了人们对高坝的期望。但国内长期少有采用，至今，采用中线法的坝也不到尾矿库运行总量的 0.5%。为什么中线法没有透水初期坝那样“亲民”呢？文献［7］和［13］做过有益的总结和探讨，以下内容会有助于理解这种现象。

4.1　我国中线法的起步和运行概况

据文献［7］，1981 年，太钢峨口铁矿牛圈沟第二尾矿库动工建设，其是国内黑色矿山第一个中线法尾矿坝，由前冶金部鞍山黑色冶金矿山设计研究院设计。1985 年 9 月 30 日竣工交付使用。设计采用直径 500 水力旋流器组分级筑坝，分级粒度为 0.136mm，实际达到 0.155mm。最终尾矿堆积标高 1360m，最大坝高 130m，设计有效库容为 1920 万立方米。

牛圈沟建有两座尾矿库，第二尾矿库在沟口，第一尾矿库在上游小南村附近。

峨口铁矿一尾中线法加高改造研究于 1992 年 3 月 5 日通过了冶金部组织的验收。一尾由鞍山黑色冶金矿山设计研究院设计于 1970 年，1977 年投入使用。沟底 1357.5m（初期坝下游坡脚，坝底中线标高 1362.5m）标高，初期坝为滤水堆石坝，定向爆破施工。坝顶标高 1427.5m，坝高 67m。原设计为上游法筑坝，设计坝高为 200m，最终堆积坝顶高程为 1560m，有效库容 2172 万立方米。

后来，鞍山黑色冶金矿山设计研究院从坝顶标高 1516m 起改为中线法筑坝方式。最终坝顶设计标高 1620m，坝高 260m（自 1360m 算起），设计有效库容 9407 万立方米，堆积坝外坡 1∶2.5～1∶3.0。中期以后控制坝顶宽度 15～20m，尾矿沉积滩面坡度为 5.5‰。坝下游采用滤水堆石隔坝，坝顶标高 1360m，坝高 40m。

1990 年以前，一尾、二尾交替使用，冬季用一尾，夏季用二尾，以便分级筑坝。1992 年，一尾中线法改造完成后，二尾一直作为事故库使用，后来在地方安监局的领导下完成闭库。

据 2008 年的完成的一尾工程地质勘察报告和安全现状评价报告，峨口一尾改造中曾经担心的问题，运行期间不同程度地存在，没有得到彻底纠正。如，上游滩面坡度偏缓，防洪难达标；下游沉砂率偏低，实现不了设计坡比，如图 4-1 所示；表面无法防护，还有扬尘、冲刷、坝面观测难以设置等[17]。图 4-2 所示为坝坡水位情况，差值反应的是钻孔初见和终孔后的稳定水位，与稳定水位接近的是计算拟合曲线。

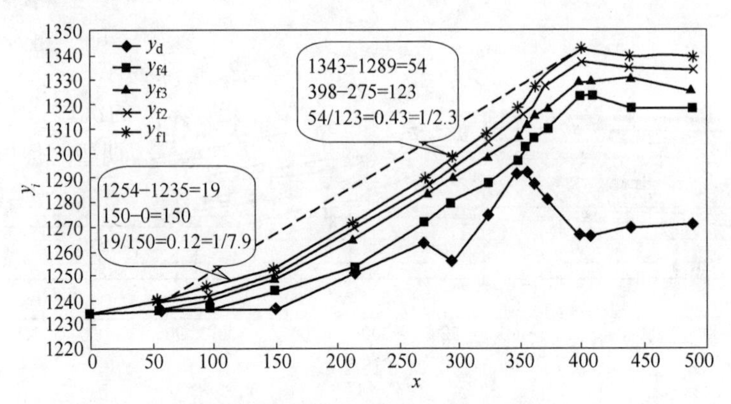

图 4-1 2008 年的勘察的坝坡和土层

（外坡上段 1 : 2.2，重点 1 : 3.0，下段 1 : 6；虚线以下缺了大量尾矿）

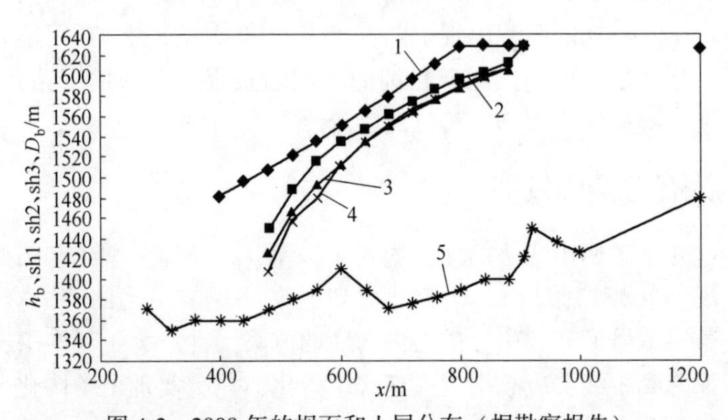

图 4-2 2008 年的坝面和土层分布（据勘察报告）

1—坝面标高 hb；2—水位标高 1sh1；3—水位标高 2sh2；4—水位标高 3sh3；5—原始地面标高 D_b

据有关文献[14,18,19]，德兴铜矿 4 号尾矿库于 1991 年 2 月建成投产，到 2015 年 2 月，已安全运行 24 年，排入尾矿约 7 亿吨，坝顶标高已达到 260m（设计堆坝标高 280m，坝顶标高 72m），最大堆坝高已达到 188m，设计指标如下：

（1）-0.074mm（-200 目）含量不大于 15%，可以保证其渗透系数不小于 10^{-4}cm/s 的量级。

（2）要求初期的粗砂产率为 25%。

（3）堆坝粗尾矿的不分级浓度为 67%，考虑一定的流动性，排放浓度确定为 65%。

（4）根据实验结果，干容重按 1.5t/m^3 控制，在浸润线以下部分，为防止地震液化，按 1.6t/m^3 控制，需经适当压实，实践上很难操作。

在初期，粗砂产率远达不到设计要求，最低的第一年只有 7%，到 1997 年才达到了设计要求。经多年的努力，目前的平均粗砂产率可以达到 22%，最好的可达到 26%。如图 4-3 所示，点画线为初期坝的坝轴线，堆积坝的坝顶稍有上移。

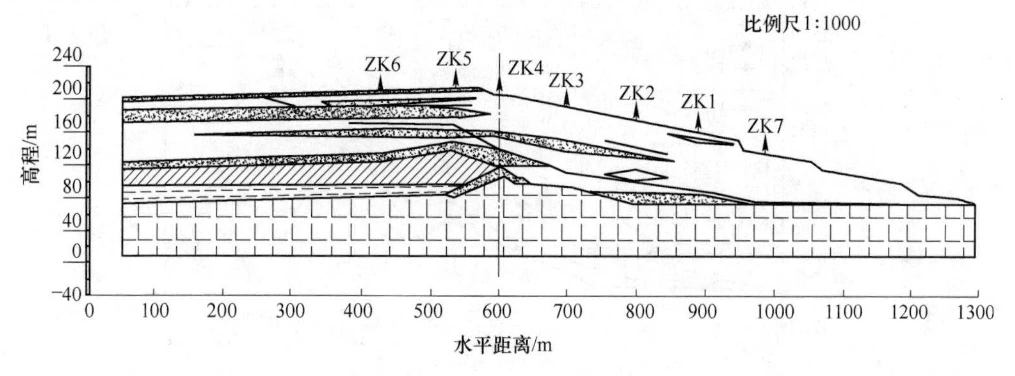

图 4-3　德兴 4 号尾矿库勘察主断面（据杨春福，2015 年）

这张勘察断面显示，尾矿坝高程在 140m 左右，下游有三层较大区域尾矿泥沉积，上游在 140~170m 高程出现了四五十米的厚大尾砂层。这可能是旋流器长时间运行不正常造成的。当然尾矿粗细的影响因素很多。如勘察钻孔鉴别有误、入选矿石变性、磨矿细度变细、机械故障等。

4.2　中线法在总结中发展

作者去过几个采用中线法的坝，德兴 4 号库、福建潘洛铁矿和山西代县的一个中线法现场（在峨口附近），研究过峨口铁矿一尾、二尾的有关资料[14]。还参加审查过德兴 5 号库和太白金矿蟠桃沟库的方案设计。为了写本书，还看了一些资料，深深感到中线法应总结、提高、中国化，只有实现了中国化，发展推广才顺利。图 4-4 所示是一个中线法尾矿库，在峨口附近，因沉砂量不足，上下游失衡。太钢峨口铁矿一尾、二尾都是中线法。一尾设计沉砂效率 40%，多年来勉强达到 38%，筑坝情况如图 4-5 所示。太钢尖山铁矿用旋流器筑子坝，沉砂和溢流同时排放，沉砂效率一般在 23%。这个沉砂率与德兴 4 号库接近，图 4-6 所示是 4 号库筑坝现场。

(a)　(b)　(c)

图 4-4　一个中线法尾矿库（沉砂量不足，上下游失衡）

（a）上游；（b）下游；（c）旋流器

(a)　(b)　(c)

图 4-5　峨口中线法筑坝

（a）上游；（b）筑坝；（c）下游

(a)　(b)　(c)

图 4-6　德兴 4 号尾矿库

（a）旋流器；（b）上游；（c）下游

这几个项目都存在过以下问题：

（1）旋流器的沉砂效率比设计偏低。福建、山西都见到过沉砂率不足，造成下游筑坝体和上游溢流沉积体严重失衡的状况，处理或补救措施也不同。德兴 4 号库设计初期的沉砂率为 25%，实际只有 16%，缺口很大。除了沉砂率低，德兴还一度有当地村民到坝上非法捞砂。

（2）坝肩和坝面防护困难。夏季暴雨时，坝肩、坝面拉沟，大量沉砂被冲刷到下游。1998 年，我国南方大雨，德兴铜矿坝面冲刷严重，有人估算，年流失尾矿多达 20 万立方米。清淤、治理、赔偿等开支，每年达到 188 万元。

（3）防洪达标困难。前冶金部矿山司解散前，每年都和前冶金工业部尾矿库工程技术安全监督站举办一次全行业的尾矿库防汛会议，在这个会议上，峨口一尾几乎年年都不达标。原因就是 1991 年颁发的尾矿库设计规范要求用滩面防洪，既要满足安全超高，又要满足安全滩长的要求。溢流的细颗粒很细，难以达到接近和大于 1%的滩面坡。在库区长度不足的时候（陆区 600~400m），调洪库容就不足（按 2 等库的调洪结果是：坝高 100m、150m、260m 对应洪水升高是 4. 194m、3. 479m、2. 458m）。

德兴 4 号库在 1993~2006 年的 16 年中，有 8 年防洪度汛有困难，达不到千年一遇的设防标准。通过试验，采用二级旋流器，解决了沉砂率不足的问题，并通过增设新排洪系统解决防洪不达标问题。

现在回到《尾矿设施设计规范》(GB 50863—2013)，看看有关中线法的条款：第 4. 1. 6 条第 2 款“分级后用于筑坝的 $d \geq 0.074$mm 尾矿颗粒含量不宜少于 75%，$d \leq 0.02$mm 尾矿颗粒含量不宜大于 10%”。第 4. 6. 2 条有：“中线式及下游式尾矿坝均应设置初期坝和滤水拦砂坝（早期叫隔坝），滤水拦砂坝可设多座，在初期坝与拦砂坝之间的坝基范围内设排渗设施。”第 4. 6. 3 条说：“中线式、下游式尾矿坝和滤水拦砂坝之间的洪水应通过滤水拦砂坝渗出坝外，也可在滤水拦砂坝前设置排洪设施，排洪标准宜按照 50 年一遇设防”。从这两条看，拦砂坝的坝高、坝型、防洪方式、防洪标准、泄洪方式、坝前淤砂量的估算以及清淤和运行模式等，都还在探索发展中，还需要继续“摸着石头过河”。多座拦砂坝的问题在于，需要避免多次征地。归纳了几个中线法设计项目，并作比较，使用的资料是《尾矿设施设计规范》(GB 50863—2013) 和某项目的方案设计，见表 4-1~表 4-3。首先分析一下这个结果。

表 4-1　中线法设计中代表性规定

序号	项目名称	规范要求简述	备注
1	沉砂颗粒	底流尾矿 $d \geq 0.074$mm 的不宜少于 75%，$d \leq 0.02$mm 含量不宜大于 10%	
2	平面布置	初期坝、拦砂坝之间设排渗	
3	上游防洪	按第 6. 1. 1 条标准设置排洪系统	滩坡难大于 1%
4	下游防洪	50 年一遇设防可使用拦砂坝泄水	下游“被防洪”
5	上下游平衡	沉砂量必须大于设计工程量的 1. 2 倍	试验确定
6	底流浓度	小于不分选浓度	
7	旋流器参数等	由厂商提供	
8	下游坝坡	不陡于 1 : 3. 0	非人工不可能
9	下游平台宽	不小于 3m	

表 4-2 旋流器试验结果的分析

d/mm	0.074	0.045	0.02	0.005	三粒级平均
来料百分数/%	69.9	59.9	47.03	16	
底流 1 百分数/%	97.23	78.27	58.62		
底流 1 增量百分数/%	39.099	30.668	24.644		31.380
溢流 1/%	22.73	16.42	9.67		
溢流 1 减量百分数/%	67.48	72.59	79.44		73.17
底流 2/%	96.05	77.6	57.45		
底流 2 增量百分数/%	37.411	29.549	22.156		29.700
溢流 2/%	23.45	16.59	9.34		
溢流 2 减量百分数/%	66.45	72.30	80.14		72.90

表 4-3 某中线法方案设计的代表性项目做法

序号	项目名称	设计做法概述	备注
1	沉砂颗粒	底流细度-74μm≤23%~25%，-20μm<10%	来料 d_{50}=0.33~0.82mm
2	平面布置	初期坝、中和终期拦砂坝，设排渗盲沟，拦砂坝下游设截渗墙	
3	上游防洪	按《尾矿设施设计规范》(GB 50863—2013) 6.1.1 条标准设置排洪系统	调洪规范
4	下游防洪	50 年一遇设防可使用拦砂坝泄水	点雨量无异
5	上下游平衡	从坝高和库容两个维度间隔 5m 分算溢流区和沉砂区的容积和升高。溢流尾矿和沉砂尾矿堆积体各保持占总库容 63.8%和 36.2%	逐段平衡计算使用山下干密度应不同沉砂率保证 36.2%
6	底流浓度	试验底流浓度在 65%~70%，适当降低设计	未见不分选浓度
7	旋流器参数等	厂商提供旋流器参数和分级试验结果	三级配、两组分级试验
8	下游坡和平台	平均坡 1∶3.0，平台宽未知	
其他设计依据或设计指标			
1	原位级配	-0.074mm (-200 目) 占 55.6% ~ 66.16%，-0.005mm=16% D_{50}=0.021~0.082	做了 4 组波动很大，影响沉砂率
2	密度	全尾密度比 2.71，堆积干密度 1.54t/m^3	
3	选厂排尾矿浓度	35%~38%，一般固废的第Ⅰ类	
4	两组分级试验	采用 FX400 和 FX500，提高产率将增加细粒 来料-0.074 有 66%降低到 55%，产率增加 10%	旋流器试验略

某库的方案设计给了粗、中、细三个原尾矿级配实验结果，旋流器试验给的

来料是最细的那一组，黏土颗粒含量有 16%，图 4-7 和表 4-2 原尾矿按小于某粒级给，沉砂中 0. 02mm 的不足 10%，假设来料中 0. 005mm 的全进入溢流，即来料中各级颗粒都减掉 16%，沉砂没有现在的粗，量要高出 1 倍多。来料中小于 0. 02mm 的近 60%，其中小于 0. 005mm 的占 16%。分散排放时它们大部分沉积在过渡区和水区下沉，大于 0. 037mm 可以沉积在滩区，含量只有 22%~23%，所以这个区域会比较短。过渡区和水区的干密度将长期小于 1. 5t/m^3，影响上下游平衡计算结果。

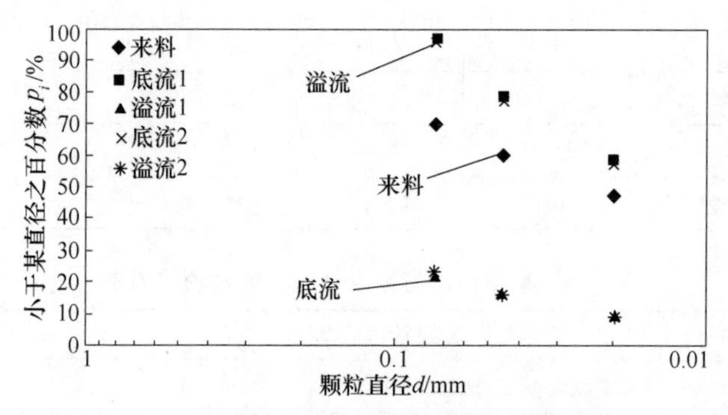

图 4-7　某中线法筑坝的旋流器试验结果

表 4-2 是从旋流器试验结果摘录的，底流和溢流中各个粒径的增减很明显，增量都大于或接近 30%，越粗，增量越大；越细，减量越大。来料细粒太多，用传统中线法料越粗越好。

如上所述，旋流器试验和结果的解读分析还需要积累经验和细化。如果对溢流部分的估计不准确，将影响防洪和上下游升高的平衡计算结果。

项目的溢流区总库容 9023359. 96m^3（923 万立方米），底流区总库容 1250336. 78m^3（底流库容/溢流库容 = 0. 139），即下游筑坝仅需要尾矿产出的 14%。上游 1300m 标高以下有 50 万立方米库容，基本是半年尾矿量。按分级试验，约 40%去下游，上游空库容将延长到 10 个月。下游筑坝到 1375m 高程 125 万立方米库容，相当于 1 年 2 个月的尾矿总量。不管沉砂效率如何，筑坝应无缺口。

若按传统中线法做，本例需用旋流器干 13 年（服务期），按下游工程量，3 年之内应该就可以完成。

4. 3　中线法的改进

从我国中线法的实践可知，坝下游的物料不仅有使用旋流器沉砂的，也有用采矿废石的。有的从设计开始就采用中线式建库，还有先上游法，后改造为中线式的。可见，坝下不必非得使用旋流器沉砂。有的企业和设计院协商选用中线式，也有政府监管部门要求必须采用中线式筑坝的。中线式坝和干堆坝一样，是一种“选择”，或者“偏好”，不是一种“必须”。从坝坡稳定角度，还没有中线式比上游式的坝更安全的可靠论据，误传和误解是有的。

不管是哪一种中线法，都有改良的必要和余地，实际上大家都在做，特别想改善坝坡的防冲蚀，便于维护、绿化、观测条件，这就有必要对沉坝工艺进行改造，实现方便和节省。

笔者多次提到，尾矿筑坝要借鉴几个思维，包括一次性筑坝分期施工的设计思想、水利部门“水坠坝”的思维，扩展坝料范围，赤泥库“浆体干法”的细粒也是坝料思维。把库区分为两部分，比如中线法的上游区和下游区，叫排放区和筑坝作业区，上游只接受排放，下游专门进行筑坝作业，筑坝材料和工艺则由设计或者“效益”决定。如果坝料采用地方土石料、采矿排废、压滤尾矿，可采用碾压式土石坝工艺；如果是就地采土料，则可用水坠坝工艺；如果采用湿法尾矿筑坝和排放，可用中线法的平面布置，上游排放尾矿浆，下游浆体干法筑坝。浆体干法的作业和池田法差不多。要“筑埂、分隔、浆体排放、沉坝、脱水硬结、取样检验”。

4.3.1 细颗粒可以做坝料

对于筑坝，不是颗粒越粗越好，也不是越细越差，要看材料的部位和需要的功能。从排放角度，粗尾矿脱水快，落地就能上人，有水也不会“陷入泥潭”。上游法筑坝的作业条件好、强度指标高、渗透性大、抗剪强度高、坝坡可以陡点，渗透性大排水和蒸发条件都好，坝料不是反滤料，渗透性大，不一定都有益。图 4-8 所示尾矿的力学指标是理想的。

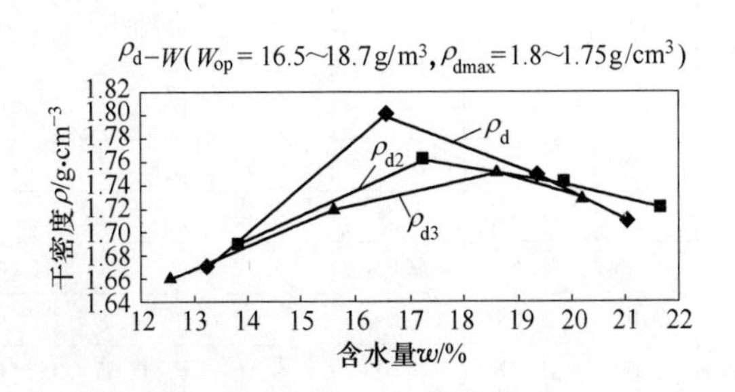

图 4-8 某尾矿的击实试验结果
（-0.038mm 含量为 55%）

图 4-8 和表 4-4、表 4-5 说明，很细很黏性的尾矿，自然冲积后的干密度用压实度评价也有很好的结果，不是传统意义上的“软”，细粒尾矿也是好坝料。

后面将看到，从滩面形成、水分转移、尾矿的软硬变化角度也是成立的。

表 4-4　某膏体尾矿试验结果

击实干密度/g · cm^{-3}	现场干密度/g · cm^{-3}	密实状态	一期勘察干密度/g · cm^{-3}	密实状态
1.75~1.80	1.56~1.75（2013）	0.86~0.97	1.51~1.75（水上）	0.84~0.97
	1.63~1.77（2014）	0.91~0.98	1.57~1.75（水下）	0.87~0.97

表 4-5　鲁中 2003 年尾矿物理性质试验指标平均值

岩土名称	重度 γ	干重度 γ_d/kN · m^{-3}	含水量 /%	孔隙比 e_0	饱和度 S_r/%	液性指数 I_l	最大干密度 γ_{dmax}	压实度
尾粉细砂	20.60	17.10	20.5	0.638	92.0	—	18.9	0.91
尾粉土	20.70	16.90	22.5	0.633	98.0	—	17.9	0.94
尾粉质黏土	20.00	15.80	26.5	0.771	97.0	0.65	20.1	0.79
尾黏土	19.50	14.90	31.0	0.907	98.0	0.59		

4.3.2　升高速率快坝坡也稳定

表层尾矿浆，由湿到干、软到硬，取决于排放和晾晒条件。某深度以下，取决于尾矿自身性质、应力条件和排渗条件。尾矿随时间变硬是客观的，图 4-9 所示是一个上游法尾矿坝的勘察数据，全尾颗粒-0.074mm（-200 目）95%，排放浓度 35%左右，年平均升高速率 17m。图 4-9（a）数据取自 2012 年的勘察报告，图 4-9（b）是根据压缩试验和直剪试验结果整理的。2017 年该坝又勘察了一次，沉积尾矿的含水量有了进一步的降低，见表 4-6，土层②的含水量降了 5 个百分点。按图 4-9（b），5 个百分点含水量的降低，摩擦角将提高 8°。

表 4-6　尾矿坝两次勘察的结果比较（尾粉土，2012~2017）

勘察年份	层号	含水量 w/%	密度/g · cm^{-3}		天然孔隙比 e_0	塑性指数 I_p/%	液性指数 I_L/%	压缩系数 α_{01-02}/MPa^{-1}	压缩模量 $E_{s0.1-0.2}$/MPa
			ρ_0	ρ_d					
2012 年	②1	21.91	2.08	1.71	0.61	6.53	1.25	0.18	9.73
	②2	27.72	1.96	1.54	0.8	6.76	1.58	0.33	6.34
	②3	23.25	2.05	1.67	0.65	5.57	1.59	0.23	7.99
	②4	22.12	2.05	1.68	0.64	6	1.2	0.24	8.3
2017 年	②1	21.99	2.09	1.72	0.61	6.56	0.65	0.18	10.75
	②1-1	19.68	2.13	1.79	0.54	5.84	0.38	0.13	13.98
	②2	21.35	2.11	1.74	0.58	6.82	0.76	0.19	9
	②3	22.77	2.1	1.72	0.6	7.16	0.67	0.22	7.86
	②4	23.97	2.07	1.67	0.64	8	0.7	0.24	7.43
	②5	20.03	2.14	1.79	0.53	6.63	0.76	0.21	7.5

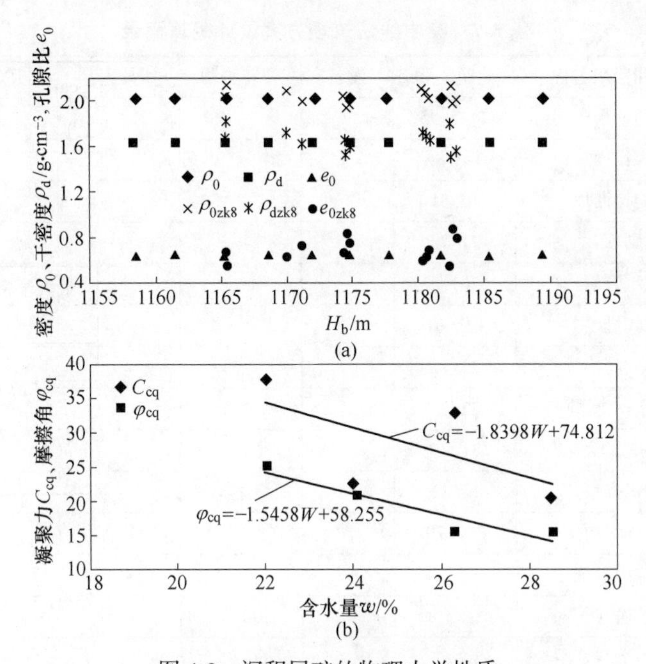

图 4-9 沉积尾矿的物理力学性质

（a）沉积尾矿的物理性指标；（b）沉积尾矿的抗剪强度

4.3.3 改进方向

中线法堆积坝的坝轴线位置，运行中可以向上游或者下游微调，已经被认可。本节主要对其改进方向进行介绍。

4. 3. 3. 1 矿浆浓度和筑坝

提高矿浆浓度不是为了筑坝，而是为了节能、省水。故输送比筑坝更需要提高浓度。浓度提高后矿浆的性质有变化，对于上游法来说，1977 年以前形成的筑坝理论体系不可照搬使用，只能变通应用。对于浆体干法和改良中线法，只要求分区和速率，如果作业区没有排放区升高快，一票否决。浓度过高，旋流器也不好用。

筑坝区除了浆体干法，还可做阶段中线法。用旋流器沉砂筑坝，借用上游法概念，叫子坝。子坝个头要足够大，大子坝是为了避免频繁移动设置在岸边的旋流器工作站。

4. 3. 3. 2 从预算看中线法的改进方向

为了方便讨论改良中线法的造价问题，这里把前述中线法方案设计的预算所列工程费、设备费、安装费和土地费列于表 4-7，实施过程中这个花费还会变化，不予讨论，也不评价，不影响要论证的内容，工艺简化、简单，才更省。

表 4-7　某中线法筑坝方案设计概算摘录　(万元)

序号	工程和费用名称	建筑工程	设备	安装工程	器具家具	其他	估值
1. 1	初期坝	1445. 95					1445. 95
1. 2	拦沙坝	393. 36					393. 36
1. 3	中期拦沙坝	12. 51					12. 51
1. 4	副坝	71. 78					71. 78
2. 1	排洪隧洞	1261. 82					1261. 82
2. 2	框架式排洪井	122. 01					122. 01
2. 3	排洪陡槽	23. 72					23. 72
2. 4	1 号排水涵洞	72. 21					72. 21
2. 5	1 号排水涵洞	71. 75					71. 75
2. 6	砌块式排水井	14. 82					14. 82
2. 7	截排水沟	250. 29					250. 29
2. 8	截排渗系统	115. 34					115. 34
3. 1	尾矿输送与管网			200. 87			200. 87
4. 1	尾矿回水与管网	14. 67	17. 63	66. 91			0. 21
5. 1	排放和管网		130. 76	30. 49			170. 25
6. 1	人工观测		12	8			20
7. 1	在线监测		125. 91				125. 91
8. 1	供电、照明、通信	10	104. 38	50. 58			164. 96
9. 1	上坝道路	212. 06					212. 06
10. 1	值班房	8. 64					8. 64
11. 1	工程建设其他费				0. 95	5877. 79	5878. 74
11. 2	土地征用补偿费					5200. 65	5200. 65
合　计		4100. 93	390. 68	356. 85	0. 95	11078. 4	11079. 4

初看这个坝的预算很高，超 1. 1 亿元。其实，尾矿坝的总工程费用只有 4758. 46 万元。土地费高出工程费 450 万元。这个设计，按规范布置了 3 座坝，如果保留一个坝作为分区坝，另一座坝作沉坝的排渗棱体，则改良中线法如图4-10 所示。

图 4-10 是方案设计的稳定计算结果，这里用来说明筑坝的基本工艺和要求。

分区坝的坝高由筑坝平衡和防洪决定，并受下游筑坝速率影响。一般比中线法的要低，它不受半年尾矿量的制约。在图 4-10 中，坝顶宽度设计用沉砂逐步加宽到 20m，这里可以考虑用旋流器加宽坝顶。

下游的棱体必须满足均质坝的排渗要求，按水利部门的规范，棱体高为坝高的 1/5～1/4，按照图 4-10 中的标高，需要 34m。如果库底渗透性好，如果考虑分隔坝下沉砂的渗透性比较大，棱体高可以降低，降低到多少，以方便矿浆排放和沉坝为目的。根据图 4-10 中的标高，这个沟的底坡在 12%～13%，要尽快找平才便于沉坝。为了方便晾晒和收集表层的清水，需要分隔多个区，如图 4-10 中的 3 小堤。小堤的功能是保障作业安全，可以采用晾干尾矿，如果不太干，就用袋装尾砂。

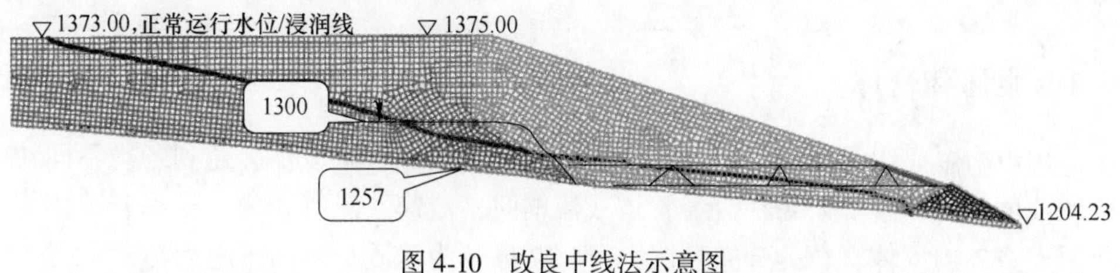

图 4-10　改良中线法示意图

尾矿库投产运行后，还有运行费用，预算按年尾矿量 1654224t 计，运行费折合吨尾矿 8.88 元。扣除折旧 4.97 元/t，电费 1.7 元/t，占比为 43.48%。可以想象，如果不用旋流器电费会降低，采用全尾沉坝电费会省很多，旋流器和泵送是主要用的项。

4.4　关于中线法的小结

（1）采用中线法筑坝比较少，可能和设备，即筑坝运行管理烦琐有关。

（2）中线法的最突出的优点是下游坝坡主要部位的浸润线比较低，非饱和区厚大。

（3）必须明确，我们对中线法了解还不多、不深，定量、准确、科学地描述其优缺点尚不容易。但是，做某些简单比较，还是可以确定其改进方向的。

（4）《尾矿设施设计规范》（GB 50863—2013）对设计的基本要求还不足以描述和评价一个完整的设计，做什么、怎么做，必须给出什么指标等，还略显粗糙。有必要在分级试验、设备选型、筑坝和排放工艺参数方面，提供更多、更具体的规定。

（5）鉴于筑坝作业是一个地域性、实践性很强，很有个性的工作，有必要加强试运行期间的技术考查和验证，对分级试验结果、设备选型、筑坝和排放工艺参数进行实地考核，进一步确认和修改、完善设计运行指标。

（6）以中线位置的初期坝作为分区，扩大坝料范围，采用旋流器分级沉砂和膏体全尾矿浆在下游区集中、高强度地连续进行筑坝作业，保持沉积尾矿晾干、升高，尽快完成设计坝高的筑坝任务，该工艺叫作良中线法。目前可以参考的规范有赤泥的浆体干法和水利部门的水坠坝，详见文献［12］，［13］。

5 膏体和膏体筑坝

5.1 浆体和膏体

国内冶金矿山各湿法选矿厂在尾矿处理的每个流程中，都会遇到各类不同粒度、浓度的尾矿浆。矿浆在流经管道或流槽时，流速、流态各异。根据管、槽横断面上浆体内固体颗粒的分布情况，可将浆体分为均质与非均质两大类。

均质浆体是指矿浆中固相在管、槽横断面上下层间无明显的粗细颗粒分选，浆体内固相悬浮，趋于向下沉降的惯性力被浆体黏滞力平衡，即颗粒间向下的重力和向上的黏滞力平衡，或者黏滞力起主导作用。结果是固、液两相短时间内不分离，这就是高浓度矿浆。这类矿浆的质量浓度通常大于40%，原生黏土颗粒含量较高的尾矿也有不足30%的。

非均质浆体是指矿浆中固相在管、槽横断面上下层间有明显粗细的颗粒分选；浆体黏滞力很小，阻止不了悬浮固体颗粒在惯性力作用下的沉降。结果是固、液产生分离，颗粒出现分选，这种矿浆就是中、低浓度矿浆。这类矿浆的重量浓度一般小于30%。

真正的均质矿浆比较少见，因为在浆体中绝对静止的悬浮固体是不存在的。总会有下沉的趋势或现象，只是有些细小固体颗粒沉降速度非常微小，短时间难以观察到而已。故客观上，只存在着近似均质的流体。一般称之为“准均质”(伪均质、似均质)。所谓“高浓度浆体”“膏体”都属于这类浆体。

尾矿膏体是一种高浓度矿浆，有研究者把膏体表述为：具有流动性和一定屈服应力、不离析、没有临界流速的固、液两相体[20]。也有资深学者把膏体定义为：膏体是一个定性的范畴，即浆体表现为不离析、均质、初始屈服应力不等于零的固体质量浓度的范畴[21,22]。这后一定义强调了“浓度范畴”，隐含了诸如尾矿粒组和含量、矿物成分、添加剂等对膏体性质的影响；“屈服应力不等于零”意味着膏体为非牛顿体，且体积浓度大于0.35[23]。无黏性颗粒的悬液，一般不存在屈服应力，即一般属于牛顿体。当体积浓度较高时，由于颗粒间的接触、摩擦而出现屈服应力。膏体的主要特性是不离析、均质、初始屈服应力不等于零，添加絮凝剂，无临界流速，管道中为栓塞流，屈服应力大于200Pa，塌落度200mm等[24]。

冯满从流变学角度用屈服应力和浓度定义各类矿浆，如图5-1所示。浓度小于65%不是高浓度矿浆，叫中、低浓度矿浆。浓度在65%~80%才是膏体（低屈服应力膏体、高屈服应力膏体）和滤饼。滤饼含水量过大，就不具备承载能力。

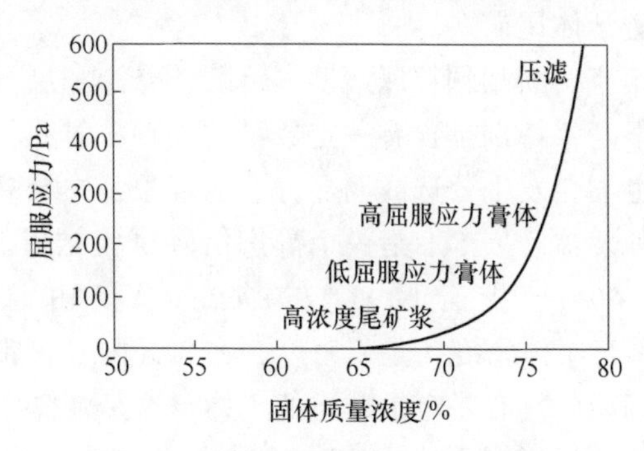

图 5-1　矿浆分类示意图（据冯满）

张德洲[25]也在屈服应力和浓度或含水率坐标系内表示各类尾矿浆及其应用，如图5-2所示。图5-2中未浓缩浓度表示矿浆浓度10%~12%，普通浓缩机的浓度在25%左右，高效浓缩机的浓度在40%左右，深锥浓缩机在70%~75%。这样，尾矿浆被分为三大类，浓度小于65%为浆体尾矿，浓度65%~75%为膏体尾矿，浓度大于75%是滤饼。从图5-2可以看出，普通浓缩机和高效浓缩机的产品都不具有分选性，这个范围可能有点大，大多数铁矿类尾矿45%~50%还具有分选性（如前述符山、大顶）。同时把分选和不分选的矿浆，即浓度在65%以下的，划为一类浆体尾矿也欠妥。

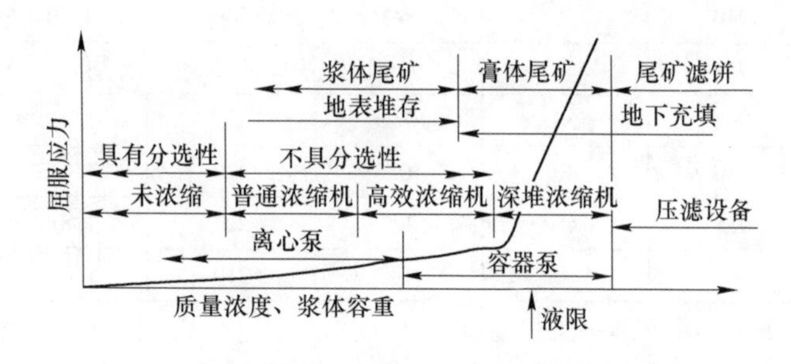

图 5-2　不同尾矿浆特性和应用（据张德洲）

冯满在他的文章中，引用澳大利亚地质力学中心的观点，用200Pa的屈服应力来区分高浓度矿浆和膏体。当浆体的屈服应力小于(200±25)Pa时，称为高浓度矿浆，可细以分为“低”“中”“高”浓度矿浆，当浆体的屈服应力大于(200±25)Pa时，称为膏体，还可细分为低屈服应力膏体、高屈服应力膏体。

对比土力学液限的概念是有意义的，在土力学中，土体在液限时所具有的抗剪力多在1000~8000Pa之间。

总之，膏体是具有流动性和一定屈服应力、不离析、没有临界流速、有添加剂、可泵送的固、液两相体。

从输送角度，离心泵可输送浓度较低的矿浆，隔膜泵可输送高浓度矿浆，活塞正排量泵可以输送膏体尾矿。

对于固、液两相流，固相颗粒以滚动、跳跃、悬浮和层移几种形式运动，当浆体内的固体含量很高，特别是含有一定数量的细颗粒时，将会出现即使在静止条件下，固、液相也不会发生分选或明显分选的现象，中金乌奴土格山铜钼矿的尾矿浆就是这样一种浆体。表 5-1 是一个静态沉降试验结果。澄清 60mL 水用时 4h35min（体积比 6%）。折合厚度仅 1.62cm，仅占悬液总厚度的 6%（1.62cm/27cm）。不管浆体密度还是干密度，在 3 天内变化不大。膏体还没有变成土力学意义上不流动、具有一定承载力的土体。这是膏体尾矿迄今不能筑坝的根本原因。所谓“膏体输送，干式排放”，基本属于误导，除非年升高小于 3m。

尾矿的比重影响浆体密度，比重（密度比）使用 2.65 和 2.70 时，会得到不同的浆体密度，相应的数据是：1.778g/cm^3 和 1.794g/cm^3。

表 5-1　乌山矿浆的沉积试验结果

读数时间 t/min	矿浆体积 V_0/mL	清水读数 V_w/mL	清水厚度 H_w/cm	浆体厚度 H_s/cm	泥浆密度 ρ_m/g·cm^{-3}	干密度 ρ_d/g·cm^{-3}
0	1000	0	0	270	1.78	1.249
275	994	6	1.62	264	1.785	1.256
352	990	10	2.7	260	1.788	1.261
1400	970	30	8.1	240	1.804	1.287
1708	964	34	9.18	236	1.807	1.295
1776	962	38	10.26	232	1.811	1.298
1863	960	40	10.8	230	1.813	1.301
2200	955	45	12.15	225	1.817	1.307
4232	940	60	16.2	210	1.830	1.328

注：质量浓度为 70.3%，数据来源于博而思报告。

5.2　三个膏体排放的实例

5.2.1　包钢西矿膏体库

包钢西矿尾矿库 2010 年 8 月投入运行，尾矿经一次浓缩至重量浓度 40%～50%，加絮凝剂后再次浓缩至 70%浓度，由隔膜泵送到尾矿坝分散排放，500m 内的平均坡度约 2%，不见中低浓度矿浆形成的滩面变坡。项目的图片如图 5-3 所示。

图 5-3 包钢西矿膏体尾矿的照片（据网络 PPT 文献）

（a）排放支管；（b）晾干的滩面；（c）膏体工艺之一；（d）膏体排放点；（e）库内流体

李春龙、宁辉栋、于泽、朱连忠[26]报道了膏体沉积尾矿的勘察成果，据报道，沉积尾矿在 450m 的滩面上几乎看不出粗细变化（表 5-2、图 5-4、图 5-5），渗透系数在 $1.1\times10^{-6}\sim9.3\times10^{-5}$cm/s，见表 5-3。

表 5-2 沉积尾矿颗粒沿滩长分布情况[26]

滩长 L/m	不同滩长的颗粒含量百分数/%						
	2mm	0.5mm	0.25mm	0.075mm	0.02mm	0.005mm	0.002mm
50	100	96	92	70.3	20.60	12.7	10.1
150	100	97.56	93.53	72.93	21.5	16.58	14.9
250	100	98.66	91.28	70.8	23.4	14.78	13.1
350	100	99.10	94.5	73.7	22.1	16.1	15.3
450	100	98.70	93.04	72.32	22.9	13.82	12.1

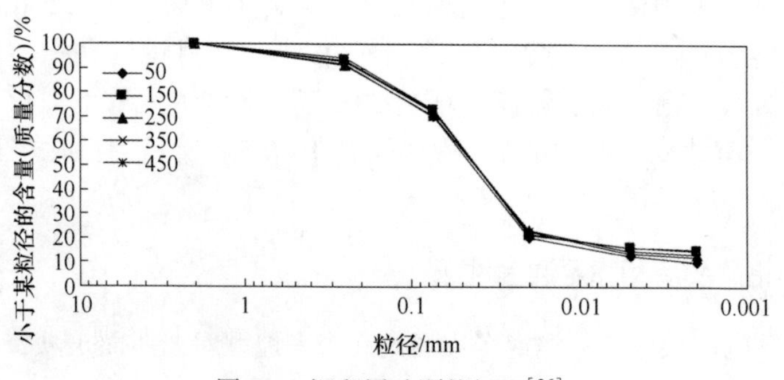

图 5-4 沉积尾矿颗粒级配[26]

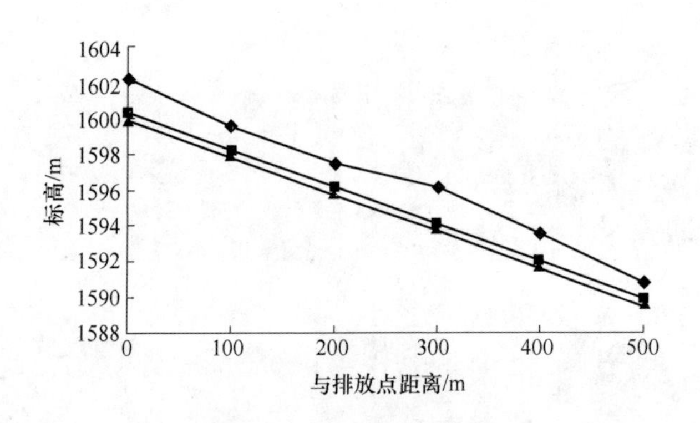

图 5-5　沉积滩面坡度[26]

表 5-3　沉积尾矿渗透性[26]

断面编号	不同测点的渗透性/cm · s^{-1}			
	20m	120m	220m	320m
3-3	0. 0000032	0. 000091	0. 0000011	0. 0000024
4-4	0. 000083	0. 0000039	0. 0000019	0. 000087
5-5	0. 0000048	0. 000093	0. 0000051	0. 0000012

5.2.2　袁家村铁矿白化宇尾矿库

太钢袁家村铁矿白化宇尾矿库，2014 年 5 月试生产，依据网络报道，国家安监局 2014 年 9 月 4 日召开验收会通过了安全设施验收。

太钢袁家村铁矿尾矿平均粒径 d_p<0. 030mm，0. 019mm 含量大于 50%，+0. 074mm含量小于 10%，用于筑坝的粒径+37μm 含量小于等于 30%。设计初期坝 65m，最高 250m，库容 5. 89×10^{9}m^3，服务 48. 5 年。由于尾矿很细，不用尾矿筑坝，后期坝使用废石分期堆筑，坝下是排土场，如图 5-6 所示。根据米子军 2014 年在太原尾矿坝高峰论坛上的报告，项目运行良好，他们在湿陷性黄土地基处理、前防渗、排渗、坝基截渗等方面做了大量工作。目前排放浓度约 50%，没有达到原计划的 73%。图 5-6 和图 5-7 所示为白化宇坝的设计和运行情况。

5.2.3　中州铝厂灰渣和赤泥混合堆场

中州铝厂电厂灰渣和赤泥混合堆场是一个平地型库，四面筑坝，坝不高。笔者曾到过现场，膏体排放，现场照片如图 5-8 所示。

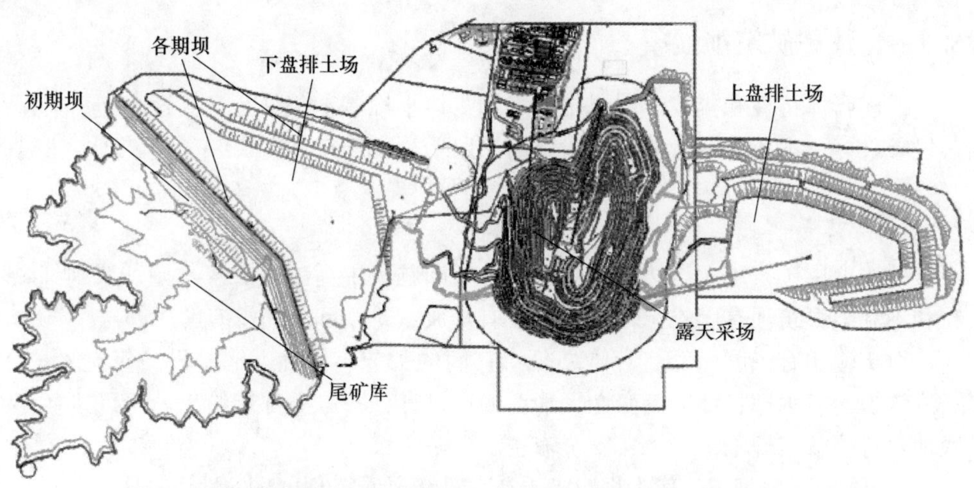

图 5-6 太钢袁家村铁矿白化宇尾矿库平面布置示意图（据米子军报告）

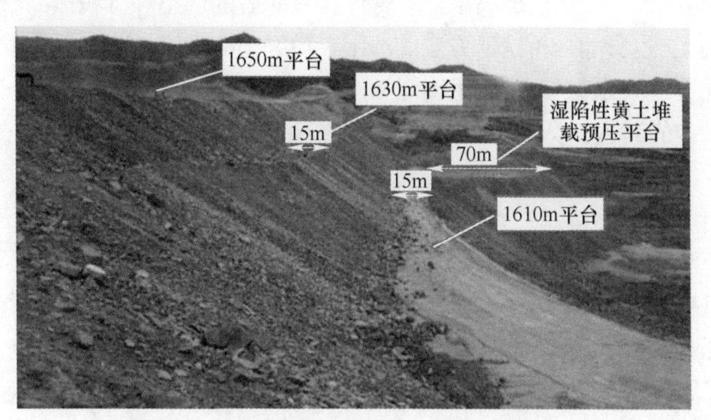

图 5-7 白化宇尾矿坝现场（据米子军报告）

(a) (b)

图 5-8 排放的现场照片

（a）以从排放点起，形成3°以上坡度，这个现场有分选或离析，即有“堆”，有“滩”；
（b）这个“堆”局部很陡，其他地方缓，虽有“膏排干堆”，也有分选和澄清水

5.3　膏体尾矿筑坝展望

前述膏体特性和排放表明湿排干堆和膏体干堆基本条件是升高速率慢、晾晒蒸发条件好。本节介绍膏体筑坝研究的思路历程和结果。

5.3.1　引言

低浓度尾矿浆用上游法可基本解决筑坝问题，中高浓度矿浆，特别遇到细颗粒和不利地形筑坝有困难，膏体尾矿仅有排放，筑坝问题尚没有解决办法[22]。

对于输送有浓度高低、膏体之分，它们的工艺、特性、输送设备完全不同。从流体力学、水理特性、流变性、管道输送设计，各方面都能给出若干区别。不区别对待，就实现不了经济、安全输送。

对于筑坝，是把尾矿作为坝料来看待，最终要看沉积尾矿的性质。从这个意义上，不管是低浓度、中浓度、高浓度、膏体，入库后的形态和沉积体的状态，影响筑坝方法的选择，也影响分析论证方法的选用，最终影响坝体构造、安全措施和造价。

如前所述，大顶尾矿库在上游法阶段，没使用任何浓缩设备，且还有洗矿水。洗矿水多的时候，入库浓度不足 10%。入库后粗、细颗粒和水先后分离，澄清水夹裹着细颗粒，沿着弯弯小渠流到远方，进入水区。坝前 30m 左右是湿滩面，后边和水区下边都是高浓度矿浆或膏体。

符山、西石门铁矿都是高浓度，都是分散排放、人工子堤叠成子坝。符山和西石门后期都出现了符合规范要求的滩面，坡度也能满足防洪要求。但西石门在早期库型又瘦又长，尾矿浆入库后壅在坝前，表面不澄清、不沉淀、无滩、无坡，一库膏体（或叫流体），所以必须研究防洪措施。在满足安全滩长的位置，利用旋流器沉砂筑一道坝拦洪。到了南副坝筑成，出了窄沟，条件不同了，升高速率降下来了，滩面就出来了。

鲁中尾矿粗粒砂，0.005mm 的多，镇沅尾矿细，-0.074mm 含量为 95%，排放浓度都是 37%左右，入库后的形态也接近，都是大顶的样子，除了前 30m，都是膏体。一个用废石筑子坝，一个用山皮土筑子坝。

类似的工程还有前河金矿、老戈塘金矿，库里也是膏体（湿滩面）。

窄沟由于放矿影响，湿滩面，不具备干燥条件；宽沟放矿影响小，具备一定干燥条件，就有干滩了；镇沅沟窄、矿量大、上升快，不具备脱水、干燥条件，无干滩；西石门铁矿后井库初期沟窄，排放浓度也高，表层有近 2m 厚的泥浆。

传统的上游法作业需要干滩，沟窄、尾矿颗粒细、上升快是最不利于筑坝的因素。前边说的各库不管浓度高低，除了坝前一小块，看上去都是一库膏体（或流体）。但是库内“膏体”在垂直方向，即深度或叫厚度，各库不同。符山几乎没有“膏体”，晾晒几天还能走人。西石门窄沟的时候是湿滩面，后来坝轴线加长了，有了晾晒条件，随之出现了干滩。鲁中初期的时候年升高超过 6m，后来坝轴线加长到近千米，升高降到每年 3m，滩面仍不能上人。乌奴土格山铜钼矿尾矿坝的流体矿浆比较深。从一期勘察断面看，冻层的密度在 1.8g/cm^3 左右，且每个冬季都有，表层厚度为 3m 多。

从筑坝安全角度，国内采用一次性筑坝、废石子坝、旋流器沉砂子坝的都有。在中金某铜钼矿的膏体筑坝研究中曾尝试引入管袋技术，提出了“筑埂、分隔、膏体排放、沉坝、脱水硬结、取样检验”工艺，可适用于从低浓度到膏体的任何尾矿浆体，适用于任何地形。据水坠坝对坝料的限制，适用于所有全尾矿颗粒 0.005mm 小于 30%的尾矿。可以从以下的描述中体会工艺的可操作性和安全性。

土工管袋专指装有土石等散粒料的土工织物袋。模袋有时指袋内装混凝土、水泥浆等凝固性材料的土工织物袋，多数都具有排水条件；也有不透水的，采用的是不透水膜袋，内装混凝土、水泥浆等凝固性材料。

尾矿膏体的三个术语：

（1）膏体排放。含义很清楚，不管是向什么地方排，总之是排放到特定位置，据文献［21］报道，膏体排放已经形成了一套工艺和方法。

（2）膏体堆存。堆存比排放的内涵多，这方面文献［22］和［24］总结得好一些。年升高低于 2m 的筑坝和不筑坝都会出现“干堆”。文献报道西区膏排就实现了“干堆”，文献［18］报道的乌山一期表层就有 3~4m 的泥浆，不出现“干堆”。所谓“膏排干堆”是有条件的。

（3）膏体筑坝。目前几乎是空白。国内 3 个膏体实例没有一个是尾矿筑坝的。符山、西石门的尾矿浓度为 40%~45%，很少到 50%，不是膏体，采用上游法筑坝。鲁中和镇沅浓度 37%，由于颗粒细，虽不一定算膏体，分选性已经很差，在库内的流动属于平移状，当年鲁中的筑坝试验叫“推移流动”，就是滩面上不产生“涓涓细流”，整体慢慢移动。采用废石或山皮土筑子坝，属于上游法。

5.3.2 膏体筑坝工艺的缘起

5.3.2.1 从一次性筑坝说起

对尾矿库一次性筑坝有规定，2012 年国家五部门联合下发了《关于进一步加强尾矿库监督管理工作的指导意见》（安监总管一〔2012〕32 号），明确提出新建四、五等尾矿库应当优先采用一次性筑坝方式。相对于后期尾矿筑坝来说，这样做简化了运行管理。但响应这个文件的企业不多，可能企业还没有忘记火谷都溃坝的教训。

按筑坝材料分类，一次性筑坝可分为土石坝、混凝土坝、浆砌石坝等；按结构特性分类有重力坝、拱坝、支墩坝等；按透水性分类有透水坝、不透水坝。

土石坝一般采用堆石坝、碾压式土坝。优点是：

(1) 就地取材，节省钢材、水泥、木材等材料。

(2) 结构简单，便于维修和加高、扩建。

(3) 坝身是土石散粒体结构，有适应变形的良好性能，对地基的要求低；

(4) 施工技术简单，工序少，便于快速机械施工。

土石坝的缺点是：

(1) 体积相对较大，占地面积大；

(2) 黏性土料的填筑受气候等条件影响较大；

(3) 需定期维护，产生运行管理费用。

实践中，采用一次性筑坝的少，上游法多，除了习惯，应该是经济。新的筑坝方法要被人接受还需要综合技术经济指标，运行管理简便。上游法的优点不能丢，湿，可以晒。

5.3.2.2 认识水坠坝

A 水坠坝实例

水坠坝是水利和水土保持部门在黄土地区形成的筑坝方法，在库址两岸，用压力水劈山取土，由水力输送到坝址沉积成坝。

刘家川水坠坝断面如图 5-9 所示，地质断面如图 5-10 所示，坝料特性见表 5-4 和表 5-5。施工的升高从底部的每月 8.6m 到每月 3.1m，(0.29～0.10m/d)。许多尾矿和黄土的颗粒接近，性能普遍好于黄土。输送浓度也比较大，具备分期筑埂沉坝的条件。

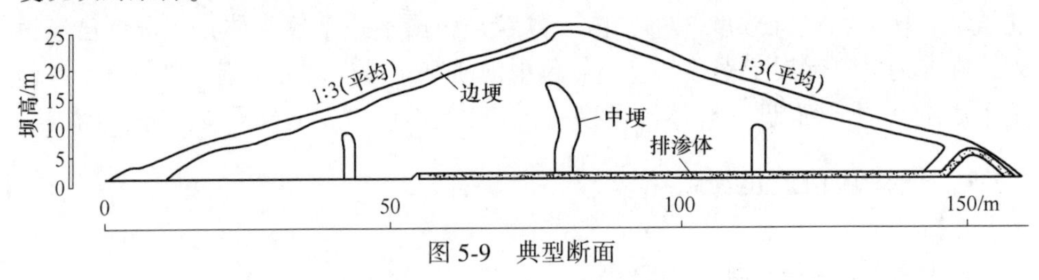

图 5-9 典型断面

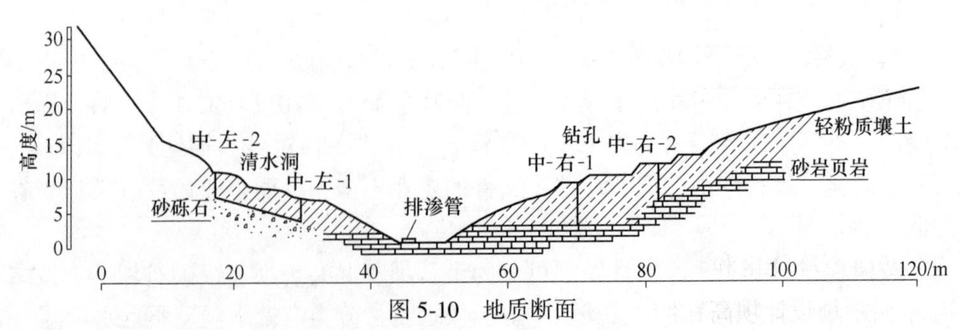

图 5-10 地质断面

表 5-4 刘家川料场特性

编号	取样点	比重（密度比）	含水量 W_0/%	干密度 /g·cm^{-3}	液限 /%	塑限 /%	塑性指数	颗粒组成/%		
								2~0.05mm	0.05~0.005mm	<0.005mm
左-1	左岸料场	2.73			28.4	19.7	8.7	25	64	11
右-1	右岸料场顶层	2.73			28	20.2	7.8	27	65	8
右-3	右岸料场下层	2.73			28	18.2	9.8	21	70	9
右-4	右岸料场混	2.69			26.3	19.1	7.2			
湿-1	左岸		12	1.4				21	79	0
湿-2	右岸下层		15	1.4				21	66	13
湿-4	右岸上层		19	1.48				14	64	22
湿-6	右岸上层		16	1.3				21	66	13

表 5-5 刘家川料场和施工过程的颗粒分析

取样位置	粒度组成/%			备注
	0.25~0.05mm	0.05~0.005mm	<0.005mm	
料场土	16~28	62~70	10~15	畦内取样分前、中、尾部，照理依次变细，实际不明显。土水比约1：2.4
第一畦	16~21	65~70	14~16	
第二畦	20~23	63~66	13~16	
第三畦	19~20	65~77	13~15	
合为一畦	21~29	60~67	12~14	

B 水坠坝埂宽及其顶宽公式

边埂多采用3~6m，坝料越细，顶宽越大；坝高越大，宽度越大。采用机械碾压时最小宽度为6m，表5-6是工程常用顶宽。

表 5-6 几个水坠坝的围埂顶宽 (m)

坝高	砂壤土	轻粉质壤土	轻粉质壤土	备注
<15	3~4	3~4	4~5	
15~20	4~5	4~5	6~8	
20~25	4~5	5~6	9~10	
25~30	4~5	6~7	11~13	
30~35	4~5	7~8	14~17	
35~40	5~6	8~10	16~20	

C 经验坡比和坝高

淤地坝设计坝高在15~40m，坡率 $m=0.08H+0.3$，蓄水坝：$m=0.08H+0.8$

(式中 m 为坡率，H 为坝高)。边埂宽 $b=(0.07\sim0.46)H$。

D　几个坝的含水量随深度变化

上刘家川坝刚竣工时，钻孔资料表明，干密度 $\rho_d=1.5\sim1.65\text{g/cm}^3$，含水偏大。磨石沟坝竣工1年后钻孔，干密度 $\rho_d=1.53\sim1.66\text{g/cm}^3$，含水偏小。桃儿咀竣工2年后钻孔，天然密度 $\rho_d=1.56\sim1.68\text{g/cm}^3$，含水量最低，如图5-11所示。

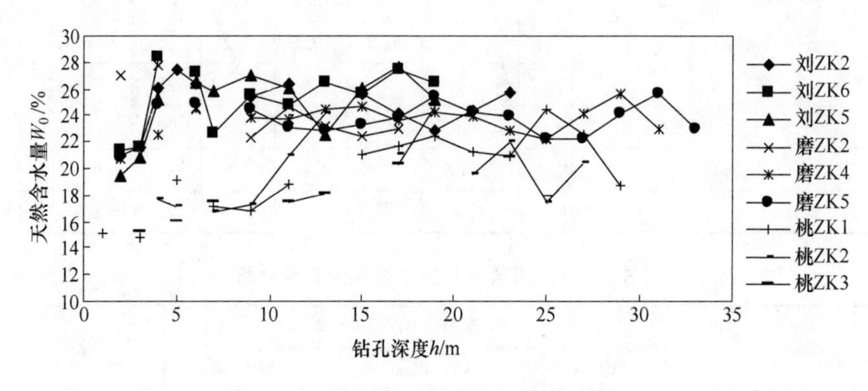

图5-11　水坠坝含水量

E　流塑区的深度

流塑区就是尚未充分变硬的部分，通常在坝顶附近，如图5-12所示。其深度 $h_r=aH_t$(h_r 为流塑区深度，a 为系数，H_t 为沉坝的高度)。

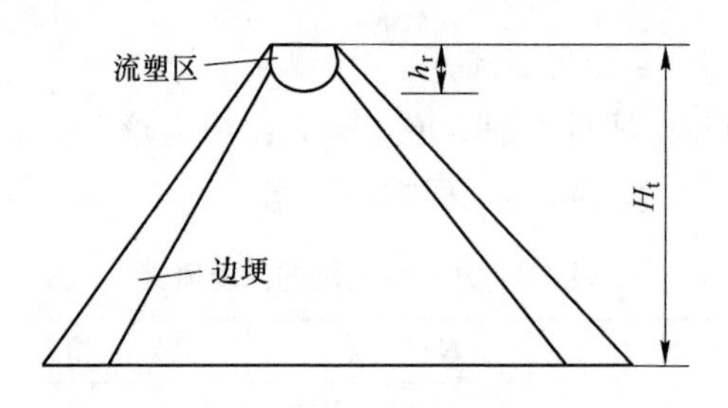

图5-12　筑埂沉坝断面示意图

F　水坠坝的抗震性能

1976年4月6日内蒙古和林格尔（北纬40°12′，东经110°12′）发生了6.3级地震，震中烈度7~8度。处于震中区的清水河县，当时有数百座水坠坝，此次地震调查的20座水坠坝中，遭受严重震害的仅2座，占10%。而在调查的36座碾压式坝中，遭受严重震害的有10座，占28%。震害率是水坠坝的2.8倍。石峡口水坠坝距震中35km，坝料为轻壤土，高33m，库容1724万立方米，1973年建成。施工后期及竣工后的坝体干密度达到 $1.53\sim1.61\text{g/cm}^3$，一般群众修建的碾压式坝很难达到这个填筑标准。地震中，这座坝保持了稳定，说明水坠坝具有一定的抗震性能。

5.3.3 尾矿浆筑埂沉坝可行性

引入水坠坝实践，借鉴尾矿库一次性筑坝设计理念，扩充尾矿为坝料，采用“筑埂、分隔、膏体排放、沉坝、脱水硬结、取样检验”的筑坝工艺，实施尾矿筑坝。把筑坝作业区和排放作业分开，让它们各自独立，互不依赖，以实现提前筑坝，形成空间排放尾矿。具体到某矿刚投产的浆体库，未来两年内初期库容用尽，需要筑坝。具体条件可归纳为：

（1）泥浆年升高 7m，有效和筑坝作业时间小于 3 个月，库内泥层厚度 3m。

（2）研究团队必须于 2013 年底提出筑坝工艺，这样从 2014 年春到 2015 年底有两个筑坝季，来年 1 月初期坝满，开始新工艺筑坝。

（3）如果 2014 年开始分区筑坝作业，南北副坝可以从陆地开始，以避开在泥浆上作业。

（4）主坝前不管何时开始，总需要在泥浆上作业，至少 3m 厚的泥浆，既不可利用也不能挖除，每天还要排入 5 万立方米尾矿。

浓度越大固体含量越高，沉坝效率越高。边埂不需要太高，对物料性质要求和填筑要求都不高，与常用的池填法类似，工艺比较简单，便于推广，在陆地上干肯定不难。主坝前，满库时约有 50m 深的尾矿，表层 3m 是流体状。主坝前如何实现分区是 2013 年现场筑坝试验的重点。所选方法应具有以下特点。

5.3.3.1 有法可依，有规范适用

水坠坝作为一个坝型或方法是有规范可循的，表 5-7 是对采用筑埂沉坝方法满足水坠坝技术规范的评估情况。

表 5-7 根据《水坠坝技术规范》（SL 302—2004）整理的条款示例

序号	SL 302—2004 的要求	结论
1	土料：小于 0.005mm 的含量应小于 30%，渗透系数应大于 1×10^{-7} cm/s，I_P 在 7~13	满足
2	起始含水量控制要求：沙土类大于 25%，粉土类 39%~50%	满足
3	干密度控制要求：粉土类干密度为 1.50~1.55g/cm^3	>1.6
4	碾压式边埂压实密度不小于料场的平均干密度	执行
5	配专人负责泥浆浓度测定	执行
6	允许的充填速度：粉土类充填速度不大于 7m/月	执行

续表 5-7

序号	SL 302—2004 的要求	结论
7	流塑区（液性指数 $I_L>1.0$ 的区域）的深度小于边埂宽度	执行
8	边埂内边坡“宜用休止角”	33.7°
9	边埂宽度“并不小于 3m”，上部 1/3~1/4 坝高内可缩窄	执行
10	尾矿坝基渗透性的比值接近或大于 100 倍，排渗条件好	排渗好
11	施工期应对 1/2 至设计坝高间的若干高度进行整体稳定性分析； 运用期当冲填 90%达稳定含水量时，应进行下游坡的稳定性计算	执行

这里的关键在于承认水力冲填坝和碾压式土石坝是不同的坝型或者筑坝工艺，都是有标准、质量可控的。

5.3.3.2　具有坚实的理论基础

在 4.3 节，引用图 4-8（a）的击实曲线，试验的击实功 592.2kJ/m³，击实筒直径 12.7cm，高度 25cm，体积 1000cm³，分 5 层填装并击实。最优含水量 W_{0p} 在16.5~18.7，最大干密度 ρ_{dmax} 在 1.80~1.75g/cm³。现场沉积尾矿的干密度通常在 1.60g/cm³ 和 1.69g/cm³。按照压实度的概念，最大干密度采用 1.8g/cm³ 时，压实状态分别是 0.89 和 0.94。

2014 年现场取样的干密度范围值 1.63~1.86g/cm³，剪后干密度范围值 1.65~1.86g/cm³。该矿一期坝勘察报告的干密度范围值 1.55~1.75g/cm³（报告用比重（密度比）2.72~2.80，孔隙比偏小，干密度偏大）。经过晾干的尾矿是达标的，排放到库内的尾矿在非冰冻的部分也是达标的。

鲁中御驾泉尾矿坝多次勘察的密度情况，用压实度评价的结果和尾矿泥的天然密度随年份的变化情况见 4.3 节，这就从理论和实践上证明了尾矿浆硬结后可以支持尾矿筑坝。

5.3.3.3　工艺简便可行

尾矿浆筑埂沉坝可应用于平地型、傍山型、沟谷型，也适用于老库改造项目，基本断面如图 5-13、图 5-14 所示。

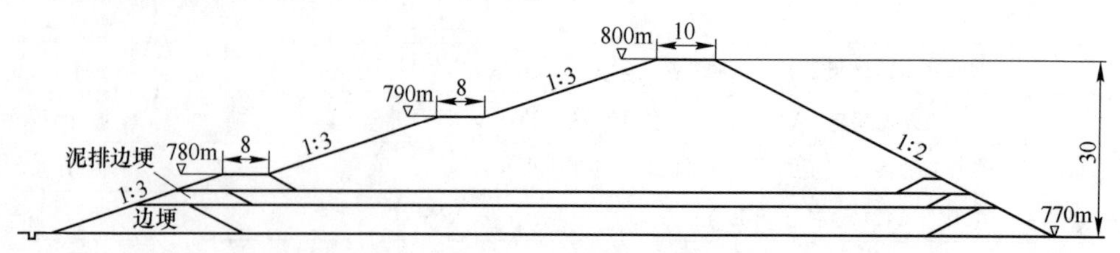

图 5-13　沟谷型新建库的应用断面

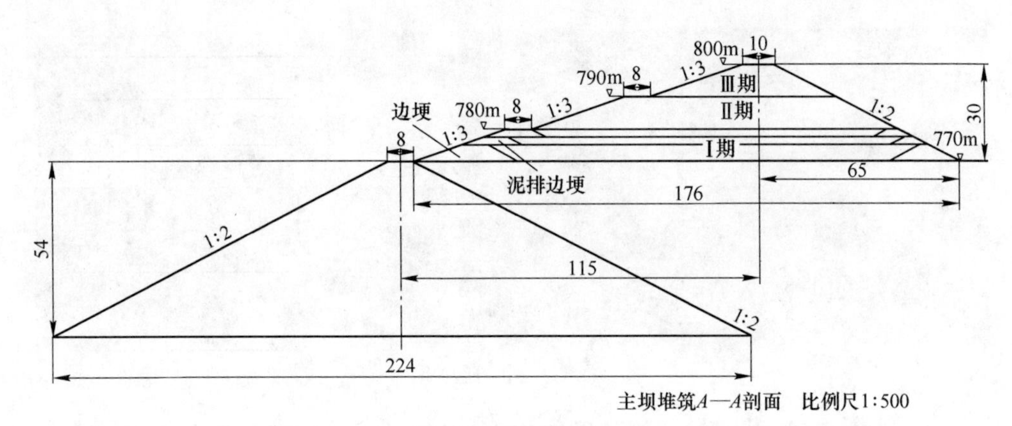

图 5-14 上游法改造的应用

5.3.3.4 边埂材料和造价比较经济

边埂材料有多种选择，当地土石料、矿山排废石土、袋装尾矿、尾矿泥拍等。

（1）当地土石料边埂（见图 5-15），和传统初期坝一样，断面小，碾压要求低。

图 5-15 当地土石料边埂

（2）废石土边埂，注意隔离，不应漏矿。

（3）土工管袋边埂，高浓度条件下，可以直接装尾矿浆。尾矿的渗透性大于 10^{-5}cm/s 时较好，否则，需要有相关措施。

（4）泥拍边埂（见图 5-16），直接挖沉积尾矿来筑埂。

（5）造价：

1）泥拍边埂：价格预计 10 元/m^3，断面面积：9.36m^2 =（顶宽 6m + 底宽 9.6m）× 高 1.2m ÷ 2。

图 5-16 泥拍边埂

2）废石边埂（见图 5-17）：单价约 15 元/m^3，断面面积：9.36m^2 =（顶宽 6m + 底宽 9.6m）× 高 1.2m ÷ 2。

图 5-17 废石边埂

3）管袋边埂（见图 5-18）：价格 40(37) 元/m^3，断面面积：4.8m^2 =（上层 3m + 下层 5m）× 高 0.6m。

图 5-18 管袋边埂

（6）三类边埂综合造价比：

1）价格比：10∶15∶40(37)=1∶1.5∶4(3.7)。

2）面积比：泥拍边埂∶机械土石料边埂∶管袋=9.36∶9.36∶4.8=1∶1∶0.51。

3）综合造价比。把以上两个比例，两两相乘，得到一个综合造价比，即泥拍边埂∶机械土石料边埂∶管袋=1∶1.5∶2.04（1.89）。这个关系表明，由于土石料边埂体积大，价格高，是泥拍的1.5倍，管袋边埂是泥拍的1.89～2.04倍。

5.3.3.5 主坝的坝基处理

如图5-14所示，接近初期坝顶时，表层有3m流动性泥浆，下边有近40m软硬不等的沉积尾矿。坝基处理是技术改造必然遇到的、非妥善解决不可的问题。试验采用袋装尾矿做一条“船”。坝基处理作为筑埂的工作平台，作为分隔沉坝的基本条件，也给排放管留出了空间。图5-19～图5-21所示为试验过程和试验现场。

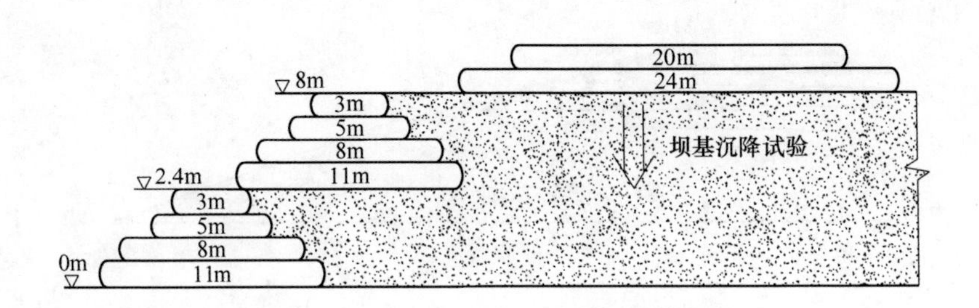

图5-19 坝基处理方法示意图

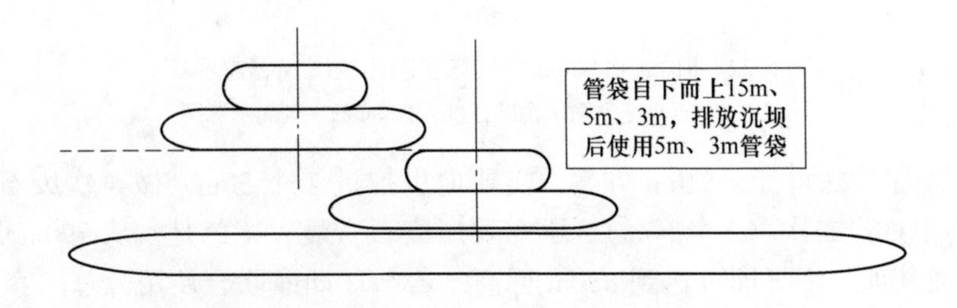

图5-20 在“船”上做埂示意图

(a)

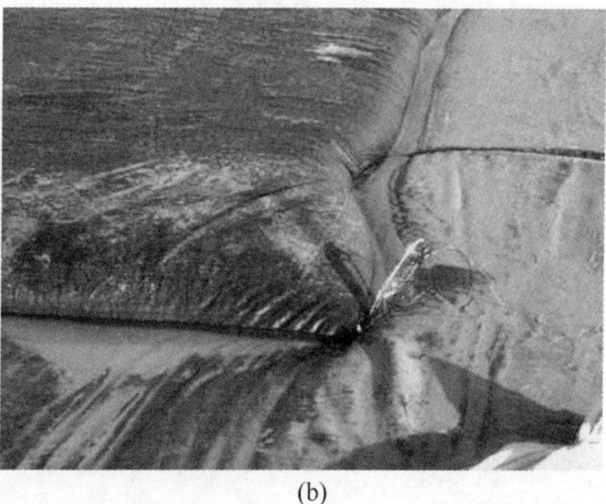
(b)

图 5-21 坝基处理方法示意图
（a）试验现场的两层管袋（全景）；（b）管袋内尾矿浆排水（局部）

5.4 坝坡稳定性

图 5-22 所示是坝顶高程 810m 和 830m 的比较示意图，实施这一 830m 方案需要把厂区的岸边全部提高到 820m。

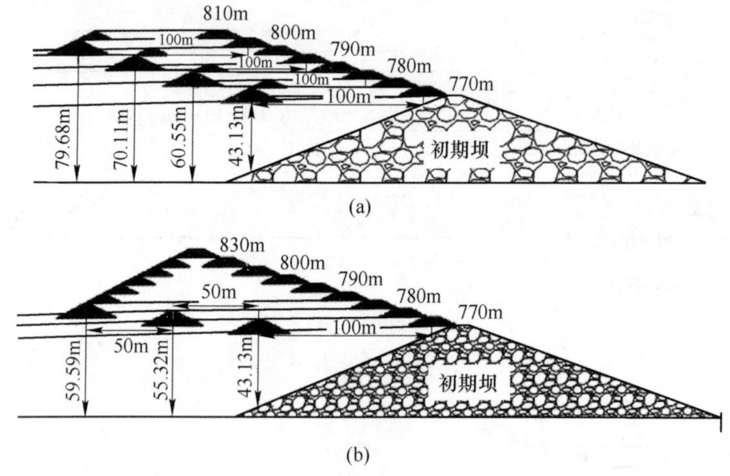

图 5-22 810m 和 830m 的最终状态比较图（据赵泽印）
（a）810m 的主剖面示意图；（b）830m 的主剖面示意图

对照图 5-22 可知，810m 方案，需要向里推进 4 个 50m，做 4 次废石压坝。830m 向里推进二次（2 个 50m），不需要压废石。最大特色是，从 790m 开始仅用管袋或其他子坝，即可达到 830m 标高。若与一期库联合使用，总库容有 3.3 亿立方米，比至 810m 的 2.3 亿立方米，增加 1 亿立方米。

坝坡整体抗滑稳定的计算指标充分考虑了沉积尾矿的变异性，抗剪强度选用直剪试验偏低值，各物理力学参数见表5-8。主坝的初期坝考虑732m标高以下不透水，使用了渗流计算中偏高的浸润线。采用稳定性分析软件Geo-Slope对不同方案进行计算，安全系数结果见表5-9。计算共2个坝高、4个剖面。总体上，830m方案稳定性更优。

表5-8 物理力学参数

名称	容重/kN·m^{-3}	凝聚力 C/kN·m^{-2}	摩擦角 φ/(°)	饱和容重/kN·m^{-3}
新排尾矿	20.50	0.00	18.0	21.00
沉坝坝体	21.00	25.00	25.0	21.20
沉积尾矿	20.80	15.00	23.00	21.00
初期坝	21.50	0.00	38.00	22.00
基岩	21.00	40.00	36.00	21.50

注：数据来源于赵泽印。

表5-9 尾矿坝1—1剖面稳定计算结果

序号	计算方法	坝顶标高810m			安全系数比坝顶标高830m		
		方案Ⅰ	方案Ⅱ	安全系数比 $K_{Ⅰ}/K_{Ⅱ}$	方案Ⅰ	方案Ⅱ	$K_{Ⅰ}/K_{Ⅱ}$
1	Bishop法	2.003	1.991	1.02	1.711	1.764	0.97
2	Ordinary法	1.886	1.919	0.982	1.593	1.619	0.982
3	Janbu法	1.863	1.864	0.999	1.570	1.623	0.97

注：数据来源于赵泽印。

当坝顶810m时，对方案Ⅰ（810m）和方案Ⅱ（830m）的计算模型分别如图5-23和图5-24所示，坝顶标高升高到830m时，两个方案的计算模型分别如图5-25和图5-26所示。

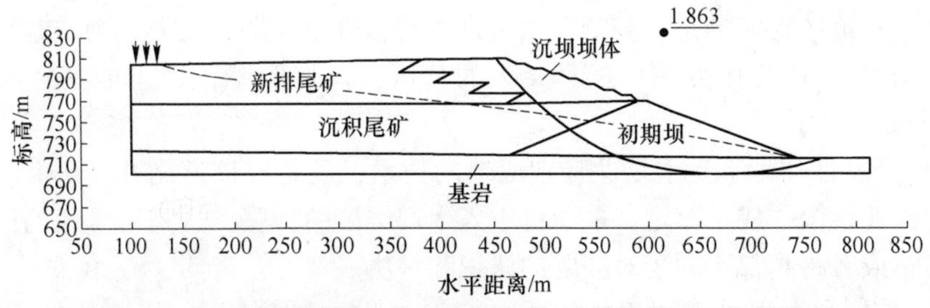

图5-23 1—1剖面采用方案Ⅰ筑坝810m的计算模型（据赵泽印）

对浆体排放以及膏体尾矿筑坝总结如下。

（1）膏体尾矿筑坝的几点体会。

1）所提的筑埂、沉坝，其方法、理论和实践都已经表明，是适宜于这个项

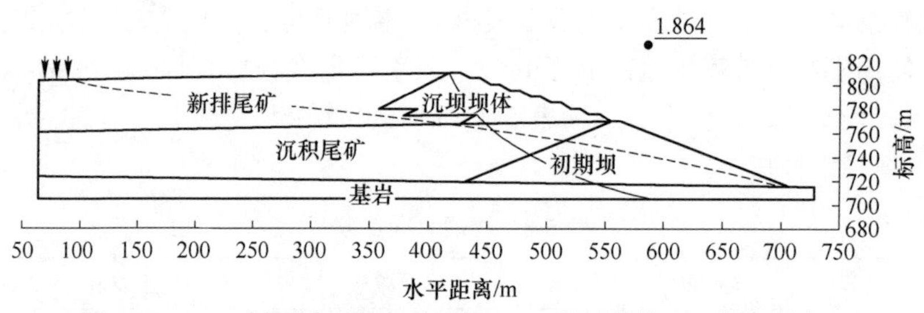

图 5-24　1—1 剖面采用方案Ⅱ筑坝 810m 的计算模型（据赵泽印）

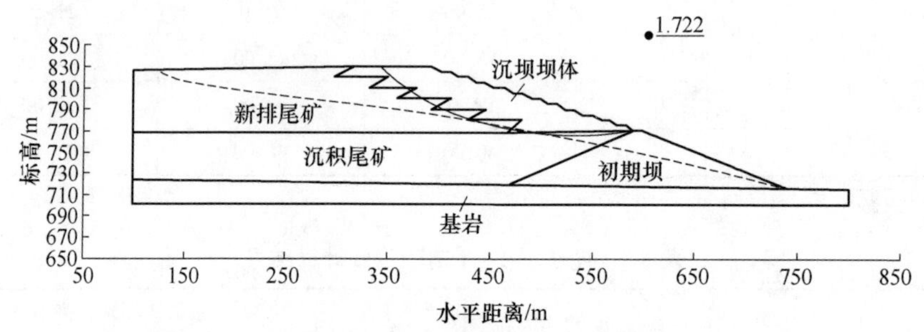

图 5-25　1—1 剖面采用方案Ⅰ筑坝 830m 的计算模型（据赵泽印）

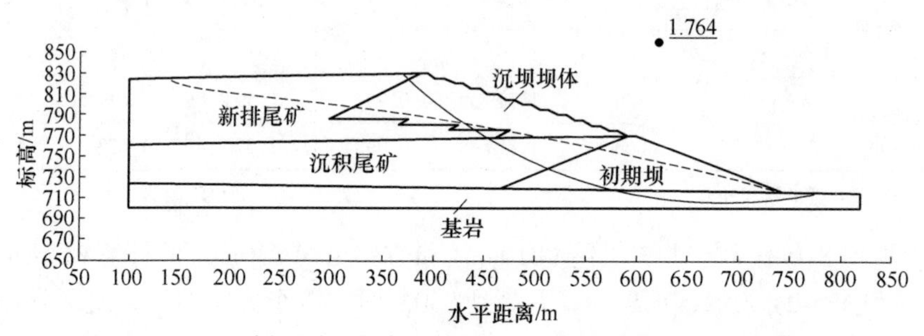

图 5-26　1—1 剖面采用方案Ⅱ筑坝 830m 的计算模型（据赵泽印）

目的，需要继续证实的是：晾晒含水量是否符合理论预期，主要原因应是试验期间，2014 年以前没有实现真正意义上的分区，薄层晾晒，也可能是絮凝剂的影响。

2）开发性技术不是重复性特别成熟的技术，还是应该遵循开发研究、扩大试验、工业试验、成果鉴定，最后再进入生产推广的程序。这是符合人的认识论的，省略或者跨越都不利于对问题的认识和解决。

3）筑埂和沉坝是密切相关的两个工艺，必须密切协调。筑埂是为了分区，分区是为了晾晒、沉坝，其中包括排放。如果排放过快，池内矿泥过高，会造成埂的外漂移，甚至侧翻。

4）按照招标法实施细则，尾矿筑坝不适宜于实施招标，更适合于企业自己组织实施。招标筑坝施工，不如招标筑坝技术服务，招标法允许招标各种技术服务。理由如下：

①尾矿筑坝的工程定位不明确，因为筑坝的最终产品仅是一个斜坡，不是“有形国家资产”。

②尾矿筑坝缺乏系统完善的设计、验收和质量标准，开发性研究的筑坝技术，可重复性更差，掌握并熟悉工艺的人更少，需要实施中摸索完善的成分更多。

③筑坝技术虽然复杂，但对劳务层的要求却不太高，对决策层的要求更高。

④企业“依法能够自行建设、生产或者提供”的不需要招标（招投标法细则）。

⑤“需要采用不可替代的专利或者专有技术”的不一定招标（招投标法细则）。

5）现场执行方案的安全系数，除了810m标高的Bishop法稍高，其他结果都低于方案Ⅱ的安全系数。这说明方案Ⅱ更合理，更值得采用。

（2）对浆体排放和膏体尾矿筑坝的认知还有待深入。

1）一次性筑坝是类似建设水库大坝的一种方式，适合于细颗粒尾矿浆。有一点强调得不够：必须竣工验收以后才能投产使用，即选厂不能先于尾矿库投产。火谷都溃坝的教训，足以让我们建立这一条底线。

2）上游法使用最多，它要求子坝、尾矿滩和库后的水同步升高，简便易行。按照现在的GB 50863—2013要求，主要是控制滩长、滩面坡比和库水位。这三项水位最好控制，滩长可以实现有条件的控制，滩面坡度几乎不可控。按3.1节方法计算的坡比是一个区间，不是一个定值。因为它是由尾矿粗细、排放浓度和流量等共同决定的，人为因素只是间接起作用。对于湿滩面坝，好控制的是子坝的大小、坝顶和水位的高差、子坝的余高，即滩面到坝顶的高度。

3）中线法和下游法，运行的安全要求集中在下游区和上游区的平衡，就是沉砂和溢流均衡升高。为什么不要求尽快完成筑坝呢？为什么只有沉砂才可以用来筑坝呢？这些都是需要进一步思考的问题。

第 2 篇　尾矿坝抗震防洪及事故防范

6 尾矿坝的地震设防问题

总结2012年8月以来的几次尾矿坝安全论证活动，有的尾矿坝从业人员对我国抗震设计的规范体系和抗震减灾要求了解不够全面、系统，设计中对国内建筑工程抗震设计法规有关设防目标、设计思想、基本规定执行不到位。房屋、土石坝和尾矿坝这些不同构筑物的抗震特性和减灾要求还有待于明察、细辨。

业内有的设计者认为，尾矿坝抗震设防不一定遵循《建筑工程抗震设防分类标准》(GB 50223—2008)，只要按《水工建筑物抗震设计规范》(SL 203—1997或DL 5073—2000）的有关要求进行设计即可。《构筑物抗震规范》(GB 50191—2012）和《选矿厂尾矿设施设计规范》(GB 50863—2013）仍然没有按照《抗震设防烈度分类标准》(GB 50223—2015)进行设防分类。

还有人认为，尾矿坝的抗震分析是高校和研究机构的事情，设计院没有手段做，且目前的许多分析结果表达太复杂、烦琐，地震分析的成果在工程设计上并不好用。不像拟静力法那样，具有明确的安全系数，且有标准可依。

还有的技术人员不合理地应用了高校给出的地震反应分析结果，令人匪夷所思的是，对于一个位于地震参数变等距离较近地区的高坝，在拟静力计算时，坚持使用一个历史久远的危险性分析文件提出的低水准加速度值，这个加速度低于《中国地震参数区划图》(GB 18306—2001）给出的基本加速度。

自SL 203—1997起，水工建筑物抗震设计也采用了GB 50223—1995（现行GB 50223—2015）的分类体系、设防目标和设计思想。《铁路工程抗震设计规范》(GB 50111—2006)、修编中的《水工建筑物抗震设计规范》都以GB 50223—2015为“顶层设计”，确保本行业的抗震设计在其框架之内。《建筑抗震设计规范》(GB 50011—2010)，《构筑物抗震设计规范》(GB 50101—2012)，都明确要求抗震设防的所有建筑都应按GB 50223—2008确定其抗震设防类别及抗震设防标准进行设计，但GB 50101—2012第23章是一个例外。这可能与尾矿库的抗震设计没有率先执行GB 50223—2008有关。

本着与国内GB 50223—2008等抗震规范接轨的原则，尾矿坝抗震设计也应遵照GB 50223—2008的要求制定、完善有关抗震设计条款，不再套用尾矿坝的工程级别设防。

尾矿坝的抗震设计最初几乎完全照水坝规范。上游式尾矿坝运行的一些独特现象逐渐产生了尾矿坝设计的规则。现在只有遇到挡水坝的时候，才“按坝型采用相应的水库坝的规范设计”[4]。多年来，尾矿坝的抗震设计原则都规定，“按现行行业标准《水工建筑物抗震设计规范》（SL 203—1997）的有关规定进行”。但是，由于抗震设防分类体系的出台、两种坝的功能、构造上的区别等因素，造成了不能完全执行 SL 203—1997 的局面。多年来，被忽略的明显事实是，沉积尾矿性质和水的性质完全不同，坝内物质的区别，不论平时还是地震时，对坝的效应是有区别的，尾矿坝有自己的设计规范是必要的。

为了认识尾矿坝抗震设计的本质，本节从认识土石坝和尾矿坝的震害、总结抗震经验和共识开始，探讨建立尾矿坝的设防分类体系和抗震设计问题。

6.1 土石填筑坝的震害及经验

回顾土石坝的抗震设计经验，有助于认识、改进尾矿坝的抗震设计和防灾、减灾。

尾矿坝设计多执行或借鉴碾压式土石坝的规范，汪文韶院士的著作《土石坝填筑坝抗震研究》使用了土石填筑坝[27]的概念。土石填筑坝包括碾压式堆石坝、土石坝、均质土坝和水力冲填坝、水中倒土坝等多种坝型。坝型涵盖了许多坝，如混合式土坝、混凝土心墙坝、土质心墙坝、黏土心墙土坝、黏土斜墙堆石坝、混凝土护面堆石坝（面板坝、过水土坝）、沥青土心墙坝、均值土坝、水中填土均质坝、半水力冲填土坝等。可见，土石填筑坝的概念比“水库坝”和碾压式土石坝的内涵更丰富，代表的坝型更多。

水库大坝的主要功能是防渗、挡水，形成水库。实现防洪、供水、发电、养殖等综合效益。尾矿坝的功能没有那么多，其主要任务是堆存尾矿、澄清矿浆、保障选矿厂生产和降解净化某些有害物质，其效益体现于选矿厂的产品中。

西南地区水电开发带动了高土石坝的建造。例如，在建和拟建的澜沧江糯扎渡心墙堆石坝设计坝高 262m，金沙江乌东德心墙堆石坝设计坝高 225m，雅砻江上两河口心墙堆石坝设计坝高 295m，大渡河双江口心墙土石坝设计坝高为 314m，该坝型目前为世界最高。中国的土石坝，无论是混凝土面板堆石坝还是土质心墙土石坝，其数量、规模、技术难度都已经居世界前列。

中国运行和拟建中也有超过 200m 和接近 300m 的尾矿坝。

6.1.1 水坝的震害调查资料介绍

我国水利系统的科技工作者对近几十年的大地震中的土石坝震害做过详细调查、收集和分析，云南通海、河北唐山、辽宁海城等地震的震害资料较为丰富，为土石坝抗震研究和抗震设计积累了丰富资料[27,28]，表 6-1～表 6-3 是我国水库大坝震害调查统计结果。汶川地震土石坝震害备受关注，破坏特征与机理分析成果很丰富，图6-1~图6-3所示是几个工程的震害图片[29]。汶川地震时，有的坝距离震中较近，属于烈度Ⅸ度以上地区。

表6-1 辽宁海城地震土坝震害情况[28]

地震烈度	调查座数	严重震害	较重震害	轻微震害	其他
Ⅸ	11	7	2	2	0
Ⅷ	10	3	2	4	1
Ⅶ	33	2	8	5	18
总计	54	12	12	11	19

注：震害率约65%。

表6-2 1961~1979年国内主要地震的土坝重害情况[28]

地震时间	地点	震级	调查数	受害数	重害数	重害百分比/%
1961年4月13日	新疆巴楚	6.8	1	1	1	100
1965年11月13日	乌鲁木齐	6.6	1	1	0	0
1966年2月5日	云南东川	6.5	1	1	0	0
1966年3月8日 1966年3月22日	河北邢台	6.8 7.2	9	4	0	0
1969年7月18日	山东渤海湾	7.2	11	3	3	27
1969年7月28日	广东阳江	6.4	5	5	1	20
1970年1月5日	云南通海	7.7	73	41	17	23
1974年4月22日	江苏溧阳	5.5	11	6	1	9
1974年5月11日	云南昭通	7.1	7	2	0	0
1975年2月4日	辽宁海城	7.3	54	35	24	44
1976年4月6日	内蒙古和林格尔	6.3	52	44	31	60
1976年5月29日	云南龙陵	7.5、7.6	28	21	14	50
1976年7月28日	河北唐山	7.8、7.1	52	39	18	35
1979年7月9日	江苏溧阳	6.0	15	7	2	13

表6-3 河北唐山地震土坝震害情况[28]

地震烈度	调查座数	严重震害	较重震害	轻微震害	其他
Ⅸ	1	1	0	0	0
Ⅷ	18	7	3	7	1
Ⅶ	254	29	70	128	27
Ⅵ	126	3	8	74	41
总计	399	40	81	206	69

注：震害率82%。

(a)　(b)　(c)　(d)

图 6-1　汶川地震土石坝震害（据网络图片）

（a）绵阳市安县丰收水坝坝顶裂缝；（b）彭州市莲花洞水坝坝顶裂缝；（c）江油市观音堂水坝上游坡滑裂；（d）绵竹市柏林水坝筑坝坝坡滑裂

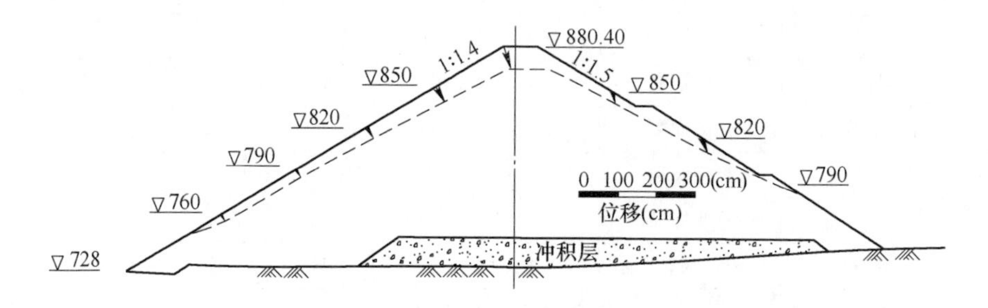

图 6-2　中紫坪铺面板堆石坝 0251 断面震后变形轮廓（据网络）

(a)

(b)

图 6-3　紫坪铺面板堆石坝面板的震害

（a）紫坪铺坝面板的破坏情况（据网络）；（b）紫坪铺面板下的沉降（据网络）

文献［28］、［29］在报道土石坝震害实例时，使用了表 6-4 的术语来描述地震危害。并把震害程度分为严重震害、一般震害和无震害三级。

表 6-4　描述土石坝震害现象的术语

序号	术　语	现 象 描 述
1	滑裂、滑落	因体滑动引起裂缝，裂缝比较宽，两边有明显的高差，沿裂缝的走向可以分辨出滑动土体在平面上的轮廓
2	纵向裂缝	这种裂缝较窄，有的沿坝轴线方向延伸的很长，由地震拉应力和沉降引起的
3	横向裂缝	裂缝产生的原因与纵向裂缝相同
4	坝面沉降	低于原地面部分，常发生在坝顶附近
5	坝面隆起	高出原地面部分，常在坝顶和下游坝脚附近
6	护坡块石松动	随坝面沉降和隆起产生的
7	防浪墙断、裂、倒	包括下沉、扭曲
8	坝坡喷水冒砂	地震中在坝坡上的喷冒点，喷出物也许是坝基砂
9	坝脚喷水冒砂	地震中在坝基附近的喷冒点
10	渗漏加剧	渗流量和渗流点比正常运行有明显增加
11	结合部位开裂	指坝体和两岸坝肩接触部位坝料分离

很明显，坝坡滑落、滑裂，有从坝顶到坝底贯穿较深的横向裂缝，这三种震害一般都认定为严重震害，其他都属于一般震害[29]。也有学者根据裂缝的规模、多少、宽窄，维修的工程量大小等，进一步把震害细分为严重震害、一般震害、轻微震害和无震害[28]。本节有时还使用重震害、轻震害、少震害、无震害等术语。区分震害仅仅为了说明和认识问题，粗分和细分均可。

文献［30］在总结我国学者大坝抗震研究成果后，把土石坝震害主要表现形式概括为 6 种：

（1）溃坝；（2）裂缝；（3）滑坡；（4）液化现象；（5）渗水漏水；（6）其他附属建筑物破坏。

结合面板堆石坝结构特性和在汶川地震中的表现[29]，对面板堆石坝遭遇强震时可能的破坏特征概括为四种：（1）坝体永久变形，表现为坝顶震陷和向下游变形，坝顶出现裂缝；（2）坝顶下游坝坡表层堆石振松、滚落进而发展成浅表层的滑动；（3）面板裂缝以及面板接缝、周边缝等结构破坏；（4）渗流量增加。

6.1.2 国外堤坝震害数据及其启示

表6-5摘录于文献［28］，略去了建坝和地震年份及中国的案例。震毁、冲毁和严重震害共有14例，坝下洪积层加断层的1例，冲积层的4例，松软坝基的4例，土坝与刚性混凝土连接的（包括坝下埋管）2例，压密差的1例。可见，采取避开软基、断层等不利坝基或有效的地基处理措施，可避免和减轻震害，见表6-6。

表6-5 国外堤坝震害情况[28]

震害序号	震中距 L/km	坝高 H/m	烈度/度	震害描述	国别	备　注
1	0	29	10	严重	美国	土质心墙坝，洪积层厚12m，断层通过
2	0	23	10	严重	美国	土质心墙坝，洪积层厚18m
3	0	9	10	严重	美国	土坝
4	140	30	10	严重	日本	土质心墙坝，冲积层厚6m，施工16m遇震
5			10	震毁	新加坡	土质路堤，冲积层厚12m以下冲积层
6	27	5	9	严重	美国	土质心墙坝，松软冲积层
7	72	20	6	一般	美国	水利冲填坝，冲积层厚23m以下岩石
8	158	28	6	一般	美国	水利冲填坝，冲积层厚35m以下岩石
9	26		7	冲毁	美国	土坝与混凝土坝连接
10	56		7	震毁	美国	土坝与混凝土坝连接
11		17	7	一般	美国	混凝土心墙土坝
12	0	27	10	严重	美国	混凝土心墙土坝
13	18	9	9	严重	美国	混凝土板护面，黏土铺盖土坝，简单压密
14	0	12	9	冲毁	美国	土坝，坝内涵管破坏
15		85	9	一般	智利	堆石坝，沉陷0.4m

续表 6-5

震害序号	震中距 L/km	坝高 H/m	烈度/度	震害描述	国别	备注
16		27	7	一般	乌兹别克	水中填土坝，坝基洪积层，坝身沉 0.3m
17	37	4	6	毁坏	墨西哥	火山湖坝，土坝，坝基极松软冲积层
18			10	毁坏	日本	土堤，冲积层
19			9	毁坏	美国	土堤，冲积层
20	5		6	毁坏	日本	路堤，极松软冲积层
22	97	37	10	一般	日本	土质心墙土坝，洪积层 9m 以下岩石，压实好，纵向裂缝深 10m
23	138	24	10	一般	日本	土质心墙土坝，冲积层 3m 以下岩石，压实好，坝顶沉 0.2m，护坡
24	0	12	10	无	美国	土坝
25	3	14	7	无	美国	土坝
26	6	5	8	无	美国	土坝
27	3	29	7	无	美国	土质心墙土坝
28	6	27	7	无	意大利	土质心墙土坝
29	80	58	7	无	美国	土坝，软岩基
30	10	10	10	无	美国	土坝
31	8	27	7	无	美国	土质心墙土坝
32	8		7	无	美国	

表 6-6 土坝震毁和严重震害因素分析（共 14 例）

序号	震害因素	具体内容	数量	百分比/%	措施
1	地基问题	洪积层加断层冲积层松软土	9	64.3	避开或处理
2	连接	土坝与刚性混凝土连接坝下埋管	2	14.3	优化设计施工
3	坝料压密	压密差	1	7.1	提高密实度

图 6-4 是根据表 6-6 数据绘制的，原本打算进一步分析坝高和震中距组合对震害的影响，由于样本偏少，故难以找出共性规律。但可以看出，在震中附近和震中 40km，10~30m 坝高可发生震毁和严重震害，坝基和坝体好的、烈度比较低的，也可无震害。震中距大的、并不高的坝也会有震害。

6.1.3 国内土石坝震害数据分析和经验

文献［28］对国内遭遇地震的 115 座坝的调查资料进行了分析和总结，按严

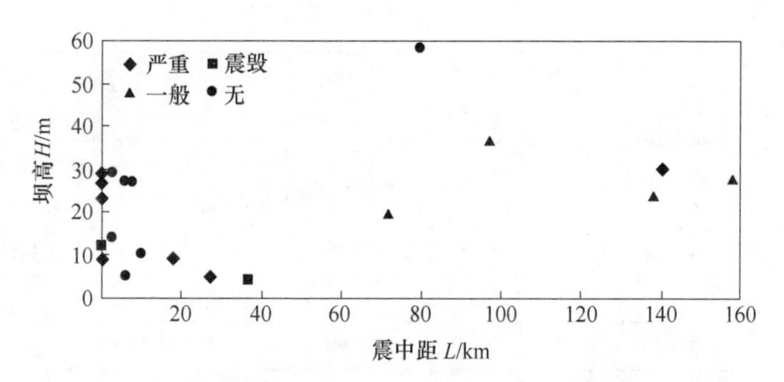

图 6-4　国外堤坝坝高和震中距组合对震害的影响

（还有 7 座溃坝图上无显示）

重震害、一般震害、无震害的比例分别是 18.6%（21 座）、52%（60 座）和 29.4%（34 座）。文献［28］描述了各坝的震害类型、坝体结构、坝料、坝基条件和地震特性等因素，这些都是分析震害的基本因素。

坝高和震中距的组合对大坝震害有明显影响。图 6-5 所示是根据 115 座坝的调查资料绘制的，纵坐标为坝高，横坐标为震中距。靠近纵轴、横轴和中间各有一个无震害区；与此区相邻、震中距小于 50m 处是震害密集区，震害密集，严重震害大部分在此区；中间无震害区的震中距为 20~85km，坝高多大于 10m；轻震害区坝高多低于 20m，震中距可达 100 余米，严重震害较少，无震害的接近 74%；低坝高的无震害区，坝高多小于 5m。

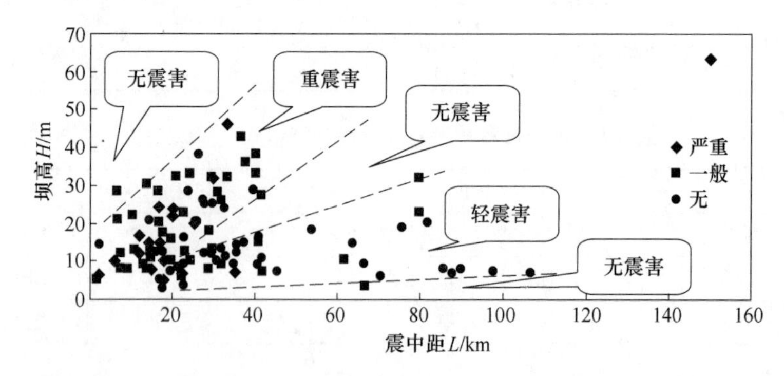

图 6-5　坝高和震中距组合对震害的影响分区（据文献［28］数据绘制）

上述结果表明，坝的结构方面，坝高是关系土坝震害的因素之一。其他重要因素还有坝坡坡比、坝顶宽度、坝料、坝料的压实密度等。在地震方面，震级、烈度和震中距是土坝震害的重要影响因素。

从安全角度，人们更关心产生严重震害不利条件和组合。表 6-7 是对 115 个样本中选择的 22 座严重震害的坝所做的概括。震中距小、基岩运动大、坝体反应大等是严重震害的主要因素。坝体和坝基饱和松软、基岩和坝体运动及反应大也会造成严重震害。

表 6-7 严重震害的不利条件和组合[28]

严重震害因素	震中距小，基岩运动大，坝体反应大	坝料饱和松软，震中距小，基岩运动大	坝料饱和松软坝体反应大	地基饱和松软基岩运动大	地基饱和松软坝体反应大
座数	17	0	3	2	0

土坝的一般震害通常指纵向裂缝、横向裂缝（浅、窄、贯通）、沉降、坝坡沉陷隆起、护坡石松动、坝坡坝脚下喷水冒砂、渗漏加剧、结合部位开裂等。前述地震中 115 座坝的数据中，纵向裂缝、横向裂缝所占比例比较大，为常见震害，基本情况见表 6-8。

表 6-8 海城地震一般震害现象的震害率[28]

震害现象	纵向裂缝	横向裂缝	坝体沉降	坝坡沉陷隆起	护坡石松动	坝坡坝基喷冒	渗漏加剧	结合部位开裂
比率/%	77.5	54.8	11.3	7.5	1.9	1.9	11.3	5.7

日本 20 世纪 50 年代以后建成的土石坝没有震溃实例，我国的几次地震中基本鲜见溃坝实例[27]。汶川地震中，在烈度Ⅵ度区内有 6700 多座土石坝，震后有险情的有 380 座，没有一座垮坝。其中，紫坪铺面板堆石坝震损轻微，经受了超出设防烈度的强烈地震考验[29]。震害情况如图 6-3 所示。

6.1.4 土石坝抗震安全共识

实践表明，在目前设计计算条件下，土石坝抗震安全主要还应靠理论指导下的工程措施。按土石坝的有关规范[30,31]，主要工程措施是：

（1）地震区修建土石坝，坝轴线宜用直线或向上游弯曲的，不宜用向下游弯曲的、折线形的或 S 形的坝轴线。

（2）设计烈度为Ⅷ、Ⅸ度时，宜选用堆石坝，选用可靠的防渗体。均质坝型应设置内部排渗系统，降低浸润线。

（3）地震区土石坝的安全超高应包括地震涌浪高度。设计烈度为Ⅶ～Ⅸ度时，安全超高应计入坝和地基在地震作用下的附加沉陷。

（4）设计烈度为Ⅷ、Ⅸ度时，宜加宽坝顶，上部坝坡适当放缓。坡脚采取铺盖或压重措施，坝坡可采用浆砌石护坡，坝内坡上部采用钢筋、土工合成材料或混凝土框架等加固措施。

（5）地震中容易发生裂缝的顶部、坝与岸坡、排渗、防渗或混凝土等结构的连接部位不宜过陡，变坡角不宜过大，不得有反坡和突然变坡。防渗体上下游面反滤层和过渡层必须压实并适当加厚。

（6）选用抗震性能和渗透稳定性较好且级配良好的土石料筑坝。

（7）严格控制黏性土的压实功能和压实度以及堆石的填筑干密度或孔隙率。设计烈度为Ⅷ、Ⅸ度时，采用其规定范围值的大值。

（8）1、2级土石坝，不宜在坝下埋设输水管。当必须坝下埋管时，宜采用钢筋混凝土管或铸铁管，且宜置于基岩槽内，其管顶与坝底齐平，管外回填混凝土；应做好管道连接处的防渗和止水，管道的控制闸门应置于进水口或防渗体上游端。

（9）对于面板堆石坝，还宜采用以下抗震工程措施：

1）加大垫层区的宽度，加强与地基及岸坡的连接。当岸坡较陡时，适当延长垫层料与基岩接触的长度，并采用更细的垫层料。

2）在河床中部面板垂直缝内填塞沥青浸渍木板或其他有一定强度的较柔性填充材料。

3）适当增加河床中部面板上部的配筋率，特别是顺坡向的配筋率。

4）分期面板水平施工缝垂直于面板，并在施工缝上下一定范围内布置双层钢筋。

5）适当增加坝体堆石料的压实密度，特别重视地形突变处的压实质量。

6.2　尾矿坝震害实例

滑裂、滑落、震陷和液化是土石坝常见的一组震害现象，尾矿坝亦然。也有整座尾矿坝震毁的报道，以下通过实例说明尾矿坝震害情况和特点。

6.2.1　冶金矿山尾矿坝震害实例

1976年7月28日凌晨3时42分，唐山发生了里氏7.8级强烈地震，18时45分野鸡坨（唐山市西北50km）又发生7.1级余震。灾情之重，为世界地震史上罕见。据统计，在唐山地震中死亡人数达24.2万人，重伤达16.4万人。位于唐山周边的尾矿坝也有不同程度的震害。本节依据冶金工业部鞍山黑色冶金设计研究院的《唐山地震对尾矿坝影响的调查》（执笔人王柏纯，以下简称王柏纯报告），重点介绍尾矿坝的震害，不介绍输送等尾矿库附属设施的震害。表6-9是所调查的尾矿坝和天津碱厂碱渣坝（原报告称白灰埝）的基本情况，表6-10是地震、坝基情况和震害描述。

表6-9　唐山地震尾矿坝基本情况一

序号	名称	初期坝		尾矿堆坝		震前水位与坝顶高差/m	备注
		坝型	坝高/m	堆坝高/m	外坝坡		
1	唐钢张庄	堆石坝	15	11	1∶3	2.5	尾矿库

续表 6-9

序号	名称	初期坝		尾矿堆坝		震前水位与坝顶高差/m	备注
		坝型	坝高/m	堆坝高/m	外坝坡		
2	首钢大石河	土坝	14	23	1∶5	4.5	尾矿库
3	首钢水厂	土坝	21	33	1∶5	6	尾矿库
4	天津碱厂	土坝	2	18.5	1∶(1.3~2.75)		碱渣库
5	唐钢石人沟	堆石坝	17	2	1∶4	2.5	尾矿库

注：数据来源于王柏纯报告。

表 6-10 唐山地震尾矿坝震害情况二

序号	名称	烈度	震中距	地基	地下水位	震害情况
1	唐钢张庄	9	30/15	岩石	地面	滩面喷水冒砂，向池心滑裂外坡裂缝，护坡石松动等
2	首钢大石河	7	46/19	亚黏土	地面	滩面喷水冒砂，向池心滑裂外坡裂缝，护坡石松动等
3	首钢水厂	7	65/34	亚黏土	地面	滩面喷水冒砂，向池心滑裂外坡裂缝，护坡石松动等
4	天津碱厂	7	80	亚黏土	地面	震毁
5	唐钢石人沟	6	75	片麻岩	地面	无明显影响

注：数据来源于王柏纯报告。

6.2.1.1 张庄尾矿坝震害

张庄铁矿隶属于唐钢，选矿厂年处理原矿 40 万吨。尾矿坝位于陡河水库西部，唐山东北 35km，野鸡坨西南约 13km（见图 6-6），唐山地震为 9 度区。

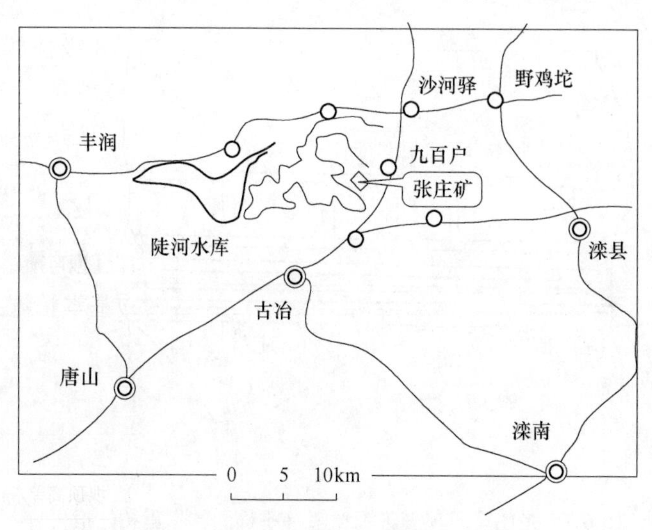

图 6-6 张庄尾矿坝位置图（据王柏纯）

张庄尾矿坝的初期坝为透水堆石坝，坝高 15m，轴线长 50m。右岸坝下埋设 800mm 的钢筋混凝土排水管，直通 200m 处的溢洪塔。窗口式塔高 15m，直径 2m。尾矿输送管直径 300mm，每隔 10m 设一个截门，连接橡胶管排矿。采用池填法尾矿筑坝，外坡面铺一层风化土。地震时已经完成第三期，第四期在堆筑中，如平面图 6-7 和剖面图 6-8 所示。典型的震害现象是：

（1）初期坝护坡石略有隆起和松动，坝趾渗水量较多，水清（说明反滤还完好）。

（2）坝趾附近浆砌石排水沟的挡墙转弯处砌体扭裂，局部墙体被挤碎。

（3）堆积坝坡每隔 3~5m 有一条横向雨水冲沟，沟内有小股渗水。

（4）在尾矿坝两岸靠近山坡的地方有 5~6 条较大横向裂缝，缝的宽 20~100mm，长 10~15m，如图 6-7 所示（这些裂缝应该与排水管施工回填土的夯实质量否有关，但无资料可考）。

（5）池田子堤高 0. 5m 震裂、震碎，池田区（20m×30m 方格）喷砂、冒水，有纵向裂缝，宽 10~50mm，如图 6-7 所示。

（6）至水边的滩面上密集分布有大小不等的喷冒沙丘，近水边越见密集。直径 10mm~1. 5m，如图 6-8 所示，喷出物以细沙为主。

（7）坝下排洪管和库内溢洪塔看不出明显震害。

（8）堆积坝右岸一侧顺外坡埋设一条陶土排水管，震后陶管挤成拱形，如图 6-9 所示。

（9）经推算，右岸堆积坝最大水平外移 180mm，坝体沉陷 100mm，显然外移比沉陷更大，如图 6-8 所示。

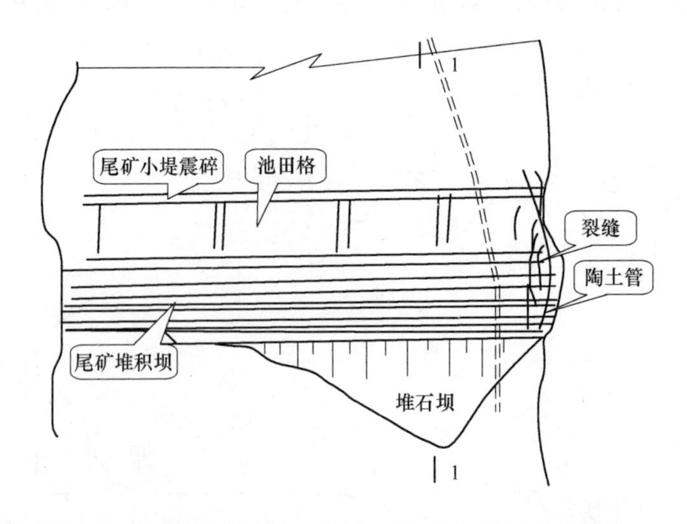

图 6-7　张庄尾矿坝震害示意图（平面图，据王柏纯报告）

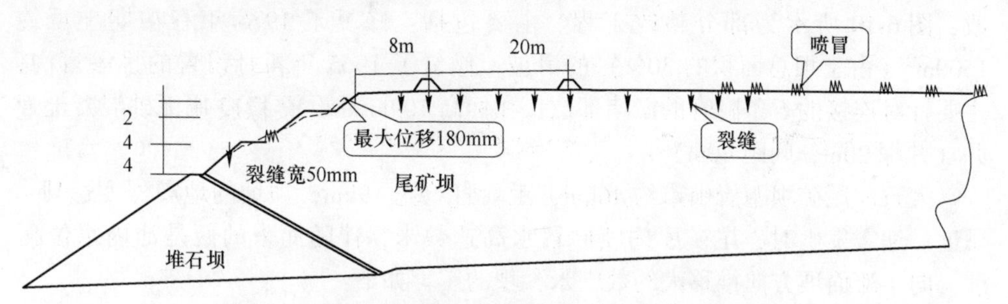

图 6-8　张庄尾矿坝震害示意图（1—1 断面，据王柏纯）

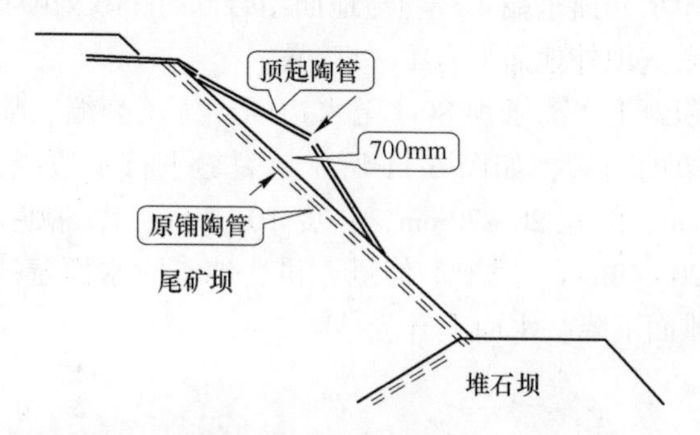

图 6-9　张庄坝侧预埋排渗陶管顶起（据王柏纯）

6.2.1.2　大石河尾矿坝震害

首钢大石河尾矿坝始建于 1960 年，1962 年开始放矿。初期坝高 14m，轴线长 338m，碾压均质土坝。坝基为 10m 厚左右的亚黏土、卵石互层。1976 年唐山地震时，已堆积九级子坝，坝体总高达 37m。沉积滩宽 300m，平均坡度为 2.7%，坝下游平均坡度为 1∶5，主剖面如图 6-10 所示。

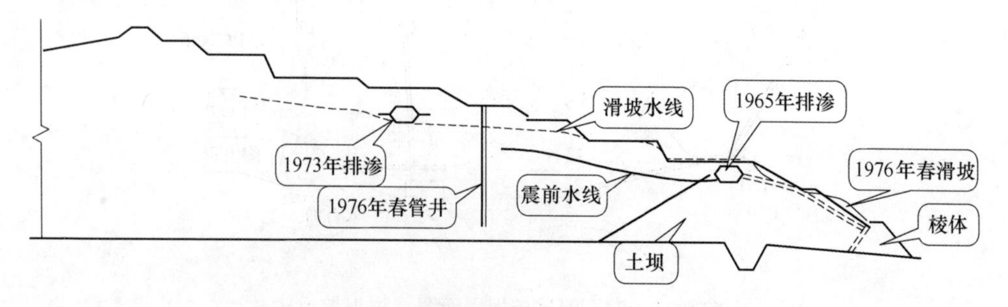

图 6-10　大石河尾矿坝地震前的状态（据王柏纯）

首钢大石河尾矿坝的震害已经有许多报道和研究，本节资料主要依据王柏纯报告，这个坝的抗震条件不算好，但震害并不严重。得益于地震以前一系列的整改，图 6-10 所示为部分整改工程。主要包括：修复了 1976 年春初期土坝约 1500m²（占土坝总面积的 30%）的滑坡；修复了 1965 年 4 月设置的排渗盲沟，主要针对连接的 6 条陶管的淤堵部位；在标高 109m 处设置了 13 眼无砂混凝土管井（井深 20m，间距 40m）。

大石河尾矿坝距唐山市约 46km，距离野鸡坨 19km，坝址的地震烈度达Ⅶ～Ⅷ度。地震发生时，尾矿库内喷砂冒水高达数米，伴随而来的便是池内水位猛涨，向干滩面坡方向推移大约数十米，坝的震害如下：

（1）初期坝基本保持完好、无塌滑。

（2）尾矿堆积坝北面东端 4 号坝与地面结合部有 116 处喷冒；

（3）尾矿坝东侧坝外地面上有 17 处喷冒。

（4）尾矿沉积滩上，离子坝 80m 至水边间产生了裂缝、喷水冒砂（直径大的有 2m），向水边的滑裂，如图 6-11 所示。裂缝平行水边线，越近水边越密。缝间距 100～300mm，缝宽 20～70mm，长度 10～30m，深 500～1000mm，有的裂缝形成的高差达 20～40mm。据坝上值班人讲，地震时水面壅波冒泡，水波高达数米，震后沉积滩面下降，水面上升。

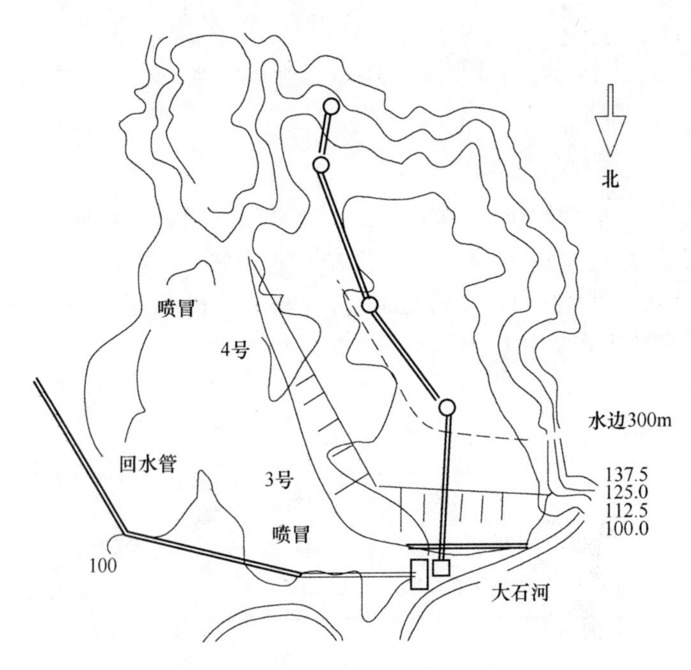

图 6-11　大石河尾矿坝平面图（据王柏纯）

（5）第二期和第三期子坝平台有平行裂缝 2～4 条，缝宽 20～30mm，长 10～20m。

（6）沉积滩面有尾矿塌坑。

靠近水区的滑裂、沉陷、液化、喷冒等震害，不仅与厚大坝基土有关，也与尾矿泥有关，如图 6-11 所示。坝顶 250m 以远的任何震害，只要不危及坝下埋管，对于坝坡的安全几乎无威胁。80m 以远的地表震害，如沉陷坑、向水边的滑移、平行与水线的裂缝等，不影响外坝坡稳定性。

6. 2. 1. 3 水厂尾矿坝震害

水厂尾矿坝距唐山 65km，也发生了类似大石河尾矿坝的震害。新水库由新水主坝、高峪和磨石庵等副坝构成。新水初期土坝高 21m，地震时，总高 54m。堆积坝顶每年升高 5~6m，外坡比 1∶4。

初期坝为含碎石的黏土坝，不透水，地震前此处长期流水，从勘察断面看一、二平台的水位埋深 4~5m。据王柏纯报告，震前奉上级指示，对京、津、唐、张地区的尾矿坝进行了检查和抗震验算，根据验算结果，对水厂坝地震前采取了以下措施：

（1）应尽可能降低库水位；

（2）做好坝肩、坝面排水，做好子坝排渗；

（3）设计提出了初期土坝和尾矿坝的加固要求；

（4）准备好抢险工具、器材、通信等。

震后，池内和滩面产生液化和地面变形可归纳为以下 4 种情况：

（1）喷砂区。喷砂冒水，喷口遍布。形成的锥体直径一般在 0. 5~1. 2m，喷出物为粉砂或轻亚黏土，$D_{50}=0.031$mm，$D_{cp}=0.131$mm。破坏区范围大致从水边线向滩面方向达 30m，地面下沉数十厘米，如图 6-12~图 6-14 所示。

（2）宽缝、断裂区。裂缝延伸方向平行水边线，宽数厘米，最宽的有 3 条，缝宽达到 50~60cm，长 50 余米，缝间距 30cm。缝宽之间有错台，呈断沟状，断高差 0. 5m。

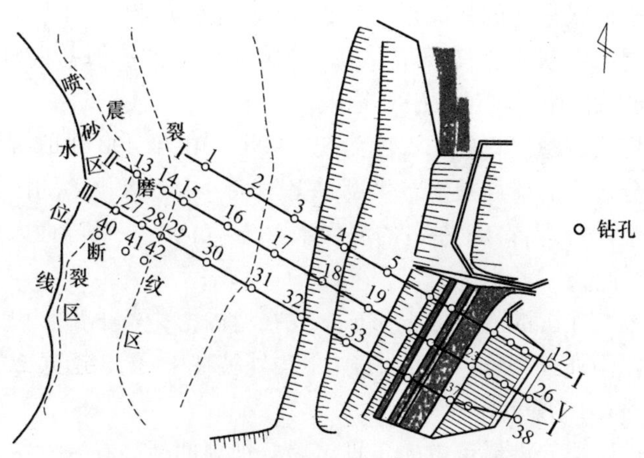

图 6-12 震害分区和勘察线（据西勘报告）

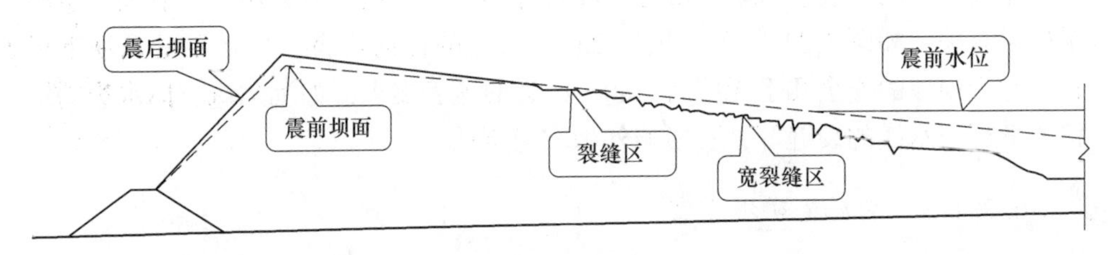

图 6-13 新水筑坝震害示意图（据王柏纯）

图 6-14 水厂库滩面上的裂缝（据西勘报告）

（3）裂纹区。位于沉积滩子坝前，宽 90 余米。裂纹密集，平行子坝方向排列，裂纹宽度小于 1cm。

（4）沉陷区（震陷）。在第二期子坝（二平台），地面下沉陷落，落深 0.5m。

6.2.1.4 天津碱厂白灰埝震害

天津碱厂年产 43 万吨纯碱、烧碱、碳氧、氯化钙和小苏打等。生产中排出的大量渣、泥和废液用泥浆泵输送到厂外白灰埝储存。排出的废液呈白色乳状，密度为 1.07～1.09g/cm^3。其中粗粒部分约占 10%。白灰的主要成分是泥沙和氯化钙。

白灰埝位于厂区东南的盐碱地，占地 70.6 万平方米，如图 6-15 所示。初期坝就地取土，混入石灰石夯实筑成，高 1～2m。塘沽的滨海盐碱地多为软黏土，地基承载力 80kPa，地下水位几乎在地表。

在白灰埝排放废液出口处的温度为 80～90℃。由于 490 目的细颗粒粒多，废液落地后自然分级成的滩面很短，大部分呈粥状，由于氯化钙的固化形成表层硬壳，包裹住泥浆体（埋深 3m 左右的泥含水 40%～60%），被当地人戏称为“薄皮大馅儿包子”。

白灰埝由人工在沉淀的滩面上筑成。先在埝内挖一条小沟，以便于降低和排出埝下清水，在沟外筑灰埝，高度 1m。平均外坡在 1∶1.3～1∶2.75，地震时高度 18.5m，如图 6-16 所示。

据有关文件，连云港碱厂的人工堆填堤，坝顶面标高在 9.00～11.00m 之间，

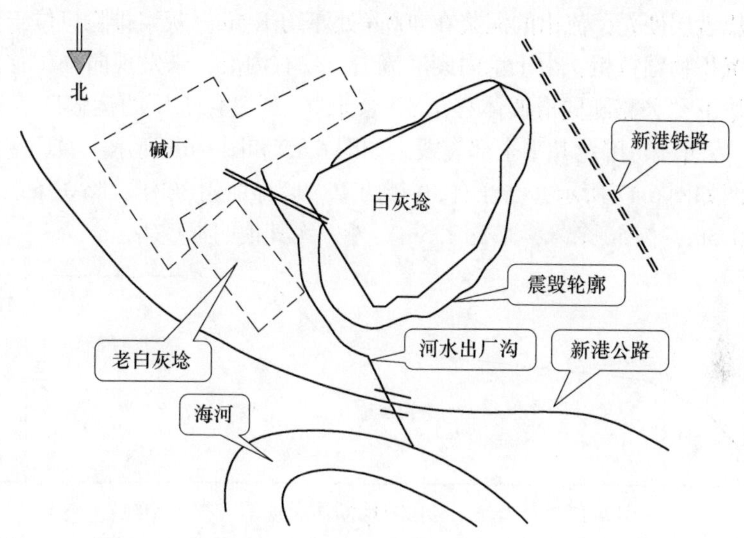

图 6-15　天津碱厂白灰埝震害平面示意图（据王柏纯）

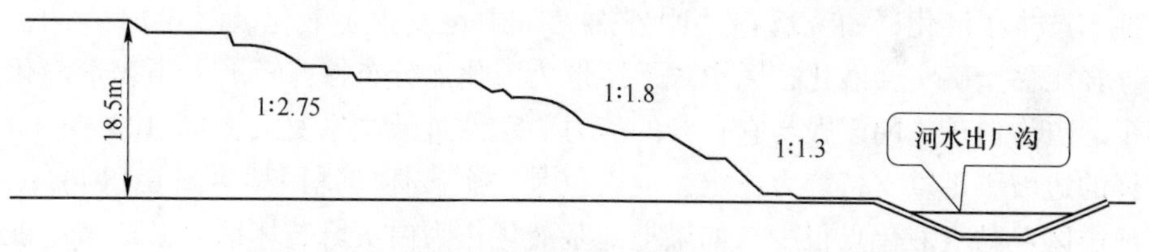

图 6-16　天津碱厂白灰埝断面示意图（据王柏纯）

堤坝内为碱厂废液。据 K61 孔揭露，①-2a 中砂（碱渣）厚度 1. 20m，分布在堤坝内侧碱液槽附近，靠近吹填口处颗粒较粗，离吹填口越远，颗粒越细。承载力特征值 $f_{ak}=100kPa$。这进一步说明了白灰埝也有用异地材料筑坝的。

唐山三友化工股份有限公司纯碱公司的一份碱渣化验单，试样为浅蓝灰色湿泥状。化验结果为：硫酸钙（干基）3%、碳酸钙（干基）64%、氯化钙（干基）6%、氯化钠（干基）4%、氢氧化钙（干基）10%、二氧化硅（干基）3%、氧化铝（干基）2%、酸不溶物（干基）8%，含水 32. 3%。可以看出，硅铝氧化物只有 5%，其他酸不溶物 8%，两者合计 13%，加碳酸钙后总数为 77%。含水 32. 3%，碱盐不稳定成分有 14%，在潮湿环境相当于含水 46. 3%。所以，碱渣的孔隙很大。

天津碱厂白灰埝在 1969 年渤海湾地震时曾有局部塌方，1974 年也发生过塌方。唐山地震前，西南部的白灰埝有裂缝，用白灰掺炉渣进行了加固处理。白灰埝西部有住宅和工厂，也曾投资几十万元，对欠稳定的地段用同样方法予以加固。

据目击者说，地震时，整个埝内像开锅一样翻腾，地震结束不到半分钟，白灰埝发生了大滑坡，接着大量软泥被池内清水夹带宣泄一空。震后现场发现有就地塌落的白灰埝表层硬壳，流出的泥浆在 400m 处厚约 1.5m。灰浆排除口位于白灰埝西北角，因沉积物颗粒粗，由于埝内废液流失，仅有内滑，未发现向外位移。白灰埝西南一带埝下“公路随同滑坡体移出 50 余米”，利民化工厂的运输队等被“埋到泥浆里”。震害使得围埝几乎全部震毁，如图 6-15 和图 6-16 所示。碱厂南侧的老白灰埝断面图如图 6-17 所示，已经有 50 年历史，废弃使用 30 年，除一条东西向裂缝（宽 0.3~0.5m，长 50 余米，最深 1.5m）外，无其他明显震害。

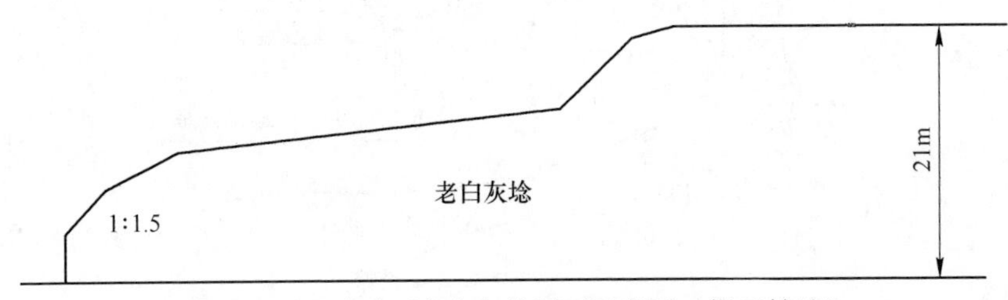

图 6-17　天津碱厂老白灰埝断面示意图（据王柏纯）

关于液化：白灰埝在盐碱地上建设，调查报告认为，破坏的主要原因是地震使地基产生了液化，白灰埝在“剧烈摇晃”中也发生了液化。图 6-18 表明，粉土、轻压黏土确实会液化，图中线下矩形为液化点分布带，矩形大小表示液化点多少。也许白灰埝的震毁与它自身的静力稳定性过低关系更大，1∶1.3、1∶1.8 这样的边坡不足以支持静力稳定，地震仅是一个破坏的诱因。由图 6-18 可知，7 度地震区亚黏土液化点很少。如果把地基液化作为白灰埝破坏诱因，还需论证覆盖厚度多大可不液化，碱渣可否算影响液化的厚度因素，坝轮廓以外多大范围内液化仍可引发溃坝，地基先坏还是白灰埝先坏等。

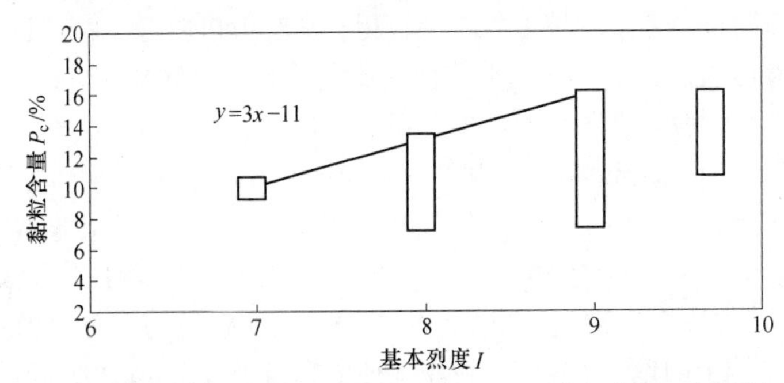

图 6-18　唐山地震黏性土液化调查资料（图中矩形为数据范围，据周锡元等人）

6.2.1.5　日本伊豆近海地震尾矿坝的震害

日本持越矿[28]（有文献为特越矿[32]）的两座尾矿坝在 1978 年 1 月 14 日伊豆近海地震（伊豆地震震级 7 级，震源深 20km，震中距 40km）和 15 日余震时，相继发生流动塌滑。流出尾矿浆 82000m^3，尾矿坝震害情况如图 6-19～图 6-21 所示，最终滑动面形成1∶6~1∶7的坡度。

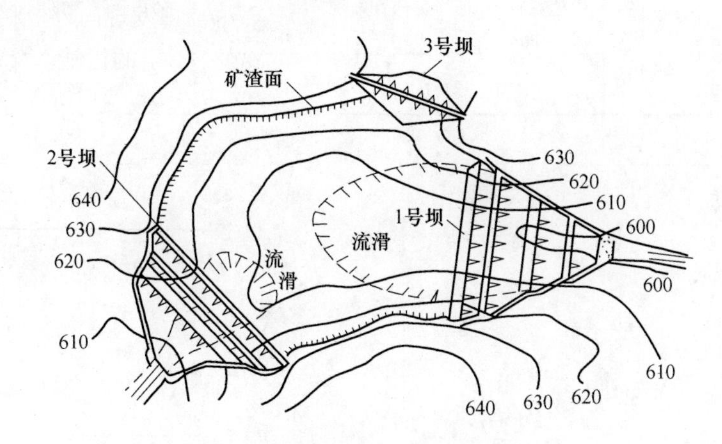

图6-19 伊豆近海地震持越矿尾矿坝震害平面示意图

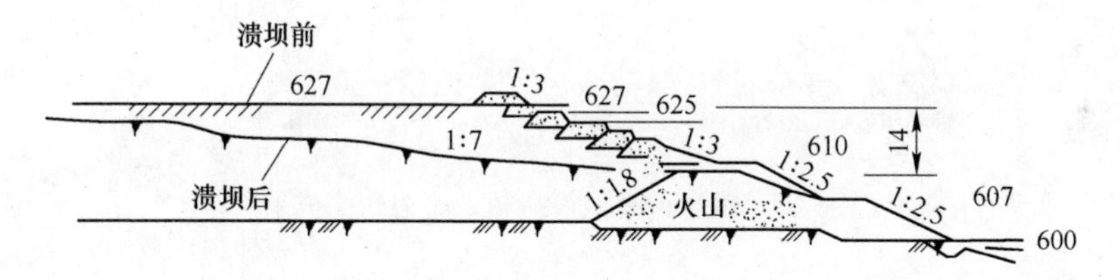

图6-20 伊豆近海地震持越矿1号坝震害示意图

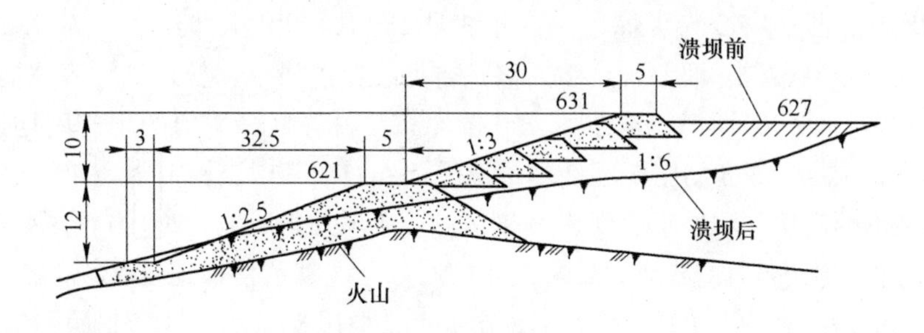

图6-21 伊豆近海地震持越矿2号坝震害示意图

据潘建平博士的论文[33]，1978年1月14日，在日本Izu Peninsula海东南部发生7级地震，Mochikoshi金矿尾矿坝破坏，1号坝主震后10s，2号坝破坏发生在主震后24h。80000m^{3}尾矿及火山灰从库内泄往下游。

根据文献［28］，流出的尾矿物理力学性质见表6-11，主要是砂质粉土（类似常说的粉砂）和粉土，中值粒径D_{50}在0.03~0.07mm之间，属于易液化土类。9m钻孔范围的静力初探阻力q_c=0.3z~0.32z（见图6-22），z为钻孔深度（q_c单位为MPa）。数据表明，沉积尾矿偏松散，含水量高。

表 6-11　日本持越矿尾矿物理力学性质（据汪文韶）

名称	密度	中值粒径 D_{50} /mm	天然含水量 /%	天然隙比	液限 /%	塑限 /%	固结系数 /cm^2·min^{-1}
砂质粉土	2.716	0.065	36	0.98	27	—	—
粉土	2.735	0.023	36.6	1.0	31	21	0.1~0.8

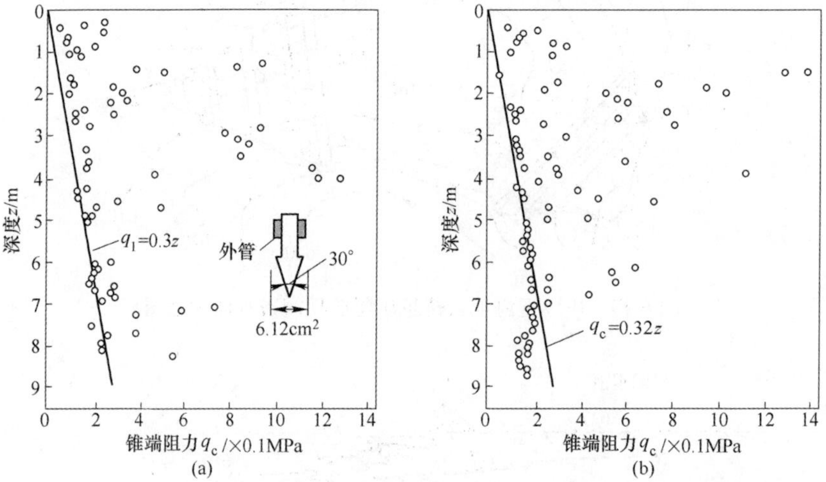

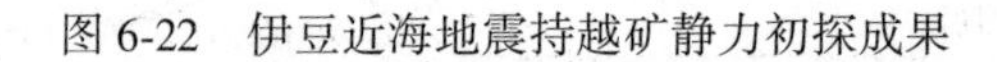

图 6-22　伊豆近海地震持越矿静力初探成果

6.2.1.6　1965年智利地震尾矿坝震害

智利尾矿坝震害令人震惊，1965年3月28日，智利中部发生了7~7.25级地震，区内埃尔科布雷、耶罗别霍、斯洛玛吉斯、拉巴塔瓜、拉迈纳、塞罗内格罗、埃尔塞拉多、贝拉维斯塔、埃尔维塞和塞罗布兰科等许多矿山的尾矿库均遭受破坏。震中距15~100km的尾矿坝破坏情况见表6-12。其中，震中距为40km的埃尔科布雷新旧两座尾矿坝处于烈度8~9度区，尾矿坝几乎震毁，200万吨尾矿泻入山谷，几分钟流出12km，造成200余人死亡。另有文献这样描述这些坝的震害[33]：失事时，库内矿浆冲出决口，涌到对面山坡上，高达8m以上，顷刻泄下12km。事故的直接后果是造成270人死亡，矿浆外泄造成严重污染。国家地震局哈尔滨工程力学研究所张克绪、李明宰等人研究这些案例后指出：破坏主要是由坝料液化引起的流滑。根据表6-12计算的坡比数据，坝坡普遍较陡，最陡的为1∶1。这表明，静力稳定性很差，储备不足。进一步分析表6-12的震害，有如下特点：

（1）尾矿坝的破坏不一定全是坝料的地震液化引起的。

（2）尾矿坝的偏陡坝坡，破坏形式是流滑。

（3）在较低的震动水平下就可能遭到破坏。

（4）次生灾害非常严重，淹没城镇、土地、阻塞河道以及化学污染等。

由图 6-23 可以看出，震中距小于 60m 的 6 座坝发生了滑坡，流失了尾矿，属于震毁或严重震害，这些坝高在 15~30m。有 3 座尾矿坝一般震害，另外 2 座震害轻微或基本无震害。基本无震害 2 座坝高小于 10m，震中距大于 60m。

表 6-12　1965 年智利地震尾矿库破坏情况简表

序号	坝名	震中距 /km	坝高 /m	外坡 /(°)	-0.074mm（-200 目含量）/%	I_L /%	I_p	破坏形状	流失量 /万吨	流动距离 /km	备注或排尾量 /t·d^{-1}
1	新坝 EI Cober	40	32/35	35/40	92.8	19/47	19	半圆	190	12	停用
2	新坝 EI Cober	40	15	15	90	26.6	4.6	半圆	50	12	2200
3	Hierro Viejo	18	5	35/40	99.6	54.7	30.5	不规则	0.12	1	30
4	Los Maquis 3 号坝	15	15	30/35	100	35.1	8.7	半圆	3	5	40
5	La Patagua	22	15	35	99.8	42.8	17.8	半圆	5	5	190
6	Cerro Negro	38	20	35/45	100	47	17.5	半圆	12	5	265
7	EI Cerrado	37	25	35	—	—	—	半圆	裂、滑	—	停 10 年
8	BeIlavis˜ta	55	20	30/35	87.5	25.6	3.4	半圆	10	2.5	80
9	EI Sauce 新坝	66	6	30/35	92.9	28.5	4.7	平行前沿	裂	—	35
10	Ramaya˜na No. 1 坝	85	5	33	99.5	48.7	17.9	半圆	0.02	山脚	15
11	Cerro BIanco	96	8/10	34	—	—		平行前沿	裂	—	挡墙

注：数据来源于张克绪等人。

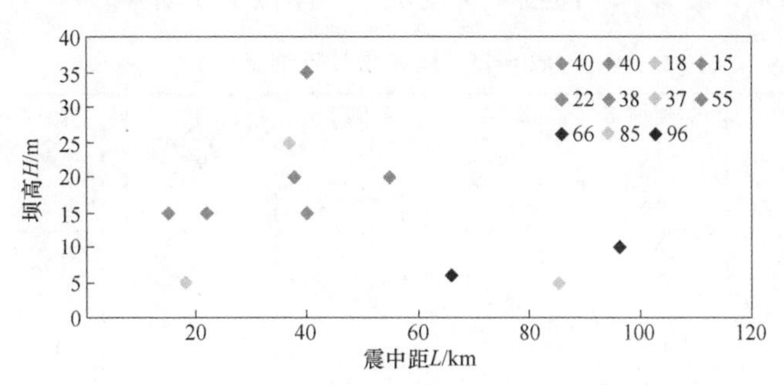

图 6-23　智利尾矿坝震害的不利组合

6.2.2　尾矿坝抗震安全讨论

用有限的文字很难概括当前抗震安全现状。特别是近几十年，虽然地震频发，但很少见到新的尾矿坝震害调查资料。本节通过对案例的比较分析，从尾矿坝设计和管理的实用角度讨论震害现象、防震措施，最后研究尾矿坝抗震设防的理念、目标和计算等问题。

6.2.2.1　震害现象和震害的不利组合

本章开头曾经把土石坝震害主要表现形式概括为：(1)溃坝；(2)裂缝；(3) 滑坡或流滑；(4) 液化、喷水冒砂；(5) 渗水、漏水；(6) 其他附属设施破坏。

在讨论土石坝震害因素及其有害组合时，即 6.1.1 节和 6.1.2 节，把影响因素总结为：

（1）坝址距离断层近，特别是活动断层近。

（2）洪积层加断层冲积层，松软土坝基。

（3）土坝与刚性混凝土连接，坝下埋管。

（4）压密质量差、坝料饱和松软，震中距小，基岩运动大。

（5）震中距小，基岩运动大，坝体反应大等。

关于基岩运动、坝体反应大小、震中距大小等，可以理解为已经包含在烈度中。

唐山地震中尾矿（含碱渣坝）坝的表现见表 6-13、图 6-24，共 7 个案例：一处震毁，三处一般震害，三处无震害。张庄尾矿坝位于Ⅸ度区，坝基为岩石，初期坝为堆石坝，震害轻微，归为一般震害。首钢大石河和水厂两坝位于Ⅶ～Ⅷ度区，为土基，初期坝为不透水均值土坝，震害修复不困难，也归为一般震害。天津碱厂的白灰埝，不论地基还是坝内沉积物，其力学特性比尾矿差。因此，虽然震中距和烈度与首钢尾矿坝接近，比张庄烈度低 2 度，两个白灰埝震害十分不同。停用者基本无震害；在用者，因液化而流滑，几乎外坡全部震毁。石人沟和桦厂沟尾矿坝未见震害，一座位于 7 度区，一座位于 6 度区。

表 6-13　尾矿坝震害情况

序号	名称	初期坝高	震中距	总坝高/m	烈度	地基	震害
1	唐钢张庄	15	30	36	9	岩石	一般
2	首钢大石河	14	46	37	7	含粒黏土	一般
3	首钢水厂	21	65	54	7	含粒黏土	一般
4	天津碱厂-新	2	80	18.5	7	黏土	震毁
5	天津碱厂-老	1.5	80	21	7	黏土	一般
6	唐钢石人沟	17	75	19	6	岩石	无震害
7	桦厂沟		400	300	6	黏土	仅喷冒

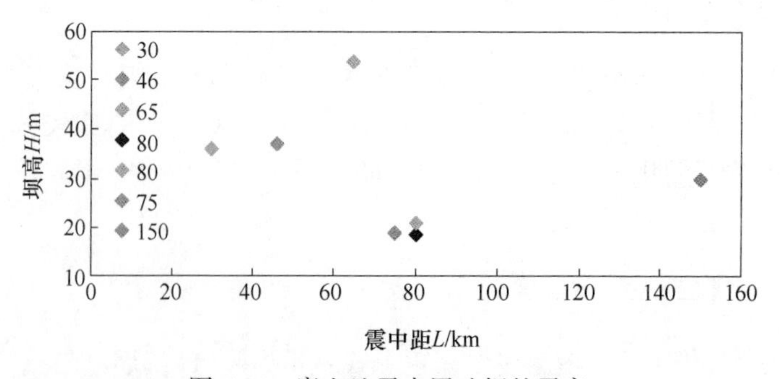

图 6-24　唐山地震中尾矿坝的震害

张庄尾矿坝和陡河水库大坝在唐山地震时都位于Ⅸ度区，为了直观了解其震害情况的区别，现引述网络上和学者们对陡河土坝震害的描述，图 6-25 是陡河坝震害的照片，图 6-26 是典型的研究成果，基本还原了震害。

图 6-25　陡河水库遭遇 9 度地震后坝坡

1976 年 7 月 28 日发生的唐山 7.8 级大地震，使各类水利工程遭到严重破坏：地震区 58 座库容在 100 万立方米以上各型水库，除 15 座无明显震害外，其余 43 座均遭受不同程度的震害，尤以陡河、密云两座大型水库遭受的破坏最为严重；180 多座大中型水闸、40 余座 10 立方米每秒以上大型排灌站遭受不同程度的震害；800 多千米长的河道堤防、7 万多眼机井遭受震害。

1976 年大地震，陡河水库大坝遭受严重破坏，渔场和家属宿舍房倒塌，水库管理处院内房屋也被震裂，电源和供水全部中断。16 名职工和家属震亡，大坝发生裂缝、沉陷、位移，使水库不能正常运用，危及下游安全。1976 年地震

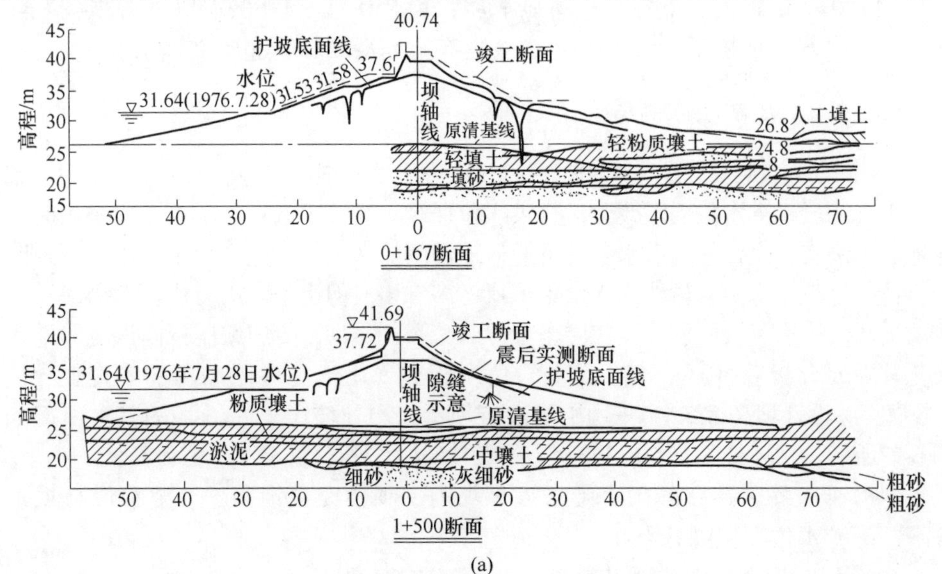

(a)

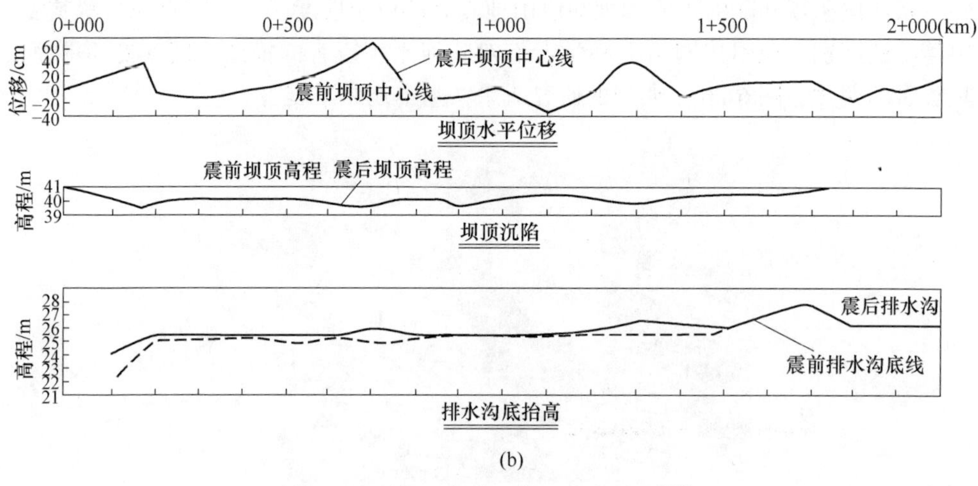

(b)

图 6-26　陡河土坝典型断面震害描述[28]

（a）不同断面的震后状况；（b）陡河土坝震害变形描述

中心距坝址仅 20km，工程受到一定的破坏，主要有：

（1）主坝横向裂缝有百余条，其中 95 条分布在主河槽及一级台地段，缝宽约 0. 1～0. 5cm，贯穿整个坝顶，但裂缝不深。

（2）纵向裂缝两条，上下游坡各一条，上游坡高程在 35. 0～36. 0m，下游坡在 34～35m，由桩号 0+100 延伸到 1+700，最大缝宽 80 厘米，坝面最大塌坑宽度达 2. 2m。

（3）0+000～1+700 段坝体沉陷 0. 8～1. 64m。

（4）0+167 附近上下游坡有明显滑动；1+550～1+600 淤泥段下游坝脚有隆起现象，排水沟被挤压，1+700～4+500 也有几处滑坡和隆起现象。

6. 2. 2. 2　尾矿坝暴雨遇震问题

《尾矿设施设计规范》(GB 50863—2013)关于尾矿坝稳定分析的 4. 4. 1 条中，把特殊组合的最高洪水位遇震改为运行洪水位遇震。这等于设计上不再考虑暴雨时遭遇地震。确实，设计暴雨洪水条件下遭遇地震的概率很低，这样规定似无不可。降雨，特别是连续降雨，虽然库水位不见得增高许多，但由于降雨入渗，会带来浸润线的增高。徐志英教授、沈珠江院士曾针对德兴 4 号坝，专门编制暴雨渗流和地震液化有限元分析软件，从偏于安全的角度研究暴雨遇震时尾矿坝的安全性[34]。4 号坝实际设计坝高 215m，采用中线法筑坝，平均外坡比 1 ∶ 3。坝的基本断面如图 6-27所示，坝体标高自 50～175m，坝高 125m。分析计算有 4 个假设：

（1）假设库区连续降雨，雨水渗入坝内，坝体完全饱和。上游水位与坝顶齐平，下游水位在坝脚处。

（2）加速静力稳定条件下遭遇地震，剪切波从基岩垂直向上传播。

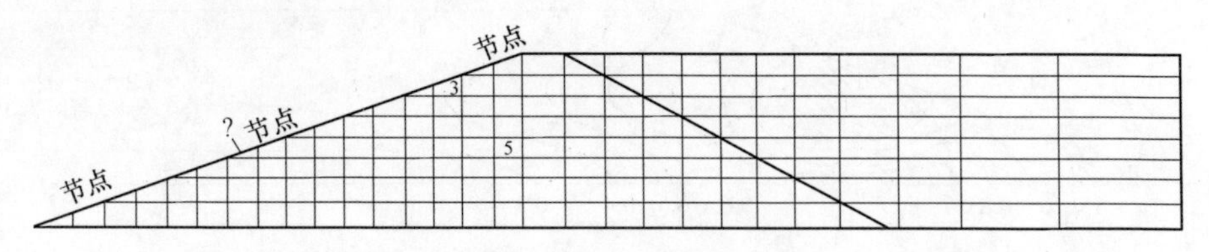

图 6-27 尾矿坝基本断面和有限元划分（198 节点、176 单元）[34]

（3）假设坝顶与坡面是透水边界，基岩为不透水边界。

（4）在地震剪应力作用下坝内产生超空隙水压力，且向透水边界扩散，逐渐消散。

计算分为三个阶段，第一阶段进行暴雨渗流计算，结果如图 6-28~图 6-32 所示。主要成果有反映渗流的流网，静应力 σ_x、σ_x、τ_{xy} 和应力水平 S_L。应力水平在坝坡上有两个大于 1.0 的区域，位于坝坡中部偏上和坝坡底部。S_L 大于 1 表示该区域已经进入塑性状态，用安全系数表示，即安全系数小于 1。最不利的是区域内的尾矿可能带动周边区域（S_L = 0.9~0.8）的尾矿参与滑动。

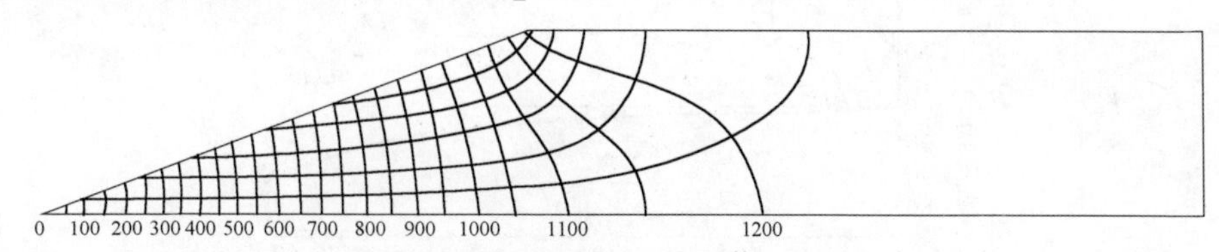

图 6-28 暴雨渗流的流网图（m）[34]

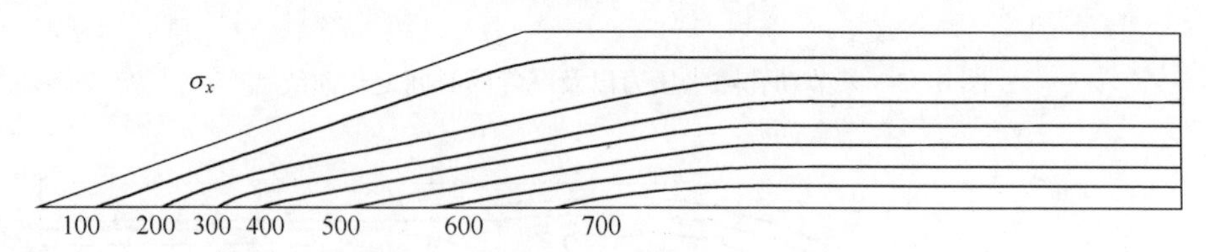

图 6-29 大主应力 σ_x 等值线（kPa）[34]

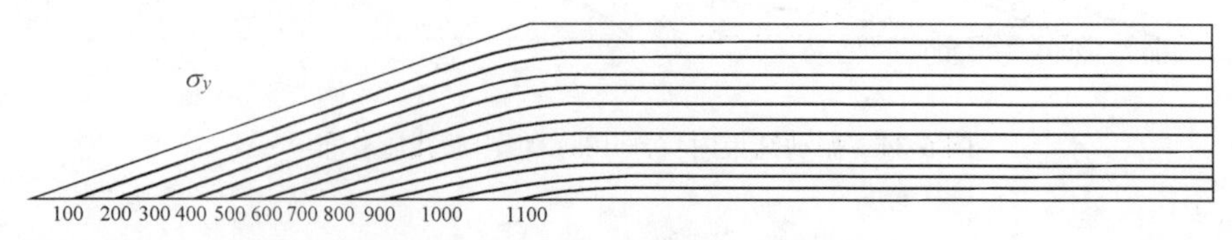

图 6-30 小主应力 σ_y 等值线（kPa）[34]

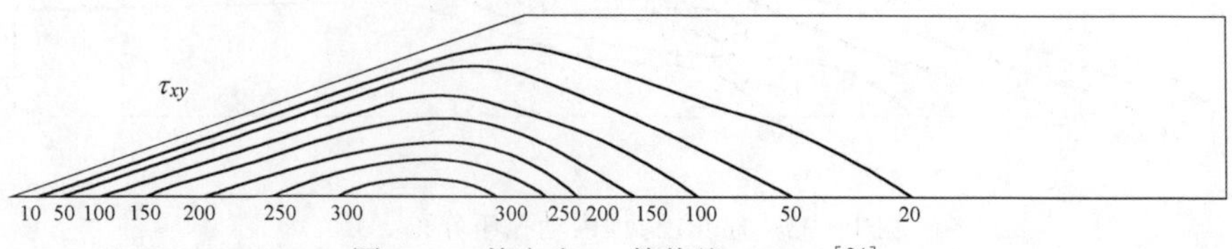

图 6-31 剪应力 τ_{xy} 等值线（kPa）[34]

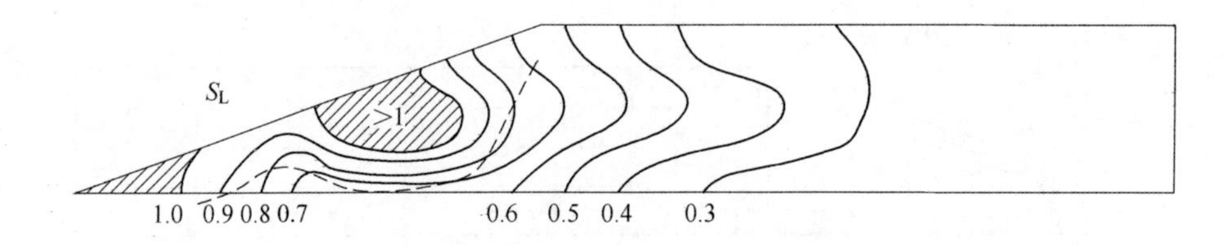

图 6-32　各单元应力水平 S_L 等值线[34]

第二阶段进行地震期间的动力分析求出各个时段的动应力和震动孔隙水压力，结果如图 6-33～图 6-39 所示。

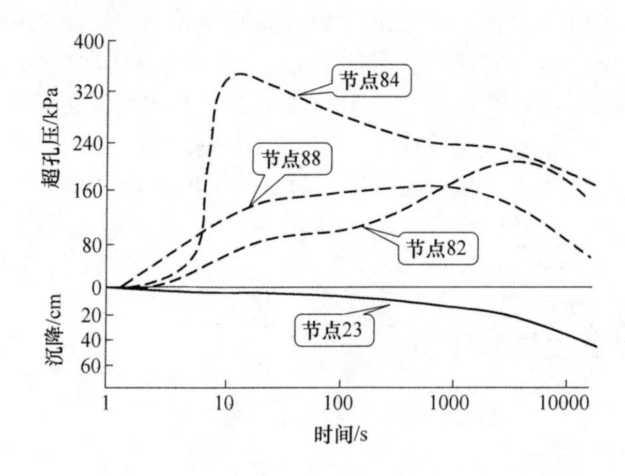

图 6-33　某节动孔隙水压力以及沉降随时间变化曲线[34]

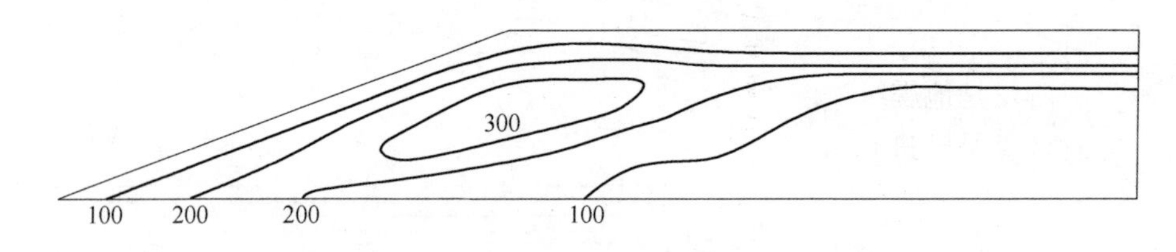

图 6-34　振动结束时（$t=10$s）坝内动孔压分布[34]

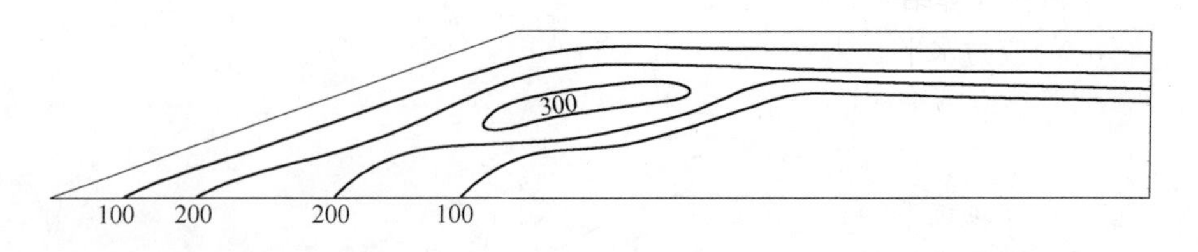

图 6-35　1min12s 坝内动孔压分布[34]

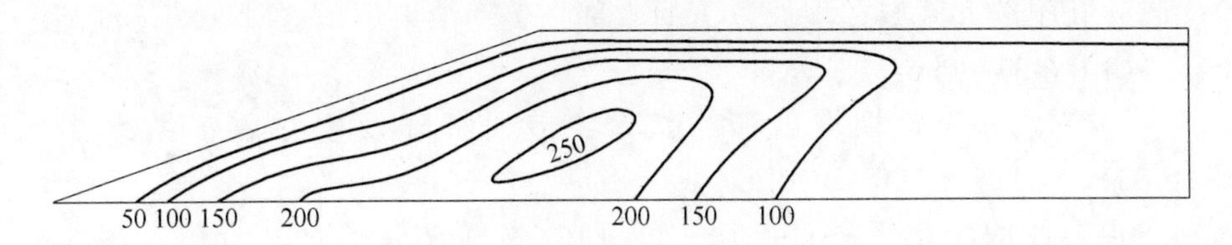

图 6-36　34min18s 坝内动孔压分布[34]

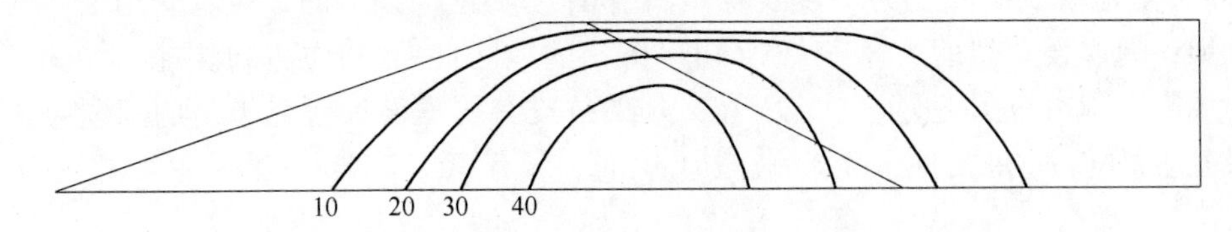

图 6-37　9h7min 坝动孔压分布[34]

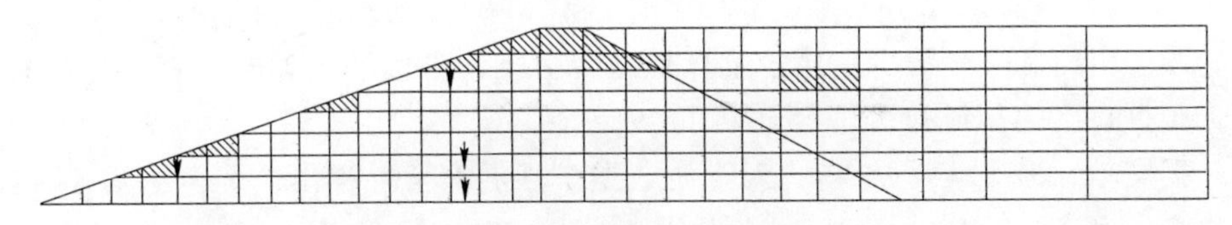

图 6-38　坝内液化发展区域（震动 7s）[34]

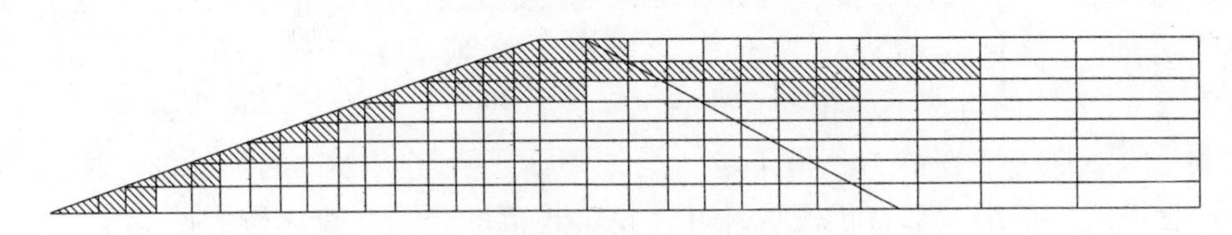

图 6-39　坝内液化发展区域（震动 10s）[34]

第三阶段是地震结束后坝内超孔隙水压力的扩散和消散计算。事实上在第二阶段这种计算早已进行，不过在扩散和消散的同时还有振动孔隙水压力产生而已。这一计算要一直计算到各点的势能大致稳定为止。

德兴铜矿 4 号坝是中线法筑坝，文献［34］中称为“用外堆法施工”。下游法旋流器沉砂筑坝也属于外堆法施工。

以下讨论计算结果解读的有关问题：

(1) 静应力水平 S_L 表明，坝坡下发生了大面积塑性滑动（见图 6-32）。这种现象的后果取决于现场演进中的不利组合及其滑动的规模。时间越长，规模越大，风险也大。坝坡的保护、绿化、排水很重要。

(2) 位于坝顶下的 88、84、82 各节点的振动孔压峰值不同，达到峰值的时间也不同。埋深越大峰值越大，滞后时间越长。坝中部的 84 节点在地震结束 10s 就达到峰值，如图 6-38 所示靠近坝顶上的一点。

(3) 孔压最大区域在坝坡以下的中部，震动结束后，这段区域逐渐缩小、下移，如图6-34～图6-37所示。

(4) 震动一开始坝坡就产生沉降，最大沉降发生在震动结束2h后(图6-33)。

(5) 坝坡的液化区一旦出现，可以在3～5s迅速大面积发展（图6-38、图6-39）。这一分析结果说明，“下游式尾矿坝更安全”一说依据可能不充分。故此，“地震设防烈度为7度及7度（作者注：Ⅶ）以下的地区宜采用上游式筑坝；地震设防烈度为8～9度（Ⅷ、Ⅸ）的地区宜采用下游式或中线式筑坝”的规定，理由也欠充分。总之，尾矿坝的抗震和抗震设计研究不足的问题应该引起业内重视和关注，至少缺乏认识时，要慎重、科学决策，不要过早下结论。

6.2.2.3　有关尾矿坝抗震安全性认知的讨论

限于资料和案例偏少，该讨论算是抛砖引玉，希望感兴趣的学者、企业家、同仁根据自己的资料和认知参与探讨。

据文献［32］，“国外有人对上游式尾矿坝的安全性提出质疑，甚至有人提出放弃上游法。W. D. L. Finn认为用上游法建造尾矿坝具有潜在的危险。S. G. Vick指出：‘迄今所报道的所有在地震中发生流动破坏的尾矿坝都是用上游法建造的。’”这与前述中加合作中国尾矿库地震安全度研究，后文所述H. B. Seed先生的看法不尽相同。作者认为，这里所说上游法尾矿坝的代表，是智利地震溃坝中“在静力条件下也只是处于临界稳定状态”的那种坝。国内现在的上游式尾矿坝大都有正规设计和严格、规范的管理，有比较大的安全滩长，属于“采用合理的边坡、建设在良好地基上，可以经受7级地震而不受损坏”的一种。

本章的讨论以前述震害调查为依据。

A　尾矿坝震害位置不同于土石坝

从前述案例看，震毁土坝或严重震害的水库大坝多是上下游坡出问题。1969年山东渤海湾地震中位于6度区的王屋、冶源和黄山三水库土坝发生了滑坡，滑坡在上游坡的近水面部位。辽宁海城地震位于7度区的石门水库土坝上游坡砂砾石料水下发生大面积滑坡，研究认为与坝料和填筑质量不好有关。1976年唐山地震时，位于6度区的密云水库白河主坝上游坡黏土斜墙的砂砾护层滑坡，陡河水库大坝测试上下游坝坡和坝基都发生了严重震害。

由于尾矿坝内从滩顶到水边是很长的干滩面，坡度通常小于3%。大石河、水厂两库地震时干滩面分别为300m和250m。类似于水坝的这类上游坡滑动的严重震害是不存在的，尾矿坝严重震害的概率就可以降低了。

B 土石坝的横向裂缝常被归于严重震害中

土石坝的横向裂缝常被归于严重震害中。1976年唐山地震时，陡河水库土坝发生了严重的裂缝和液化。坝体纵横缝都有，上下游坡出现几乎贯穿全坝长的纵向裂缝，缝宽1~1.5m，几乎滑坡。主坝段有横缝95条，缝宽0.1~1.0cm，个别的到3~4cm，多数只见于坝顶，少数延伸到上游坡[35]。下游坝面上出现喷冒口，喷出物为粉细砂。与陡河坝相距不远的张庄尾矿坝，只有一山之隔，距离不到10km，距离唐山也不到10km，距离野鸡坨则近约10km，尾矿坝震害轻微。水坝和尾矿坝坝基、坝料不同，结构构造不同，抗震性能也不同，很容易解释这两类坝地震时的不同表现。

C 国内尾矿坝与国外尾矿坝震害有别

与国外的尾矿坝外坡陡（智利地震的案例）不同，国内尾矿坝坝坡缓。国外库水位离坝顶近，国内大多库水位远离坝顶。我国尾矿坝的地震稳定性显然较高。这种差异引起了人们的很大兴趣，1990年开始为期5年的中加合作中国尾矿坝地震安全度就是证明。项目由加拿大国际研究发展中心、国家科委和原冶金工业部资助。国外专家重视中国上游式尾矿坝的管理和运行经验。

中国尾矿坝之所以遭遇较高烈度时还能保持稳定，有两个主要因素：一是干滩长，二是堆积坝坡缓。国内尾矿库的滩长一般在250~500余米，据说国外的尾矿坝，例如智利震害尾矿坝，通常仅有30~50m干滩。国内尾矿库常见尾矿堆积坝坡比系数m是4~6，日本尾矿坝的坡比多为3，智利的尾矿坝多在1.2~1.7。

D 坝基或坝料液化是震害主要因素之一

地震液化是许多大坝的震毁原因，例如新疆巴楚地震时，位于Ⅵ度区的西克尔水库土坝；邢台地震时，位于Ⅷ~Ⅹ区的滏阳河堤防；唐山地震时位于Ⅸ度区的陡河大坝，位于Ⅵ度区的密云白河主坝。研究认为坝基、坝料液化是震害主要因素。包括智利地震震毁的尾矿坝，前述王屋、冶源和黄山等大坝上游坡的滑动，都属于“流滑”，流滑是一种液化引起的抗剪强度降低破坏现象。

土体的液化与破坏是既有区别又有联系的两个不同概念。液化一般是指土体由固态转化为液态的行为和过程。土体转化为液态的条件是抗剪强度τ_f趋向于零。

土体的破坏是土体在力的作用下，没有保持住一定的形状，而超越了某一界限进入整体性的塑流状态。也就是说，土的破坏是以失稳为衡量标准的[36]。即使是变形过大，如不均匀沉降、裂缝，甚至像日本伊豆地震持越矿尾矿坝的流滑那样，滑到一定时候停止了，不会引发泥石流灾害。所以，有的液化可以容忍，有的破坏绝不允许发生！

液化和破坏两者间也有一定联系，特别是岩土工程界关心的是土体液化引起的工程破坏或其他灾害。所以人们常说的防止液化，实际上是要防止土体液化造成的某种工程破坏，尤其是灾害性破坏。在这个意义上来理解液化，就要把液化现象和液化危害分开。借助于图6-40，以下讨论发生在坝基或土体的液化危害。

图6-40（a）所示为典型均质土坝和尾矿坝的断面及其构造。均质土坝有防浪墙、库水位、浸润线、棱体、非岩石坝基；尾矿坝有初期坝、堆积坝及其排渗、坡比、浸润线等。根据陡河大坝的震害，液化造成的危害是坝基、坝脚附近喷冒，纵横裂缝，几乎滑坡溃坝。如图6-40（b）所示的尾矿坝，在坝顶向下的坝外坡通常只有隆起、沉降、纵向裂缝，未见贯穿的横向裂缝。由子坝顶平行于初期坝内坡线，做一直线与坝底地面相交，为方便起见，称其为尾矿坝的“假想内坡”。滩面总是在假想内坡以上，假想内坡至初期坝这部分坝体决定了尾矿库的安危，假想内坡到水边可以理解为水库的水，有无强度、是否液化不做要求，只需防止它越过这条线造成漫坝即可。

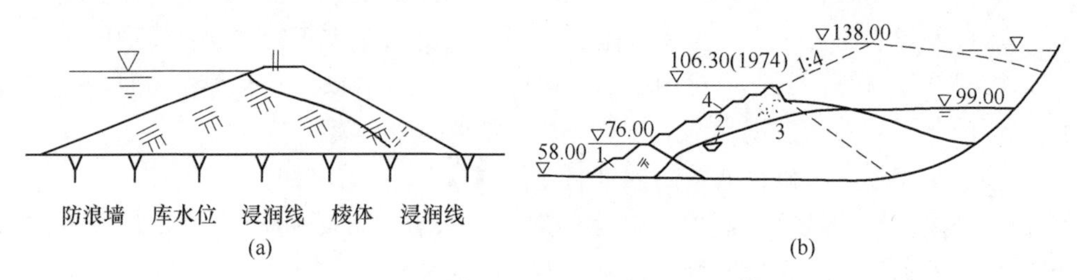

图6-40　比较土坝和尾矿坝

（a）均质土坝典型断面图；（b）尾矿坝典型断面图

1—初期坝；2—排渗；3—堆积坝；4—实际坡比

E　土石坝和尾矿坝到底能经受多大地震

土石坝和尾矿坝到底能经受多大地震冲击？这是非常复杂的问题。同一地震，土石坝、尾矿坝与房屋等不同类别的建筑震害都不尽相同。地震波的传播通过不同地层，能量的衰减差别也很大。

一般地，地震波通过基岩和土层时，短周期的比长周期的衰减得快。土越松软，土层厚度越大，短周期分量衰减的越多。在离震中近的地方，地震波短周期分量占优势，到了远处，长周期的更占优势，最终只剩下长周期的震动。为了有一个宏观认识，首先看烈度表是如何描述地震的，表6-14摘录于《中国地震烈度表》（GB/T 17742—2008）。

从烈度表中可知，在同一烈度时，房屋震害与河岸、饱和砂土地基等标志物是完全不同的。例如8度区的土、石、砖、木结构（A类）房屋会出现10%以上毁坏，40%~70%严重破坏。未经抗震设计的单层或多层砌体（B类）房屋有10%~45%毁坏，按照7度设防的单层或多层房屋建筑（C类）也出现45%以下的严重和中等破坏（中等破坏指承重结构需要修理才可使用）。而干硬土上也出现裂缝，饱和沙层绝大多数喷砂冒水，烈度在Ⅶ度以上。

按这一描述，如果干、硬尾矿坝坡，在Ⅷ度区，也就仅有裂缝，是完全可以修复或自愈的。饱和尾矿砂在坝坡和前滩面的，通常埋深较大，在近水区，埋深就小。液化仅发生在水区附近，一般不会影响尾矿坝坡的安危。这不是下结论说，尾矿坝更能“抗震”，或者比房屋“耐震”。只想说，尾矿坝与房屋是不同的结构，应该有不同的抗震要求，不能照搬房屋的，也不能原封不动地照搬水库大坝的，应该建立自己的抗震设计和减灾理念，逐渐规范化。

表 6-14 烈度表摘录

烈度	人的感觉	房屋震害程度	其他震害现象	加速度 /m·s^{-2}	速度 /m·s^{-1}
Ⅴ	室内绝大多数人、室外多数人有感觉，多数人梦中惊醒。	门窗屋顶屋架颤动作响，灰土掉落，个别房屋墙体抹灰现细微裂缝，个别屋顶烟囱掉砖	悬挂物大幅度晃动，不稳定器物摇动或翻到	0.22~0.44	0.02~0.04
Ⅵ	多数人站立不稳，少数人惊逃户外	少数A类房屋中等破坏，多数轻微破坏和/或基本完好；个别B类房屋中等破坏，少数轻微破坏，多数基本完好；个别C类轻微破坏，大多数基本完好	家具和物品移动，河岸和松软土出现裂缝，饱和砂层出现喷砂冒水，个别独立砖烟囱裂缝	0.45~0.89	0.05~0.09
Ⅶ	大多数人惊逃户外，骑自行车的人有感觉，行驶中的汽车驾乘人员有感觉	少数A类房屋毁坏和/或严重破坏，多数中等破坏和/或轻微破坏；少数B类房屋中等破坏，多数轻微破坏和/或基本完好；少数C类中等和/或轻微破坏多数基本完好	物体从架子上掉落，河岸出现塌方，饱和砂层常见喷砂冒水，松软土地上裂缝较多，大多数独立砖砌烟囱中等破坏	0.90~1.77	0.10~0.18
Ⅷ	多数人摇晃颠簸，行走困难	少数A类房屋毁坏，多数严重和/或中等破坏；个别B类房屋毁坏，少数严重破坏，多数中等和/或轻微破坏；C类少数严重和/或中等破坏，多数轻微破坏	干硬土上也出现裂缝，饱和砂层绝大多数喷砂冒水，大多数独立砖砌烟囱严重破坏	1.78~3.53	0.19~0.35
Ⅸ	行动的人摔倒	多数A类严重和/或毁坏；少数B类房屋毁坏，多数严重和/或中等破坏；C类少数毁坏和/或严重破坏，多数中等和/或轻微毁坏	干硬土上多处现裂缝，可见基岩裂缝错动，滑坡塌方常见；独立砖砌烟囱多数倒塌	3.54~7.07	0.19~0.35
Ⅹ	骑自行车的人会摔倒，处不稳状态的人会摔离原地，有抛起感	A类绝大多数毁坏；B类房屋大多数毁坏；C类多数毁坏/或严重破坏	出现山崩和地震断裂，岩石和拱桥破坏，大多数独立砖烟囱从根部破坏或倒塌	7.08~14.14	0.72~1.41

注：摘自 GB/T 17742—2008。

相对科学而又比较一致的共识如图 6-41 所示[37]。图中给出几个国家尾矿坝震害状态，图 6-41（a）所示为上游尾矿坝数据。可以看出，许多上游式尾矿坝经受住了约 0. 15g 的加速度。这些数据大多来自智利尾矿坝，应当说明的是，其中很多尾矿坝构筑坡度很陡（1. 5∶1 ~1. 7∶1），并且沉淀池水边线靠坝顶非常近。因此，可以认为，它们在地震之前，即便在静力条件下也只是处于临界稳定状态。确实有许多尾矿坝经受住小至中等加速度而未受破坏，但有关它的性态的记录资料很少。似乎大多数尾矿库沉淀池水和地下水控制好、边坡设计合理的上游式尾矿坝，都能够经受住约 0. 15g 的加速度。非常值得关注的是，大量废弃的上游型尾矿坝，无论经受加速度多大，都没有发生破坏（前不久巴西的一个停用中的库发生溃坝，是一个稀有例外）。

Seed 等人提供了水力冲填法构筑的普通水坝的类似数据，如图 6-41（b）所示，这些坝的特性与未压密的旋流尾矿砂构筑的下游型尾矿坝极相似。图 6-41（b）中数据表明，在加速度小于 0. 20*g* 时，坝体均未发生破坏。Seed 得出结论：许多水力冲填坝已完成多年，当它们采用合理的边坡、建设在良好基础（作者注：应为地基）上时，它们可以经受住中等强度的地震，比如说，震级 6. 5~7. 0 级，加速度约 0. 2*g*，而不受损坏。这也许是“中线法比上游法坝耐震”的直接依据，但是需要明白的是：上游法也是水力冲填的，而且坝坡普遍比中线法缓，尾矿的级配比中线法的全。前述唐山地震中，陡河土坝（碾压式坝）和张庄坝（上游式尾矿冲填坝）的震害显然比尾矿坝轻。

Seed 先生科学慎重地描述了尾矿坝的抗震状况，并指出采用合理的边坡、建设在良好基础上时，它们可以经受住中等强度的地震，比如震级 6. 5 ~ 7. 0 级，加速度约 0. 2*g*，而不受损坏。将本节内容归纳如下：

（1）许多上游式尾矿坝经受住了加速度约 0. 15*g*；但它们在地震之前，即便在静力条件下也只是处于临界稳定状态（智利地震案例）。

（2）确实有许多尾矿坝经受住至少中等加速度而未受破坏，但有关它的性态的记录资料却很少（研究不够）。

（3）大量废弃的上游型尾矿坝，无论经受加速度多大，都没有发生破坏。

（4）未压密的旋流器沉砂构筑的下游式和中线式尾矿坝在加速度小于 0. 20*g* 时，坝体均未发生破坏。上游冲积法坝坡普遍比中线法缓，尾矿的级配比中线法的全，从机理上保障坝坡有利于抗液化破坏。

（5）外坝坡缓、干滩长、水位低的，有利于抗震安全和预防次生灾害。

（6）坝的破坏通常是由坝基、坝料的液化引起。

（7）尾矿坝的破坏表现为液化引起的流滑，滑坡。

（8）在很低的震动水平下也有可能破坏，例如Ⅵ度。

（9）科学地指导、良好地管理、有效地整治，可以减少和降低震害。

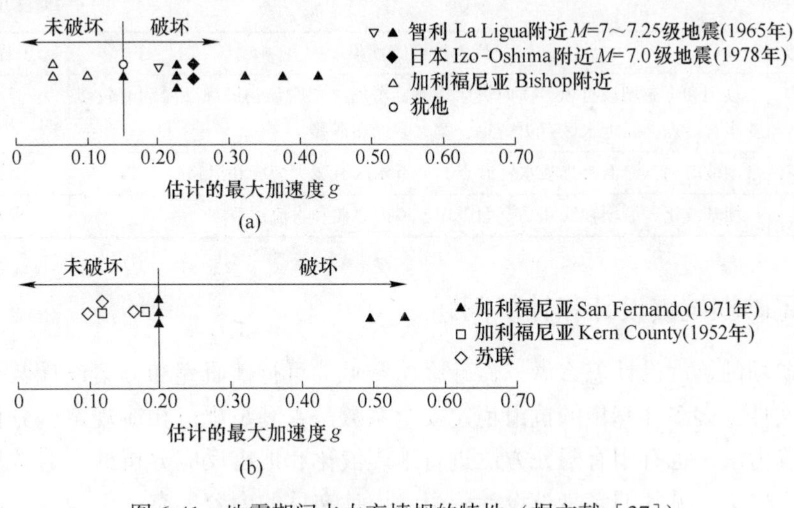

图 6-41 地震期间水力充填坝的特性（据文献［37］）

（a）上游式尾矿坝；（b）下游式尾矿坝

破坏：实心符号；未破坏：空心符号

▼，◆，▲—破坏；▷，□，△，◇—未破坏

F 上游法和中线法哪种坝型更安全

6.2.2.1节研究尾矿坝暴雨渗流遇震问题时使用的就是一个中线法高坝实例。分析结果表明，“下游式尾矿坝更安全”依据未见得充分。故此，“地震设防烈度为7度及7度（Ⅶ度）以下的地区宜采用上游式筑坝；地震设防烈度为8~9度（Ⅷ~Ⅸ）的地区宜采用下游式或中线式筑坝”的规定，理由也欠充分。上游冲积法坝坡普遍比中线法缓，尾矿的级配比中线法的全，从机理上保障坝体有利于抗液化破坏。

最后，尝试给尾矿坝的震害进行分级，见表6-15。震害分级便于尾矿坝的震害调查描述和评价定性，便于抢险救灾，便于尾矿坝的抗震设防分类，也方便设计人员明确设防目标，方便企业制定、尾矿坝的管理目标和评价管理绩效。随着震害资料和计算资料的进一步积累，更翔实的计算、分析结果将使得表6-15不断完善、好用。例如，增加地震永久变形的指标，就可以使设计方法固定、变形指标逐渐进入实用阶段。

表 6-15 尾矿坝震害分级表

震害分级	代表性震害现象	工程举例
轻微	坝顶和下游坝坡几乎无震害，仅有可自愈震裂，滩面偶见喷水冒砂，近水区有裂缝	水厂、大石河桦厂沟
一般	坝顶到下游坝坡有变形，滩面有较多喷水冒砂点，靠近水区有较密集裂缝和滑移	张庄

续表 6-15

震害分级	代表性震害现象	工程举例
较重	坝顶和下游坝坡有纵、横向贯穿裂缝，滑坡迹象明显，进坝顶滩面有较多喷水冒砂点，靠近水区有更密集、宽大裂缝和滑移	陡河土坝
严重	坝坡滑动，滩面密集喷水冒砂点，靠近水区有宽大裂缝和滑移	特越
震溃	坝基液化，沿坝轴线几乎全面震塌，库内尾矿和水流出致灾	白灰埝

6.3 尾矿坝抗震设计和计算问题

尾矿坝的抗震设计怎么做，做什么？常见的可行性研究和方案设计两个阶段的设计文件，大多计算坝的抗滑稳定安全系数是否满足规范相应规定，分析方法常用拟静力法，也有用有限元方法进行地震液化和地震反应分析的，通常见不到分析报告原文，见到的多是被设计者引入设计文件的内容。有一个项目，位于地震烈度变等线密集区域，设计人所用加速度比国家现行规范要求的低，据说该项目曾经做过地震危险性分析，危险性分析报告给出了 3 个设计水准地震反应成果，但设计人拟使用最低水准的加速度值，但愿这只是行业的个别现象。本节简单讨论尾矿坝抗震设计问题，重点讨论拟静力法的有关问题。

6.3.1 设防目标和防震设计分类

6.3.1.1 我国抗震设计规范体系和设防分类

我国指导土木工程抗震设计的规范有《建筑工程抗震设防分类标准》(GB 50223—2008)、《建筑抗震设计规范》(GB 50011—2010)、《构筑物工程抗震设计规范》(GB 50191—2012)、《水工建筑物抗震设计规范》(SL 203—1997 或 DL 5073—2000)，铁路和公路还有《铁路工程抗震设计规范》(GB 50111—2006) 等。

《建筑工程抗震设防分类标准》(GB 50223—2008) 把各类建筑分为四个类别，见表 6-16，其设防要求见表 6-17。建筑属性不同，设防分类和设防要求或目标也不同。

防灾救灾建筑：医疗、疾控中心、消防等建筑。

基础设施建筑：城镇给排水、燃气、热力建筑、电力建筑、交通运输建筑、邮电通信、广播电视建筑。

公共建筑和居住建筑：体育场馆、影剧院、博物馆、档案馆、商场、展览馆、会展中心、幼儿园、学校、旅馆、写字楼、科学实验等公共建筑和住宅、宿舍、公寓等居住建筑。

工业建筑：采煤、采油和矿山生产建筑、原材料生产建筑、加工制造业生产建筑。

仓库类建筑：粮库、弹药库等。

《建筑抗震设计规范》(GB 50011—2010)和《构筑物工程抗震设计规范》(GB 50191—2012)明确要求建筑工程抗震设防分类标准按GB 50223—2008执行，而且设为强条。按GB 50223—2008规划，铁路属于基础设施建筑中的交通运输建筑。《铁路工程抗震设计规范》(GB 50111—2006) 的抗震设防分为A、B、C、D四类，见表6-18，与特殊设防、重点设防、标准设防、适度设防一一对应。

表6-16　工程抗震设防类别

名称	简称	描　述
特殊设防	甲类	指使用上有特殊设施，涉及国家公共安全的重大建筑工程和地震时可能发生严重次生灾害等特别重大灾害后果的建筑
重点设防	乙类	指地震时使用功能不能中断或需尽快恢复的生命线相关建筑，以及地震时可能导致大量人员伤亡等重大灾害后果的建筑
标准设防	丙类	指大量的除1、2、4款以外按标准要求进行设防的建筑
适度设防	丁类	指使用上人员稀少且震损不致产生次生灾害，允许在一定条件下适度降低要求的建筑

表6-17　建筑工程抗震设防类别

序号	简称	描　述
1	甲类	按高于本地区抗震设防烈度提高1度的要求加强其抗震措施；抗震设防烈度为9度时应按比9度更高的要求采取抗震措施；同时，应按批准的地震安全性评价的结果且高于本地区抗震设防烈度的要求确定其地震作用
2	乙类	按高于本地区抗震设防烈度1度的要求加强其抗震措施；抗震设防烈度为9度时，应按比9度更高的要求采取抗震措施；地基基础的抗震措施应符合有关规定；同时，应按本地区抗震设防烈度确定其地震作用
3	丙类	按本地区抗震设防烈度确定其抗震措施和地震作用
4	丁类	允许按本地区抗震设防烈度的要求适当降低其抗震措施，但抗震设防烈度为6度时不应降低。一般情况下，仍应按本地区抗震设防烈度确定其地震作用

注：对于划为重点设防类而规模很小的工业建筑，当改用抗震性能较好的材料且符合抗震设计规范对结构体系的要求时，允许按标准设防类设防。

表6-18的设防分类充分反映了铁路桥梁、路基、隧道遭遇地震破坏后可能造成人员伤亡、直接和间接经济损失、社会影响的程度及其在抗震救灾中的作用、修复的难易等因素，可以说是执行GB 50223—2008的典范。

水工抗震设计规范规定水工建筑物的工程抗震设防类别应根据其重要性和工程场地基本烈度按表6-19的规定确定。表中备注是抗震烈度的取值规定，来自规范的条款。

表 6-18　抗震设防分为 A、B、C、D 四类

设防类别	桥　梁	路　基	隧　道
A 特殊	跨越大江大河、技术复杂、修复困难的特殊结构	—	水下
B 重点	1. 客货共线铁路混凝土简支梁跨度大于等于 48m；简支钢梁跨度大于等于 64m；混凝土连续梁跨度大于等于 80m；连续钢梁跨度大于等于 96m； 2. 高铁及客运专线（含城际铁路）跨度≥40m 的桥梁； 3. 墩高大于 40m 的桥梁； 4. 常水位深大于 8m 的桥梁； 5. 技术复杂、修复困难的特殊结构桥梁	—	—
C 标准	1. 高铁及客运专线（含城际铁路）的普通桥梁； 2. 墩高大于 30m 小于 40m 的桥梁； 3. 常水位深 5~8m 的桥梁	1. 修复困难的陡坡深挖高填路基 2. 高铁及客运专线（含城际铁路）的路基	1. 高铁及客运专线（含城际铁路）的隧道和明洞； 2. 通过活动断裂、浅埋、偏压、采空区及矿区、繁华区域、特大跨度（$b\geq15$m）的隧道和明洞； 3. 近距离交叉的隧道衬砌高铁及客运专线（含城际铁路），洞口浅埋、偏压、明洞及繁华区的隧道衬砌
D	ABC 类以外的其他桥梁	C 类以外的其他路基	AC 类以外的其他隧道

注：摘录自 GB 50111—2006。

表 6-19　水工建筑物工程抗震设防类别

抗震设防类别	建筑物级别	场地基本烈度	与 GB 50223—2008 对应
甲	1（壅水）	≥6	特殊设防
乙	1（非壅水）、2（壅水）		重点设防
丙	2（非壅水）、3	≥7	标准设防
丁	4、5		适度设防

注：1. 一般采用基本烈度作为设计烈度；甲类的水工建筑物可根据其遭受强震影响的危害性在基本烈度基础上提高Ⅰ度作为设计烈度；Ⅵ度及Ⅵ度以上地区的坝高超过 200m 或库容大于 100 亿立方米的大型工程，烈度为Ⅶ度及Ⅶ度以上地区坝高超过 150m 的大（1）型工程，应做专门的地震危险性分析，提供基岩峰值加速度超越概率成果，其设计地震加速度代表值的概率水准对壅水建筑物应取基准期 100 年内超越概率为 0.02，对非壅水建筑物应取基准期 50 年内超越概率为 0.05；其他特殊情况需要采用高于基本烈度的设计烈度时应经主管部门批准。

2. 壅水建筑物可理解为闸和坝。

6.3.1.2　尾矿坝设防目标和水准

自1990年版的中国烈度区划图把建筑周期50年超越概率为10%作为基本依据。《建筑抗震设计规范》(GBJ 11—1889)或后续各版本，都要求抗震设计做到："多遇地震不坏、设防烈度地震可修和罕遇地震不倒。" 多遇地震，也称小震；罕遇地震，也称大震。小震比设防烈度（Ⅵ度）低1.55度，大震比设防烈度大约高1度。小震的重现期约为50年；设防烈度重现期约为475年；大震的重现期为2475~1641年[38]。它们的超越概率（50年周期）分别为63.2%、10%和2%~3%。笔者认为：对于尾矿坝来说小震和设防地震的概率水准不算高，设防地震比小震高1.55度。对于房屋也许合适，对于水工类不一定合适[39]，所以水工壅水建筑物的丙和丁类采用超越概率（50年周期）10%标准。尾矿坝由于个别尾矿含有污染物质，属于禁止泄漏，有必要提高设防标准，包括提高设计地震效应和加强抗震措施以及专题分析研究等。

《水工建筑物抗震设计规范》(SL 203—1997或DL 5073—2000)的设计目标是：要保证遭遇设计烈度地震时，不发生严重破坏导致次生灾害；遭遇强震时，容许轻微破坏，但一经处理仍可正常使用。要完全避免某些局部破坏将导致工程设计不经济，目前技术上也有一定困难。对表6-19中的甲类和乙类壅水构筑物的设防要求就比较高了。对于尾矿库的设防类别和水准还应充分考虑尾矿的环保要求，防止次生的环境灾难。也就是说，尾矿坝的抗震设防标准，特别是对于按环保要求划分为Ⅱ类尾矿的坝，抗震设防要求应该更高。

现根据以上设防分类和设防目标，结合对尾矿坝的理解，提出表6-20设防分类和要求。

表6-20　尾矿坝分为四个抗震设防类别

名称	简称	修复难易描述	设防目标
特殊设防	甲类	需要专门修复设计，有较大工程量	1、2级坝，存Ⅱ类尾矿的各级坝
重点设防	乙类	需要修复设计，有一定工程量	3、4级坝，各级挡水坝
标准设防	丙类	需要专项维修，工程量很小，且简单易修	5级坝
适度设防	丁类	不影响使用或正常维护。	附属建筑物如拦洪坝、拦挡坝、排水沟

注：丙类采用基本烈度（基准期50年内超越概率为0.1）作为设计烈度；乙类其设计地震加速度代表值的概率水准取基准期100年内超越概率为0.10/0.05；甲类设计地震加速度代表值的概率水准取基准期100年内超越概率为0.05（/0.02）；其他特殊情况需要采用高于基本烈度设计时应经主管部门批准；专题研究高坝抗震措施、液化、软基处理等措施。

有了这张表，就可以代替水利部门原规范的表，也就可以畅通执行GB 50863—2013要求的"地震荷载应按现行行业标准《水工建筑物抗震设计规范》（SL 203—1997）的有关规定进行计算”。

6.3.1.3　尾矿坝设防分类的说明

（1）GB 18306—2001 的区划图有四类工程不适用，他们是：

1）抗震设防要求高于区划图的重大工程、可能产生次生灾害的工程、核电和其他有特殊要求的建设工程。

2）位于地震参数区划分界线附近的新建、扩建、改建的工程。

3）某些地震研究程度和资料详细程度较差的偏远地区。

4）位于复杂工程地质条件区域的大城市、大型企业、长距离生命线工程以及新建开发区等。

尾矿坝属于易“产生次生灾害”和“有特殊要求”的工程，故仅丙类采用基准期 50 年内超越概率为 0.10，其余按水工建筑物标准采用 100 年建筑周期超越概率为 0.05 和 0.02。

基准期 50 年内超越概率为 0.10 的加速度可以直接从有关规范上查取。基准期 100 年内超越概率为 0.10、0.05、0.02 相应设计加速度需要根据前者换算，见表 6-21、图 6-42、图 6-43[40]。

表 6-21　设计加速度 *PGA* 和重复期 *CFQ*

概率 P	$PGA_T=50/g$	$PGA_T=100/g$	$CFQ_T=50/$年	$CFQ_T=100/$年
0.9	0.045	0.0706	22	44
0.7	0.0682	0.1027	42	84
0.5	0.0947	0.1387	73	145
0.3	0.1366	0.1916	141	283
0.2	0.1729	0.2342	228	454
0.1	0.2394	0.3103	478	980
0.07	0.2773	0.3508	712	1414
0.05	0.3135	0.3918	1013	2078
0.02	0.4179		2615	

注：数据来源于蒋溥、王启鸣等人。

（2）考虑一个坝址面积并不大，除符合“地震研究程度和资料详细程度较差地区和位于复杂工程地质条件区域”外，可不再要求做场地地震危险性分析，但必须要求基本烈度在Ⅷ度以上地区的三等以上库进行抗震专题研究，研究的主要内容是措施和效果分析。

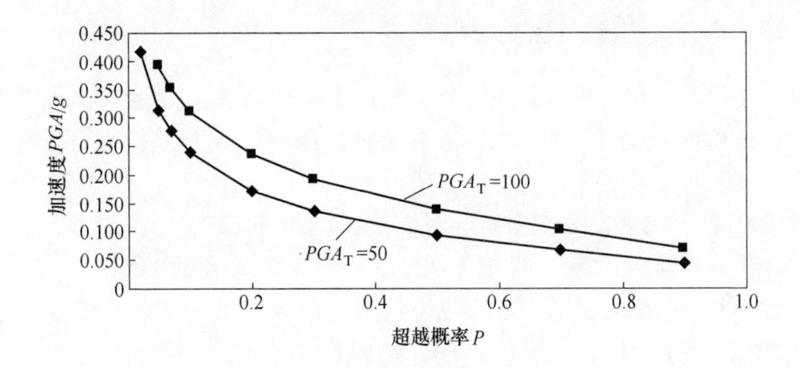

图 6-42 不同超越概率的设计加速度 *PGA*

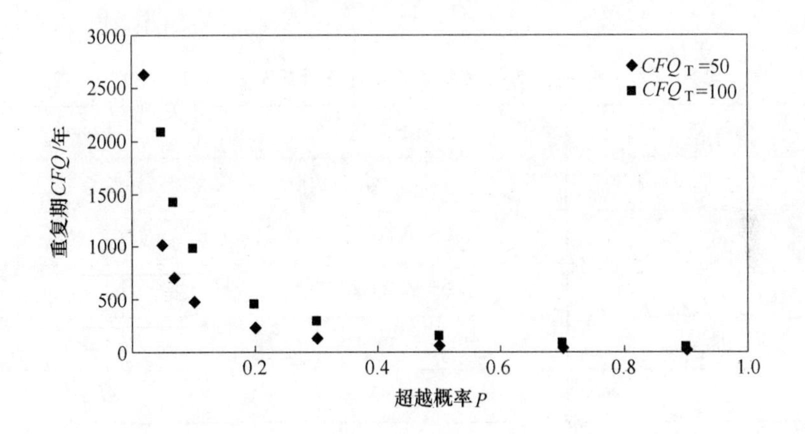

图 6-43 不同超越概率的重复期 *CFQ*

(3) 由于下游或者尾矿坝周边安全问题本身就是一个复杂课题，叫设计人员按溃坝“产生严重次生灾害时”“设防标准提高一档”，或者“当尾矿库溃坝将使下游城镇、工矿企业、生命线工程和区域生态环境遭受严重灾害时，尾矿坝的抗震等级应提高一级采用”，都比较难以操作。可以按水库大坝做法，提高设防超越概率要求，并把Ⅱ类尾矿全部特殊设防。

(4) 拟静力法、时程法的分析，液化评价的剪应力对比法、简化法、经验法等方法的应用规定不是本节论述的内容，可参考 GB 50863—2013 和 GB 50191—2012 的有关规定。动态系数的分布请见文献［2］、［12］。按照震害调查资料，拟静力法设计抗震安全的工程，在低于设计烈度时，却发生了严重震害。饱和松到中等密度的砂性尾矿，在超孔隙水压力升高后（震动或者静力不排水荷载都会大幅度提高孔隙水压力），引起有效应力摩擦角大幅度下降，使得拟静力法安全系数评价稳定性失真。为安全起见，有必要对该方法的使用做出限制。

6.3.2　尾矿坝有关防震设计的规定和问题

1990 年以前，尾矿坝设计没有独立的抗震设计规范。《选矿厂尾矿设施设计规范》1982 版和 1991 版（ZBJ 1—90）都要求按《水工建筑抗震设计规范》的规定执行。

自从 SL 203—1997 发布以来，设防分类按 GB 50223—1995 修改后，使得这种借用出现了“隐性假定”。即把 1、2、3、4、5 级尾矿坝的级别等同于水利部门的 1、2、3、4、5 级碾压式土石坝，然后再比照套用 SL 203—97（表 6-19），选定甲乙丙丁类别，最后对照条文确定设防加速度的设计指标。

1995 年发布了《构筑物抗震设计规范》(GB 50191—93)，尾矿坝有了专门的抗震设计规定。表 6-22 是新版《构筑物抗震设计规范》（GB 50191—2012）的设防分类。

表 6-22　尾矿坝的抗震等级《构筑物抗震设计规范》（GB 50191—2012）

等　级	$V/\times 10^8 m^3$	h/m
一	二级尾矿坝具备提高等级条件者	
二	$V \geqslant 10000$	$h \geqslant 100$
三	$1000 \leqslant V < 10000$	$60 \leqslant h < 100$
四	$100 \leqslant V < 1000$	$30 \leqslant h < 60$
五	$V < 100$	$h < 30$

注：当尾矿库溃坝将使下游城镇、工矿企业、生命线工程和区域生态环境遭受严重灾害时，尾矿坝的抗震等级应提高一级采用。

这张表中尾矿库的抗震等别源于 ZBJ 1—90 对尾矿坝分级的规定，GB 50191—93 把尾矿坝抗震设防的等级与尾矿坝的级别对应，并无不可。因为，当时《建筑工程抗震设防分类标准》(GB 50223—95) 尚未发布。从 GB 50223—95 到 GB 50223—2008 的抗震分类标准、设防目标、设计思想已经被各行业接受并执行。新版《尾矿设施设计规范》(GB 50863—2013) 中关于尾矿库分级的规定补充了一等库，也就相当于新增了 1 级坝。这样的规定与 GB 50191—2012 就有差异了。

GB 50863—2013 继续使用抗震等级概念，不使用震设防类别概念，即不按 GB 50223—2008 的要求制定尾矿坝的抗震设防类别，未必合适。

综合 GB 50863—2013 和 GB 50191—2012 关于尾矿坝抗震设计的要求，见表 6-23。

表 6-23　尾矿坝抗震设计规定一览表

条款	内容（黑体为强条）
	GB 50863—2013
4. 1. 6	1. 地震设防烈度为Ⅶ度及Ⅶ度以下的地区宜采用上游式筑坝；地震设防烈度为 8 度~9 度的地区宜采用下游式或中线式筑坝，采用上游式筑坝应采取抗震措施
4. 4. 1	1. 尾矿库初期坝与堆积坝的抗滑稳定性应根据坝体材料及坝基的物理力学性质经计算确定。计算方法应采用简化毕肖普法或瑞典圆弧法，地震荷载按拟静力法计算。 2. 3 级及 3 级以下的尾矿坝可采用现行国家标准《中国地震动参数区划图》（GB 18306—2015）中的地震基本烈度作为地震设计烈度，当尾矿坝溃决产生严重次生灾害时，尾矿坝的地震设防标准应提高一档。1 级和 2 级尾矿坝的地震设计烈度应按经批准的场地危险性分析结果确定。地震荷载应按现行行业标准《水工建筑物抗震设计规范》（SL 203—1997）的有关规定进行计算
4. 4. 2	1. 对于级及级尾矿坝的抗滑稳定性，除了要按拟静力法计算外，应进行专门的动力抗震计算。地震液化分析、地震稳定分析和地震永久变形分析。 2. 位于设计烈度为Ⅶ度地区的级尾矿坝和设计烈度为Ⅶ度及Ⅶ度以上地区的级和级尾矿坝，地震液化可采用简化计算分析法；级尾矿坝根据地震液化分析结果不利时，还应进行动力抗震计算。 3. 位于设计烈度为Ⅸ度（应是基本烈度）地区的各级尾矿坝，或位于Ⅷ度地区的级及级以上的尾矿坝，抗震稳定分析除采用拟静力法外，尚应采用时程法进行分析，以综合判断坝体抗震安全。 4. 采用时程法计算分析时宜符合下列要求： （1）宜按材料的非线性应力应变关系计算地震前的初始剪应力状态； （2）宜采用室内动力试验测定材料的动力变形特性和抗液化强度； （3）采用等效线形（性）或非线性时程分析法求解地震应力和加速度反应； （4）根据地震作用效应计算可能滑动面的抗滑稳定性，并计算由地震引起的坝体永久变形； （5）至少应选取 2 条~3 条类似场地和地震地质环境的实测地震加速度记录和一条拟合人工地震加速度时程； （6）人工地震加速度时程的目标谱应为场地的反应谱； （7）地震加速度时程的峰值应为场地设计基本加速度值； （8）合成地震加速度时程的持续时间可按表 4. 4. 2 取值
	GB 50191—2012
23. 1. 2	尾矿坝的抗震等级应根据尾矿库容量和尾矿坝高按表 23. 1. 2 确定。当尾矿库溃坝将使下游城镇、工矿企业、生命线工程和区域生态环境遭受严重灾害时，尾矿坝的抗震等级应提高一级采用
23. 1. 3	三级、四级、五级尾矿坝的设计地震参数可根据现行国家标准《中国地震区划图》GB 18306—2015 的有关规定执行，一级、二级尾矿坝的设计地震参数应按经批准的场地地震安全性评价结果确定
23. 1. 6	Ⅵ度时，四级、五级尾矿坝可不进行抗震验算，但应符合相应的抗震构造措施要求
23. 1. 7	Ⅸ度时，除应进行抗震验算外尚应采取专门研究的抗震构造措施

续表 6-23

条款	内容（黑体为强条）
	GB 50191—2012
23. 1. 8	Ⅷ度和Ⅸ度时，一级、二级、三级尾矿坝应同时计入竖向地震作用，竖向地震动参数应取水平地震动参数的 2/3
23. 2. 2	尾矿坝的抗震计算应包括地震液化分析和地震稳定分析；一级、二级、三级尾矿坝，尚应地震永久变形分析
23. 2. 2	运行中的尾矿坝，当实际状态与原设计存在明显不同时，应重新进行抗震验算
23. 2. 10	对地震液化区的尾矿坝，尚应验算震后坝体抗滑稳定性
23. 3. 1	上游法筑坝的外坡坡度不宜大于 14°
23. 3. 2	尾矿坝的干滩长度不应小于坝体高度，且不应小于 40m
23. 3. 3	一级、二级、三级尾矿坝下游坡面浸润线埋深不宜小于 6 m，四、五级尾矿坝不宜小于 6m

从表 6-23 两规范的主要条款可知，两规范设防烈度都要求从Ⅵ度起。烈度地震参数按 GB 18306—2015 的规定选用，即采用建筑周期 50 年超越概率 10%的水准，这一水准加速度和各烈度的对应关系见表 6-24，这与水工抗震规范是不一致的。GB 50863—2013 关于“地震荷载应按现行行业标准《水工建筑物抗震设计规范》（SL 203—1997）的有关规定进行计算”的说法又多了一处“不好执行”。

抗震计算关于竖向地震的考虑，两个规范的要求，但也有小的差别。液化评价、时程法分析要求、构造措施、强条设置等方面，GB 50191—2012 做了有益补充。

表 6-24 地震加速度代表值和基本烈度的对应关系

地震加速度代表值	<0. 05*g*	0. 05*g*	0. 10*g*	0. 15*g*	0. 2*g*	0. 3*g*	>0. 4*g*
基本烈度	<Ⅵ	Ⅵ	Ⅶ		Ⅷ		>Ⅸ

注：摘自 GB 18306—2015。

如前所述，要保证尾矿坝与水工构筑物实现同一抗震设计目标，即遭遇设计烈度地震时，不发生严重破坏导致次生灾害。遭遇强震时，容许轻微破坏，但一经处理仍可正常使用，设计水平加速度至少应该采用水库大坝的规定，而不是房屋建筑的。

6.3.3 尾矿坝抗震设计和计算的相关规定

除了设防水准方面的规定与国内岩土抗震设计不接轨外，另外的问题是，尾矿坝过分重视提等和抗震计算分析，抗震措施方面的规定偏少且欠具体，有针对性的、操作性的、指导性规定也少。反映了尾矿坝设防减灾理念陈旧、认识不足、研究不够。

现有尾矿坝的抗震设计要求是清楚、明确的。《尾矿设施设计规范》（GB 50863—2013）关于尾矿库提等或尾矿坝提级的要求见表6-25。

表6-25　GB 50863—2013关于提等级的规定

序号	条款	内　容
1	3.3.1	当两者的等差为一等时，以高者为准；当等差大于一等时，按高者降一等
2	3.3.1	除一等库外，尾矿库失事将使下游重要城镇、工矿企业、铁路干线或高速公路等遭受严重灾害者，经充分论证后，其设计等别可提高一等
3	4.4.1-7	3级及3级以下的尾矿坝可采用现行国家标准《中国地震动参数区划图》GB 18306中的地震基本烈度作为地震设计烈度，当尾矿坝溃决产生严重次生灾害时，尾矿坝的地震设防标准应提高一档
4	6.1.1-2	尾矿库失事后会对下游环境造成极其严重危害，其防洪标准应提高，必要时可按可能最大洪水进行设计
5	23.1.2	当尾矿库溃坝将使下游城镇、工矿企业、生命线工程和区域生态环境遭受严重灾害时，尾矿坝的抗震等级应提高一级采用

如前所述，我国一直坚持“小震不坏、中震可修、大震不到”的设计目标。既然抗震设计必须考虑小中大三个水准，还有必要要求提等吗？在抗震计算中要提等级本意是提高计算时的加速度值，实际上也很难处置其他常规项是否也提等，如防洪，结构物的抗弯、抗剪，尾矿坝的地震专项研究。现在尾矿坝抗震设计中，一方面要求提高设防标准（使用较高的加速度、较长的地震动时间等），另一方面是提高计算分析要求（拟静力法、地震反应分析、液化评价、永久变形计算、专题研究等），最重要的是需要加强抗震工程措施的设计。尾矿坝抗震设计应该多举措并用。理想的做法似乎是：避开抗震不利地段、提高设防等级、提高分析论证要求、加强抗震措施设计齐用，不宜单一提高设计等级，从而提高了设计加速度。

关于抗震设计，建议对于Ⅷ度以上地区和100m以上的高坝，增加一个专门章节，集中叙述抗震减灾问题，并应该有下列基本内容：

（1）结合工程的抗震要求，选择对抗震有利的工程地段和场地，如果选择余地很小，例如，在既定场地上做设计，要搞清楚工程地质和地震地质条件。对软土、易液化土应该采取有针对性的处置措施。

（2）设计目标虽是尾矿坝，但必须考虑地基和邻近建筑物以及岸坡稳定性，特别是坝址附近的侧岸。在西南地区，烈度偏高，滑坡、泥石流多发，更应重视。

（3）虽然尾矿堆积坝的外坡比较缓，但初期坝有越来越高的趋势。目前，

50~70m 的初期坝，每年都能遇到几个。为初期坝选择安全、经济、合理的抗震结构方案和抗震工程措施尤为重要。

（4）在设计文件中，应从抗震减灾安全角度，提出对初期坝和坝下埋管的施工质量要求，堆积坝和排放管理要求和措施。

表 6-20 是一个可以考虑的尾矿坝抗震设计的建议方案，首先，它符合我国抗震设防的“顶层设计”，符合水工建筑物结构可靠性设计规范关于百年设计基准期的规定。中国的房屋建筑设计周期是 50 年，尾矿库的设计周期暂无法定要求。

6.3.4 尾矿坝抗震计算和分析

新构筑物抗震设计规范（GB 50191—2012）关于尾矿坝抗震共有 25 条、8 款、三个附录，对尾矿坝抗震设计有具体要求。尾矿坝的抗震计算应包括地震液化分析和地震稳定分析；一级、二级、三级尾矿坝应进行地震永久变形分析。本节不具体叙述地震液化评价的具体方法，主要讨论常用的拟静力法中水平地震力计算的有关问题，介绍尾矿坝地震反应分析的加速度成果。

《水工建筑物抗震设计规范》(SL 203—1997)，用式（6-1）计算水平地震力 F_i：

$$F_i = \frac{0.25a_h\alpha_i}{g}G_{Ei} = K_iG_{Ei} \tag{6-1}$$

式中 F_i——水平向地震惯性力代表值；

0.25——地震效应综合折减系数；

G_{Ei}——重力作用标准值；

a_h——水平向设计地震加速度代表值，按地震烈度Ⅶ、Ⅷ、Ⅸ度分别取 0.1g、0.2g、0.4g；

g——重力加速度；

α_i——加速度沿坝高的动态反应分布系数，按地震烈度Ⅶ、Ⅷ、Ⅸ度时，取 α_{max} 分别为 3.0、2.5、2.0。

对于坝高大于 40m 的高坝，要求在 0.6H 处按 1.0+（α_m−1）/3取动态分布系数，见表 6-26。

K_i 在美国是 0.05~0.15 之间，在日本这个经验数值是 0.12~0.25 之间，苏联，Ⅵ度、Ⅶ度、Ⅷ度、Ⅸ度分别使用 0.025、0.05、0.10、0.20，在《水工建筑物抗震设计规范》(SDJ 10—1978）之前，我国也这么用；SDJ 10—1978 以后有了改进，在此期间，K_i 大约 0.075~0.2 之间。图 6-44 所示是我国碾压式坝 α_{max} 的范围。

表 6-26　土石坝坝体地震惯性力的动态分布系数 α_i

SL 203—1997		GB 50191—2012
坝高 $H \leqslant 40m$	坝高 $H>40m$	任意坝高
a_m, a_i, H, H_f, 1.0	a_m, a_i, $1.0+(a_m-1)/3$, H, h_f, $0.6H$, 1.0	2.0, α_i, H, H_i, $0.6H$, 1.0

碾压式土坝，由坝顶算起的加速度分布在 B3、B4 范围内，如图 6-45 所示。1978 版《水工构筑物抗震规范》推荐使用范围在 B1、B2 范围内如图 6-45 所示。金堆城木子沟尾矿坝、栗西沟尾矿坝、铜陵狮子山尾矿坝、武钢大冶白雉山尾矿坝、御驾泉尾矿坝等的动力分析研究表明，尾矿坝最大加速度反应比碾压式坝低，动态反应系数在坝高 $0.6H$ 和坝基处取 $a_i = 1.0$，坝顶取 $a_i = 2.0$（GB 50191—2012）。

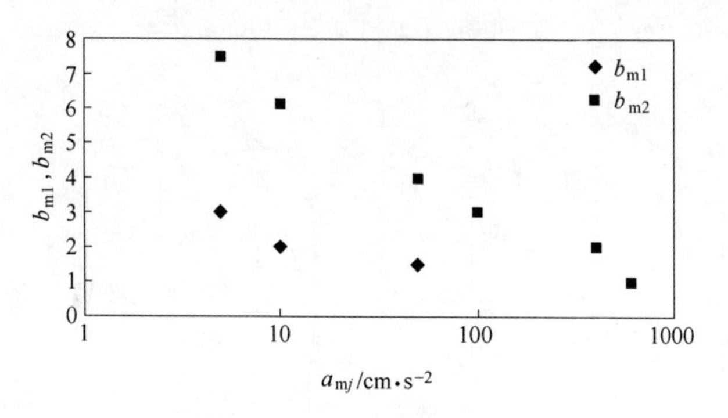

图 6-44　基岩和坝顶加速度

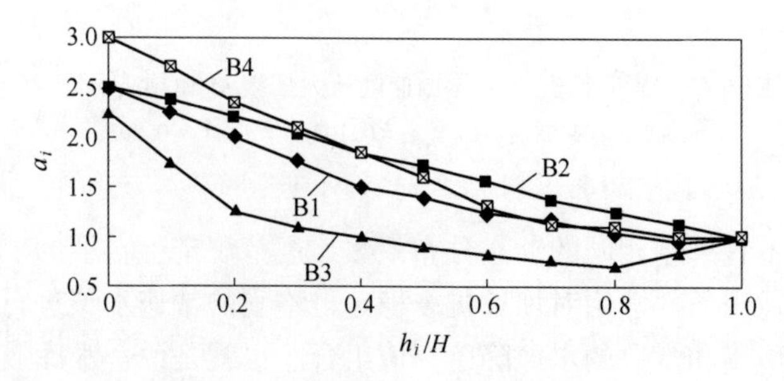

图 6-45　土石坝设计的水平加速度

有学者根据高坝的分析结果，得到了不同的加速度动态分布系数[41]，如图 6-46 和图 6-47 所示。据此建议调整土石坝动态分布系数，或者考虑坝高、工况等不同因素。规范给出的坝体动态分布系数分布图主要是依据 150m 以下的土石坝观测和计算值确定的。而目前我国大量兴建 200m，甚至 300m 以上的高坝、特高坝的分析结果表明，在相对坝高 0.75H 以上加速度放大倍数有明显增加，并不是 0.6H；因此，需要对不同高度的坝体分别给出动态分布系数图。

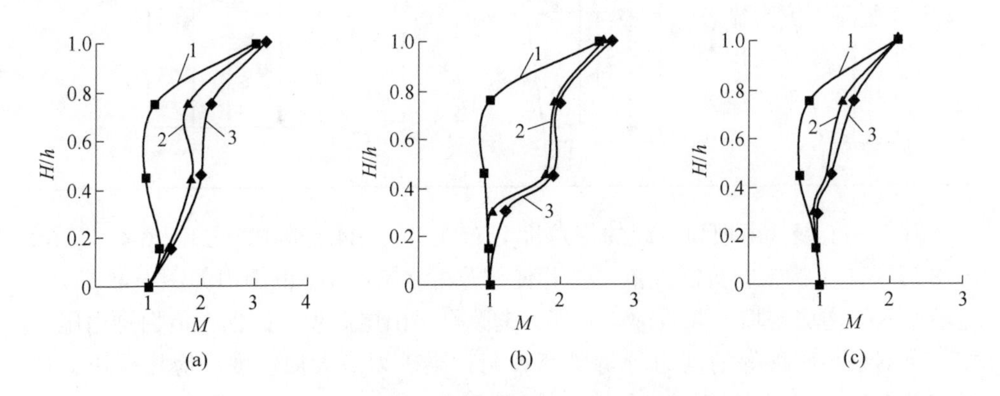

图 6-46 空库情况下坝体加速度放大倍数 M 随坝高分布[41]

(a) $A_c=0.087g$；(b) $A_s=0.107g$；(c) $A_x=0.203g$

1—中间点；2—上游点；3—下游点

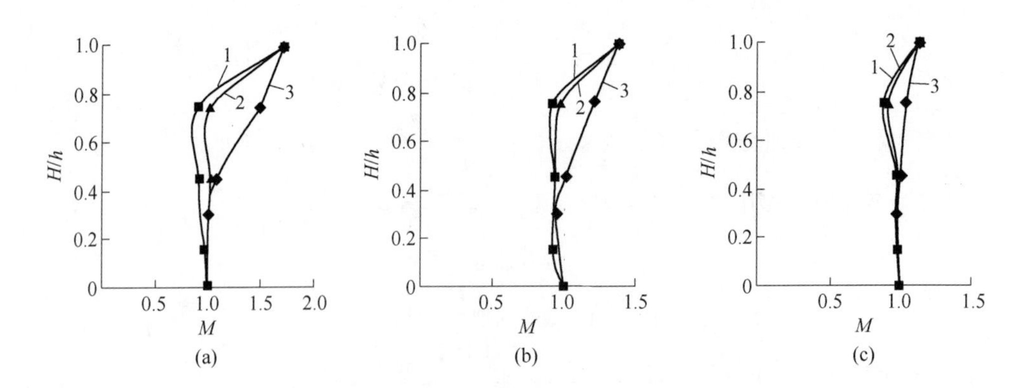

图 6-47 满库情况下坝体加速度放大倍数 M 随坝高分布[41]

(a) $A_x=0.087g$；(b) $A_x=0.107g$；(c) $A_x=0.203g$

1—中间点；2—上游点；3—下游点

不同工况不宜采用相同的动态分布系数。规范规定土石坝的上游坝坡抗震稳定计算应根据运用条件选用对坝坡抗震稳定最不利的常遇水位进行抗震计算，需要时应将地震作用和常遇的水位降落幅值组合。也就是说，水库放空检修期或者水位降落期也应该进行验算，防止发生坝坡振动失稳。计算反映出空库的加速度放大倍数明显比满库大，延伸这一结果，就是邻空斜坡的加速度放大倍数大。如果空库采用与满库时相同的动态分布系数就不太合理。因此，动态分布图最好区分空库和满库工况，并且空库时的动态分布系数应比满库时取值偏大。

坝体上下游坝面与中心点不适宜采用相同的动态分布系数。根据计算值和试验值分析，上下游坝坡的加速度放大倍数大于中心线上的测点，且在相对坝高 0.45*H* 以上部位更为显著，甚至可能达到中心线测点的 2 倍以上。在计算坝坡抗震稳定时，更应该采用的是上下游坝坡的加速度放大倍数而不是中心线上的放大倍数。如果采用平均值或者中心线上的值来取动态分布系数，则可能造成计算结果偏危险。因此，最好分别给出中心线、上下游坝坡的动态分布系数分布图。

河谷坝段和岸坡坝段不适宜采用相同的动态分布系数。根据模型试验结果，由于坝肩端部约束的影响，无论坝顶还是上下游测线，均表现为加速度放大倍数在河谷坝段最为强烈，沿两侧岸坡方向逐步减小。因此将所有坝段取河谷坝段动态分布系数不太合理，不过计算结果仍偏于安全。

尾矿坝以前都按碾压式土石坝规定计算，新的规范《构筑物抗震设计规范》(GB 50191—2012) 提出了新的计算要求，见表 6-26。核心是任意坝高都考虑 0.6*H* 以上放大动态系数（在 1 和 2 之间），坝顶动态系数最大取 2.0。从图 6-46 和图 6-47 看，满库时下游坡的动态系数没有大于 1.5 的，且加速度越大动态系数趋小。空库时，动态系数在 2~3 之间。可见，计算初期坝稳定时，不宜使用 GB 50191—2012 推荐的数据。特别是高于 40m 的初期坝，验算空库，即外坝坡稳定时，还是用土石坝的规定更安全。

6.3.5 尾矿坝地震加速度反应分析结果

1980 年以来，多用有限元法进行地震反应分析，评价液化。1984 年，冶金建筑研究总院对加拿大进行尾矿坝技术考察后，中加开始技术合作，研究中国尾矿坝抗震安全度。这是唐山、海城地震后两个土石坝专题调查研究以来，投入最大、时间最长、水平最高的专题研究。研究的一些代表性成果见 1994~1995 年的《工业建筑》。以下介绍国内较早进行的几个尾矿坝的地震反应分析结果，多为 1992 年以前的尾矿专业学术会上交流的论文。笔者把整理的一部分数据曾经在小范围交流过。

6.3.5.1 金堆城木子沟尾矿坝和栗西沟尾矿坝

金堆城钼业公司木子沟尾矿坝初期坝高 63.2m，设计最终坝高 135m（坝顶标高 1250m）。动力分析时堆坝高 97.48m，外坡 1：5。初期坝为露天采矿废石，堆积坝上层为细砂，中层为粉砂，下层为轻亚黏土。坝基为较薄碎石层和石英岩。栗西沟尾矿坝初期坝高 41m，设计最终坝高 165m（坝顶标高 1300m），外坡 1∶5。分析中坝料按木子沟坝的构造，坝基为较薄碎石层和石英岩。

1556 年 1 月 23 日，华县发生了 8 级大地震，震源深度 40km。这次地震震中距尾矿坝约 5km。输入地震采用迁安波，卓越周期由 0.14s 调整为 0.35s，最大加速度幅值采用 0.1g 和 0.2g，历时约 10 余秒。根据江涛、谭昌奉、王世希等 1983 年尾矿会议交流文章整理的加速度反应数据如图 6-48、图 6-49 及表 6-27、表 6-28 所示。加速度的放大倍数不大于 1.4。

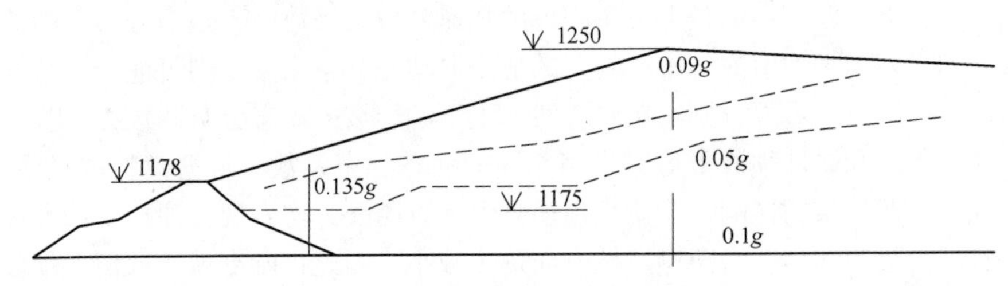

图 6-48　金堆城木子沟尾矿坝

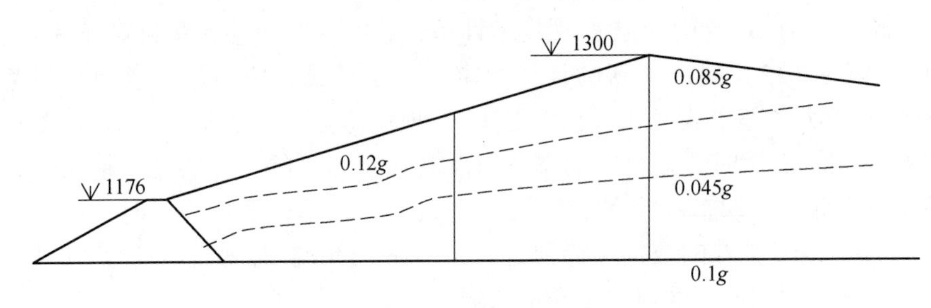

图 6-49　金堆城栗西沟尾矿坝

表 6-27　金堆城木子沟尾矿坝加速度反应

位置和节点号	标高/m	总应力		有效应力		备注
		反应 1	反应 2	反应 1	反应 2	反应 1，0.1g
堆积坝顶　129	1250	0.09g	0.15g	0.08g	0.11g	
堆积坝内　124	1166	0.05g	0.09g	0.045g	0.08g	反应 2，0.2g
堆积坝坡　47	1196	0.135g	0.26g	0.12g	0.22g	

注：数据来源于江涛等交流文章。

表 6-28　金堆城栗西沟尾矿坝加速度反应

位置和节点号	标高/m	总应力		有效应力		备注
		反应 1	反应 2	反应 1	反应 2	反应 1，0.1g
堆积坝顶　134	1300	0.085g	0.115g	0.07g	0.1g	
堆积坝内　128	1230	0.045g	0.08g	0.04g	0.07g	反应 2，0.2g
堆积坝坡　78	1276	0.12g	0.18g	0.07g	0.115g	

6.3.5.2 铜陵狮子铜矿杨山冲尾矿坝

杨山冲尾矿坝由原南昌有色设计院设计。初期坝为亚黏土均质坝，高 12m。主坝长 150m，副坝长 80m，平面上呈 L 形。尾矿筑坝采用上游法，总高 75m，库容 750 万立方米。

1979 年以前在初期主坝标高 24.7~30m 一带常年潮湿，蒲草丛生。尾矿堆积坝在标高 30~35m 贴坡反滤大量渗水，实测渗水量 1139.4m³/d。有 25 处不同程度涌砂，11 处因流失尾砂下陷。在标高 3~38m 常年湿润。副坝在标高 64.6m 以下也相当严重。1979 年下半年开始整治坝坡，改善管理，取得了初步效果。但动力计算稳定性差，必须按抗震要求进行治理。狮子山铜矿、南昌有色设计院组织勘察单位和高校共同攻关，于 1987 年 8 月施工了三组垂直水平联合排渗，使得浸润线降到坝坡下 5.8~6.5m。

动力反应的分析结果如图 6-50 和表 6-29 所示。

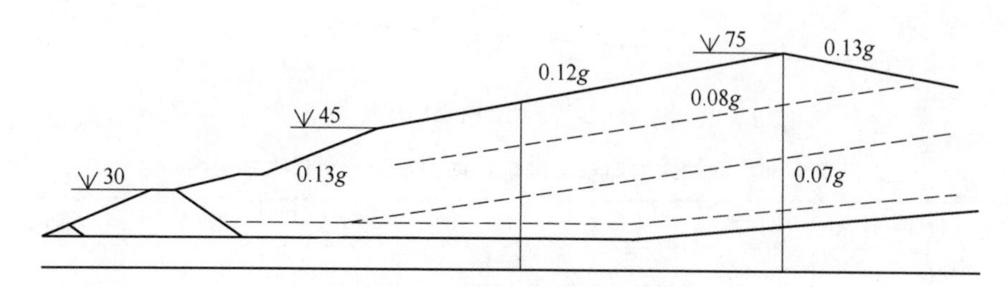

图 6-50 铜陵狮子山尾矿坝

表 6-29 铜陵狮子山尾矿坝动力反应分析最大加速度

位置和节点号	标高	反应	放大系数	备注
堆积坝顶 69	75	0.13g	1.3	输入地震为 1976 年 8 月 31 日唐山地震时迁安记录到的强余震，周期由 0.14s 调整到 0.28s，最大加速度 0.10g，历时 10s
堆积坝内 66	55	0.08g	0.8	
堆积坝内 64	35	0.07g	0.7	
堆积坝坡 121	57	0.12g	1.2	
堆积坝坡 89	40	0.13g	1.3	

6.3.5.3 武钢大冶白雉山尾矿坝

武钢大冶铁矿白雉山尾矿坝位于湖北省鄂州市碧石镇，坝址以上长 3000 余米，两岸山坡陡峻，林木茂密。堆石初期坝高 24.5m，坝基置于漂石层，厚度 6~8m，以下为中风化闪长岩。

尾矿坝总高 113.5m，尾矿堆积坝高 89m，堆坝平均坡比 1∶5。坝前支管分散排放，重量浓度40%。据《武钢大冶铁矿白雉山尾矿坝筑坝技术与坝体动力稳定性分析试验研究》，1988年建成投产后，该坝“离坝顶30m滩面不能进入，无法取砂筑坝。”

根据筑坝试验结果，稳定和动力分析的断面自堆积坝坡向下依次为粗砂（D_{50}=0.058mm）、中砂（D_{50}=0.053mm）、细砂（D_{50}=0.043mm）、矿泥（D_{50}=0.010mm）。通篇报告看，尾矿不会有粗砂、中砂和细砂，疑为粗中细三种尾矿的意思。

动力分析的输入和方法与木子沟和栗西沟的一样，加速度反应结果如图6-51和表6-30所示。

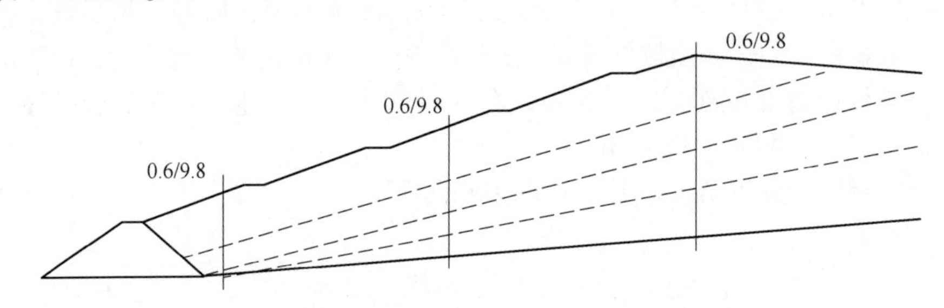

图6-51　武钢大冶白雉山尾矿坝

表6-30　武钢大冶白雉山尾矿坝动力反应分析最大加速度

位置和节点号	标高	总应力1	放大系数	有效应力	放大系数	备注
堆积坝顶　136	186	0.045g	0.45	0.06g	0.6	
堆积坝内　132		0.033g	0.33	0.03g	0.3	
堆积坝坡-中　87		0.06g	0.6	0.06g	0.6	
堆积坝坡-下　31		0.1g	1.0	0.11g	1.1	

注：输入地震为1976年8月31日唐山地震时迁安记录到的强余震，周期由0.14s调整到0.35s，最大加速度0.1g，历时10s。

6.3.5.4　鲁中尾矿坝1995年动力反应分析的加速度结果

尾矿砂和尾矿泥的动力本构关系模型采用非线性黏弹性模型。因尾矿泥的渗透性很小，动荷载作用下的孔压滞后，使测得的孔压发展过程线严重失真，无法准确分析坝体孔隙水压力的发展过程。因此该计算采用总应力法，以动应力是否达到土的动强度或等价振次是否等于破坏振次作为破坏标准。如前述，尾矿泥尚未完成自重固结，且固结度分布不均，在分析中应该按不同固结度采用不同的动力参数。为了简化计算，按矿泥的平均固结度分别为40%、60%和80%三种情况进行计算[59]。

通过静力分析得到的震前应力状态、大主应力、小主应力、应力水平等。固结比的等值线在边坡和滩面附近 1.6 左右，余均在 2.0~2.4。

由于尾矿，特别是尾矿泥震动软化，各种固结度条件下，坝体震后自振周期都比震前明显加大，见表 6-31。因为输入地震的主震周期为 0.3s，与坝体周期相差较大，预期地震反应不大，图 6-52 所示是某个断面（位置见图 6-53）检测到的输入和输出加速度值，坝顶的加速度变小了。

表 6-31　坝体震前振后的圆频率和自振周期

固结度/%		40	60	80
震前	圆频率/弧度	3.04	3.36	3.62
	自振周期/s	2.06	1.87	1.74
震后	圆频率/弧度	1.82	2.52	2.73
	自振周期/s	3.45	2.49	2.30

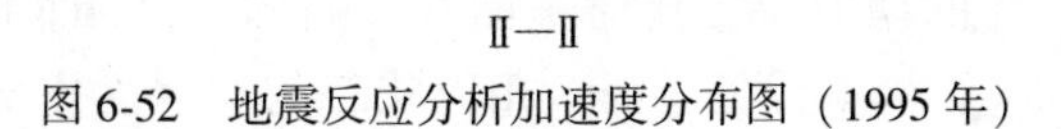

图 6-52　地震反应分析加速度分布图（1995 年）

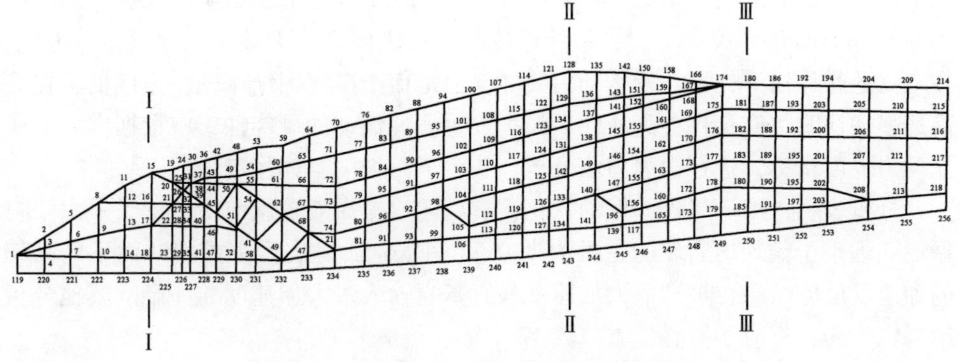

图 6-53　鲁中的单元划分和研究的断面位置

以堆积坝顶断面为例，不同高程的最大加速度如图 6-52 和表 6-32～表 6-34 所示。各高程的加速度没有被放大，几乎比基岩的小了一半。另外，固结度不同对加速度无大影响。估计这是尾矿坝体积大、土质软、自振周期大的缘故。

表 6-32　鲁中尾矿坝断面 I 动力反应分析的加速度放大系数结果

节点号	15	16	17	18	224	备注
固结度 U=40%	0.666	0.654	0.642	0.687	1.225	由 15 号起到坝底
固结度 U=60%	0.649	0.644	0.630	0.657	1.225	
固结度 U=80%	0.6390	0.641	0.628	0.648	1.225	

注：输入地震周期 T_g=0.3s，加速度 a=0.125g。

表 6-33　鲁中尾矿坝断面Ⅱ动力反应分析的加速度放大系数结果

节点号	128	129	130	131	132	133	134	243	备注
固结度 U=40%	0.386	0.372	0.363	0.281	0.367	0.531	0.643	1.225	128 号起到坝底
固结度 U=60%	0.309	0.386	0.376	0.295	0.379	0.506	0.587	1.225	
固结度 U=80%	0.434	0.396	0.386	0.332	0.368	0.451	0.579	1.225	

注：输入地震周期 T_g=0.3s，加速度 a=0.125g。

表 6-34　鲁中尾矿坝断面Ⅲ动力反应分析的加速度放大系数结果

节点号	180	181	182	183	184	185	250	备注
固结度 U=40%	0.665	0.432	0.289	0.317	0.523	0.692	1.225	180 号起到坝底
固结度 U=60%	0.693	0.400	0.376	0.399	0.558	0.634	1.225	
固结度 U=80%	0.635	0.438	0.362	0.415	0.592	0.612	1.225	

注：输入地震周期 T_g=0.3s，加速度 a=0.125g。

最大剪应力比 τ_d/σ_3 出现于坝顶前滩面的 180～204 各单元（单元划分见图 6-53），根据 198 单元的动剪应力比时程曲线，当固结度 40%时，最大值在 204 单元，$\tau_d/\sigma_3=0.1268$，该单元是矿泥，相应状态的动强度比 $\tau_{df}/\sigma_3=0.6$，即单元抵抗动力破坏的安全系数为 4.9，其他单元的安全度都比 204 单元高。固结度为 60%和 80%的情况类似。各种计算情况下，坝体内均无破坏单元发生。因此，在 7 度地震作用下，不会发生动力破坏。但是由于矿泥固结度低、强度低，在升高速率加快时，应警惕在高液性矿泥区发生塑性流动的可能性，应根据实测的矿泥动力强度指标，进行拟静力法分析，鉴定下游坡的整体稳定性。

分析表明，由于尾矿的振动软化，震后的自振周期较震前明显加大。由于自振周期远小于输入地震波的主振周期 0.3s，图 6-52 是震后主要坝断面不同高程的加速度反应结果，坝顶最大加速度只有基岩输入最大加速度的一半。其他分析结果也一样，反应不敏感，数值较小。

以上内容支持上游式尾矿坝动态系数可以与水坝不同，按 GB 50191—2012

规定，一律采用2.0。碾压式坝、挡水坝（主体不与沉积尾矿接触），还需斟酌是否也适宜用2.0，而与烈度坝料和坝高都无关。

6.3.6 关于拟静力法的讨论

6.3.6.1 拟静力方法的评价

著名的地震工程学家胡聿贤曾引述土力学泰斗的一段话，用来说明拟静力法在描述地震效应和不同土类的地震反应方面存在的缺陷。“早在1950年，泰沙基就明确指出，‘假定水平加速度永久地只是向一个方向作用于边坡材料上，所以，它所代表的作用于边坡的地震作用是很不准确的，从理论上说，安全系数等于1.0应表示滑坡，但是实际上即使安全系数小于1.0，边坡仍然可能稳定，而在安全系数大于1.0时，却可能破坏，视边坡形成的材料特性而定。最稳定的材料是在塑性状态下灵敏度低的黏土、密砂，以及在水位线上的松砂。最敏感的材料是略有黏性的粒料，如黄土以及在水下或部分在水下的黏砂’。泰沙基在土力学的各个方面都有很大影响，但在土坝抗震设计上，他的警告却未被注意，土坝仍然按这样的拟静力法设计，而且采用的地震系数比上述数值（地震影响系数为Ⅵ度用0.1、Ⅹ度用0.25、灾难性区域用0.5）小得多。”如前述，美国采用地震力系数0.05~0.15，日本小于0.2，中国水电是0.075~0.2。对此，文献［42］评价说，在世界强震区都采用了相似的数值，工程师们显然认为这样的数值就是他们用来保证抗震稳定到适当程度所需要的。似乎对边坡材料的性质并无特殊考虑，若计算的安全系数大于1.0，就认为抗震稳定问题已满意地得到解决。实际上，拟静力法不能保证预测砂性堤坝或建于砂性地基上的堤坝的破坏，有些坝已经发生这种破坏，但用拟静力法不能确认这种破坏。密云白河主坝地震实测坝基加速度0.05g，坝顶最大加速度0.16g，强震最大持续约30s。按拟静力法设计和复核，坝坡都不应该破坏，实际坏了。

6.3.6.2 对拟静力法的应用建议

关于地震荷载这种拟静力的简化其实不仅是作用方向问题，全面描述地震荷载的特性需要振幅、频率、持续时间和波形等要素。拟静力法把地震力作用在滑动方向上是一种假定。

关于土坡材料的特性是一个重要因素，工程界的共识似乎是黏性土，特别是老黏土、硬黏土、密实的砂粒料等坝坡，预测结果的可信度高。对于容易液化的饱和松砂、少黏性土坡和地基预测结果的可信度就差，需要做一些限制。持这一认知的学者的依据是液化过程中，孔压升高到一定数值，有效摩擦角降低约15%的，这就不宜用拟静力法了。尾矿堆积坝多为水力冲填的而非碾压式土石坝，多为尾细砂、尾粉砂、尾粉土、尾轻压黏土，都属于对地震“最敏感的材料”。建议在总应力法稳定计算的时候，按尾矿密实程度、饱和状态、振动孔隙水压力等情况对抗剪强度参数进行折减使用。

6.3.6.3　设计峰值加速度的取值和计算问题

《构筑物抗震设计规范》(GB 50191—2012) 和《尾矿设施设计规范》(GB 50863—2013)都没有按照《抗震设防烈度分类标准》(GB 50223—2008)的设防分类要求进行设防。由于《水工建筑物抗震设计规范》(SL 203—1997)与国家设防分类一致，GB 50863—2013 要求“地震荷载应按 SL 203 的有关规定进行计算”，还需要注意以下问题：

(1) 水工建筑的基本周期是 100 年，城乡建筑的基本周期是 50 年；国家地震区划图的峰值加速度水准是 50 年周期超越概率 10%。在选取设计加速度时要考虑这类不同的规定和要求。大坝抗震设计要求“烈度为Ⅷ度及Ⅷ度以上地区坝高超过 150m 的大 (1) 型工程，应做专门的地震危险性分析提供基岩峰值加速度超越概率成果，其设计地震加速度代表值的概率水准对壅水建筑物应取基准期 100 年内超越概率为 0.02，对非壅水建筑物应取基准期 50 年内超越概率为 0.05；其他特殊情况需要采用高于基本烈度的设计烈度时应经主管部门批准”。遇到 2 级以上尾矿坝，从震标或者建标直接查用的设计加速度水准是 50 年周期超越概率 10%，不是大坝抗震要求的。为了帮助了解他们的区别，绘制了某场地地震危险性的概率如图 6-54[16] 所示，图 6-54 横坐标是峰值加速度和震级，纵坐标是超越概率，峰值加速度是随周期和超越概率变化的。

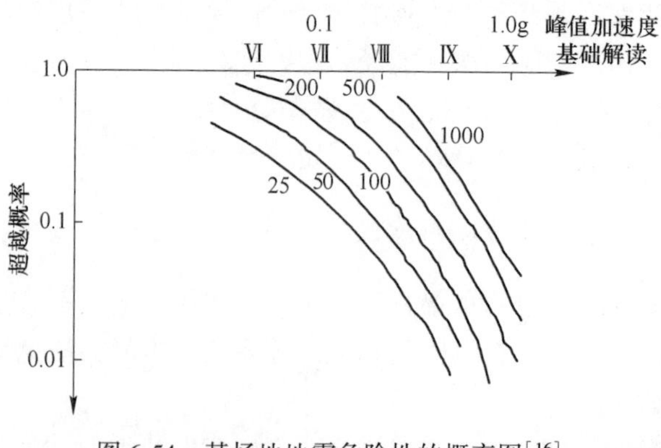

图 6-54　某场地地震危险性的概率图[16]

(2) SL 203—1997 的设防分类执行 GB 50223—2008 的分类规定，如果参照执行，就是默认一个假定：所谓 1 等和 2 等库或一级、二级尾矿坝等同于 1 级、2 级壅水水工建筑物。由于尾矿库的库容远小于水库，多数只能满足坝高规定，不满足水库大坝关于库容的规定。从环保角度，对于储存有害物质的库，也不能按高和库容量决定其抗震设计，需综合协调决策。

（3）三个设防水准和两个阶段设计的要求

《选矿厂尾矿设施设计规范》(GB 50863—2013)要求尾矿坝稳定计算“应采用简化毕肖普法或瑞典圆弧法，地震荷载按拟静力法计算”。拟静力法计算地震荷载的主要工作就是选择合适的峰值加速度。对此，GB 50863—2013 和《构筑物抗震设计规范》(GB 50191—2012) 有大致相同的规定，都没有提到抗震设计目标和设计计算的程序性问题。

构规 GB 50191—2012，第 1.03 条规定设防目标是：遭遇低于本地设防烈度的多遇地震时，主体结构不受损坏或不需修理；当遭受相当于本地烈度地震时，结构的损坏经一般修理即可使用；当遭受高于本地烈度的地震时，不应发生整体倒塌。这一目标就是“小震不坏，中震可修，大震不到”。这与“三个设防水准和两个阶段设计的要求”一致。对于各类构筑物第一阶段设计任务是用多遇或设防地震水准进行结构强度验算。大多数结构可以通过概念设计和构造措施设计来满足第三水准（罕遇地震）的要求。有些重要和地震易倒的构筑物需要进行弹塑性变形和薄弱部位的弹性变形验算以及地基和土工结构的液化评价。这一设计思想和目标，在尾矿坝抗震设计中体现得不够充分。要求抗震设计“提等”，要求高等级库和高烈度区采用时程法计算，这些似乎在“三个设防水准和两个阶段设计”中都有了。

7　尾矿坝的事故分析和防范

本章介绍我国尾矿库安全状况，并对事故进行分析。本章部分内容曾以《中国尾矿库安全现状》为题，发表在全国尾矿库高峰论坛文集上（武汉 2018 年 4 月）。以较大的样本数量，首次给出了事故概率的统计结果，并且分为大事件和小事件，其中大事件类似于溃坝。为混凝土结构、水库大坝等工程提供了可比指标，为制定尾矿库的安全标准提供了参考数据。此外，还增加了“减少尾矿库事故”的内容。

从尾矿库事故性质上看，每一起事故都是环境污染事故。在党的十九大提出“三大攻坚战”的背景下，减少尾矿库事故具有政治、社会、经济多重意义。

比较尾矿库的大事故统计失效率与国内外相关行业，可知：

（1）2010 年以来的尾矿库大事件比例低于美国的西部土坝溃坝概率，出现了小于 0.2%的低值。

（2）2000 年以前，我国水库的溃坝概率不到万分之十，大坝安全的总体水平不输美国西部。2008 年、2010 年、2012 年，尾矿库的统计大事件概率万分比是 214.5、80.4、13.4。按照 100 年建筑周期计算，大事件平均年概率万分比是 2.145、0.804、0.134，小于万分之十。

（3）按照建筑混凝土结构可靠度设计标准，抗裂要求失效概率万分之七到十万分之一，抗弯要求失效概率是 1‰~4‰。2010~2014 年，尾矿库大事件统计概率逐年走低，（0.804、0.268、0.134、0.268、0.402（百分比））,所以，大事件的失效概率接近 1‰~8‰，相当于混凝土的抗弯失效概率要求低于抗裂的失效概率要求，这个结果不算很差。

7.1　概述

目前尾矿库事故分类统计的文章不少，但尚未见到有人给出类似事故率、溃坝率或失效概率这样的结果[43-46]。即没有人把当年尾矿库的各类事故量和库的保有量进行比较。没有这一成果，就没法与国内同类环境岩土工程或土木工程的安全状况比较，也就不知道尾矿坝的工程安全处于什么水平。

有一句话引用的人非常多，特别是尾矿库的安全评价报告，几乎每次审查这类报告都能见到这句话。第一次读到这句话是在文献［44］，第 40 页倒 9 行写道：“克拉克大学公害评定小组的研究表明，尾矿坝事故的危害，在世界 93 种事故、公害、和辐射隐患中，名列第18位。它仅次于核武器爆炸、DDT、神经毒气、和辐射以及其他13种公害，比航空失事、火灾、石棉有毒物、桥梁塌陷、黄色炸药爆炸以及其他60种公害严重。直接引起百人以上死亡的尾矿坝事故已不新鲜。”如果按照“直接引起百人以上死亡”的标准，水库大坝工程规模比尾矿库大，大飞机问世后，空难也很惨痛，还有化工火灾，甚至地质灾害（滑坡、泥石流），都有可能排在尾矿坝前边。这不是否定尾矿库失事的灾难，是想说任何统计都与样本有关，与时代背景有关。如今，全面理解和认识尾矿库的事故，科学实事求是地评价和对待尾矿库事故，需要增加样本数量。另外，事故和灾害应该是有区别，预防事故和防灾减灾也应有区别。为此，笔者选取了150个尾矿坝项目，175个事件或者事故样本，对以上问题进行初步探讨。时间从1957~2015年共58年。早期事件的样本取自文献［43~46］，比较晚的事故样本多取自政府和社会团体的官网，并查阅过有关文献予以核实[47~51]。

7.2 病害事故的分类

2000年，笔者曾经对71个项目、89个事件，选取其中78件进行了归类统计，结果见表7-1[49]。现在想来，事故分类是很困难的。难在分法很多，也难在许多事故是相关联的，或者说是多因素造成的，又不可能重复归类。也可以理解为事件总在发生、发展、变化中。小事件、事故、在一定条件下可以转化，有的变好，有的变坏；但重大事故、不可接受的灾害，一旦失去时机，人工几乎无法干预。

表7-1 国内尾矿库病害分类统计表

病害类型	病害事件类型的描述	所占比例/%			
(1)	(2)	(3)	(4)	(5)	(6)
Ⅰ	坝坡失稳，即各种滑坡	0	3.4	1.3	0
Ⅱ	初期坝漏矿	8.2	0	5.1	4.5
Ⅲ	雨水、尾矿浆造成的坝面拉沟，子坝溃口等	14.3	0	9.0	2.2
Ⅳ	筑坝困难，库内滑坡，喀斯特等	14.3	13.8	14.1	11.1
Ⅴ	坝坡、坝基、坝肩渗水，流土、坝面沼泽化	20.4	3.4	14.1	4.5
Ⅵ	排洪管、塔、斜槽隧洞，排渗管等构筑物破坏	32.7	20.8	28.2	33.3
Ⅶ	洪水漫顶，各种原因的溃坝	6.1	58.6	25.6	44.4
Ⅷ	地震引起的液化、裂缝、沉降、位移等	4.1	0	2.6	0
病害事件所属行业		黑色	有色	全国	灾害

事故按学科可以分为地基或地质问题，坝坡抗滑稳定问题、渗流问题和洪水问题等；还可以按不同工程规模或者不同时段，把各类事故分别统计研究[52]；

也可以按破坏的原因和机理分为设计问题、施工问题，考虑到施工有业主、承包商、监理三家，不能包括监管和中介等部门，近些年把施工改叫建设。事故的直接原因相对好确定，在事故的发生和发展过程中总能找到，且分歧不会太大；机理就复杂多了，不同的专业方向，可以找出不同的机理，同一个问题，也可以从不同的角度去分析，事故往往是多因素的组合。

本节的分类还延续了当年的思路，考虑到语言习惯，把罗马数字改用汉字名称，并将表 7-1 中的Ⅱ和Ⅴ并为一类，因为新资料中初期坝漏矿的小事件不多（表 7-2）。这个调整和样本的增加带来了一些小的变化，例如，滑坡事件多了，各类事件中几乎都有溃坝那样的大事故。排水构筑物的事故可以用“多得惊人”来描述，溃坝也很多。占比例较大的三类是塔、管、隧、斜槽等刚性结构的事故，跑矿和渗流事故以及遭遇洪水。

表 7-2　175 件事故分类和各类事故的简述

序号	事故类型	事故或现象的简单描述	对应
1	坝坡失稳	浆体冲刷坝面、溃口等	Ⅰ类
2	坝面冲刷	暴雨冲坝面、坝面拉沟、雨水冲沟	Ⅰ类
3	塔管隧等结构事故	排洪塔倾斜、排洪塔倒塌、塔堵漏矿、标号不足、回水管爆裂、坝下管断裂、支洞堵毁坏、竖井塌落、排水井拱板脱落、支管断裂等	Ⅵ类
4	跑矿和渗流事故	初期坝反滤失效、坝肩漏矿、初期坝管涌、严重渗漏、坝面潮湿、散浸、喷水、沼泽化、流土、废石坝漏矿等，高水位溃坝	Ⅱ、Ⅴ类
5	遭遇洪水	初期坝遇洪水、溃口、洪水漫顶、洪水溃坝、泥石流溃坝等	Ⅶ类
6	子坝问题	筑子坝困难、子坝溃口、子坝塌陷、子坝溃决、高水位溃坝、塌陷	Ⅳ类
7	其他事故	滩面冒砂、裂缝、塌陷、液化、排土场滑坡入库、取土触发山崩、扬沙、震毁、溶洞塌泄	Ⅳ、Ⅷ类

图 7-1 取自文献［49］，陈龙报道的 2001 年以来事故起数与本节的几乎相同。文献［50］引用了 60 余起事故，2001 年以来的事故量与图 7-1 也相同。这就证明了样本是可靠的。

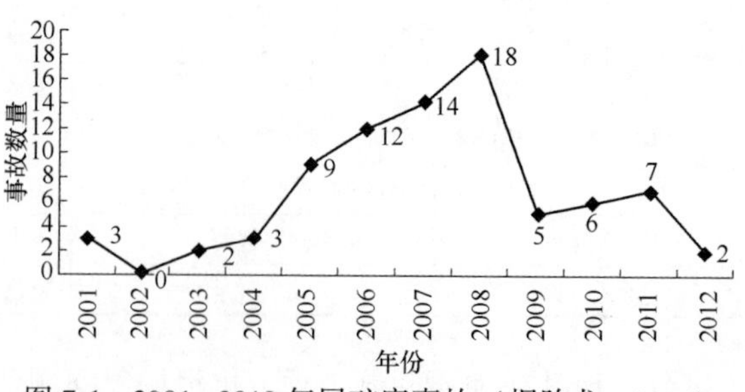

图 7-1　2001～2012 年尾矿库事故（据陈龙，2014）

7.3 统计结果的初步分析

对175个事件或者事故按表7-2分类给出了一个统计结果，见表7-3。表中把各类破坏事件中有死亡的、环境污染严重的、直接经济损失大的，叫大事件，单独予以统计。这109起大事件占62.3%。除了坝面冲刷，各类事件中都有大事件。刚性构筑物事故、跑矿和渗流、洪水事故率高达85.2%，其中大事件占54.3%。大事件比例高是样本因素，并不能代表行业尾矿库的常态。作为常态数据使用，建议参考表7-1。

表7-3 最新尾矿坝事故分类统计结果

破坏类别	坝坡失稳	冲刷坝面	塔管隧破坏	跑矿和渗流	遭遇洪水	子坝问题	其他破坏	合计
事件数量/起	14	4	60	44	32	13	8	175
事件频数/%	8.0	2.3	34.3	25.7	18.3	6.9	4.6	100%
其中大事件/起	10	0	26	27	31	11	4	109
大事件频数/%	5.71	0	14.86	15.43	17.71	6.29	2.29	62.29%

据此结果推论，尾矿库防范事故，首先应做好防止刚性构筑物、渗流、洪水这几件事，并重视后期堆坝，因为多数事故发生在运行中。如此，应能避免85%的事故，可以使，超过一半的大事故得以避免、减少或变小。

图7-2所示是我国近60年大小尾矿库事故的消长情况。基本情况归纳如下：

（1）这175起病害事故中，事故类型分为七大类：坝坡失稳、坝面冲刷、塔管隧等刚性结构事故、跑矿、渗流事故、遭遇洪水、子坝问题等。

（2）除了坝面冲刷，各类事件中都有大事件，大事件109起，占62.3%；刚性构筑物、跑矿和渗流、洪水事故率高达85.2%，其中大事件占54.3%。

（3）改革开放以前事故平稳，且大事件少，与矿山企业少相称。

（4）改革开放到2003年底，事故量增加，且大事故多了，与矿山的快速发

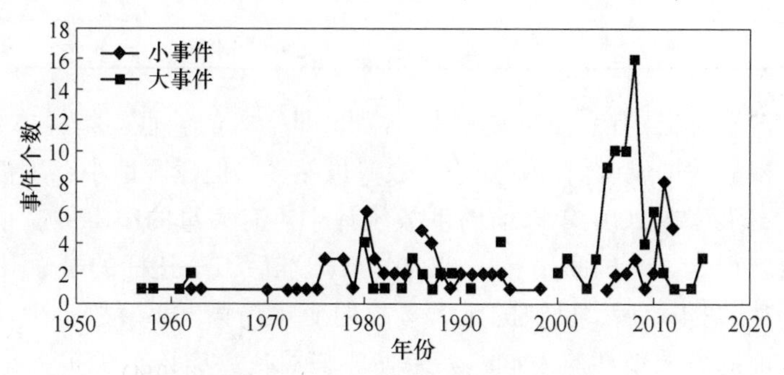

图7-2 1958年以来尾矿库事故情况

展有关。

（5）2003 年后，精矿价格飞涨，带动了事故骤增，与追逐利润有关。

这似乎提醒我们，尾矿库的安全生产事关下游环境、人员、财产的安全，可能不适应市场模式。

表 7-4 和图 7-3 是年度尾矿库事故总起数占当年尾矿库保有总数的百分比，可以当作尾矿库的统计事故率使用，有助于客观了解尾矿库事故率的变化，也方便与其他建筑物的失效概率进行比较。

2000 年前，尾矿库的总数根据文献［43］所记载的黑色、有色、黄金、化工四行业的合计，缺核工业和建材行业的数据，见表 7-4。746 座尾矿库总数显然偏低，0. 268%的失事率也偏高。

表 7-4　大小事故及其所占同期尾矿库总数的百分比

事故发生年份	尾矿库总数	事故总起数	其中大事件	占保有库数的百分比/%	大事件所占百分比/%
2000	746	2	2	0. 263	0. 263
2001	746	3	3	0. 402	0. 402
2002	746	0	0	0	0
2003	746	1	1	0. 134	0. 134
2004	2762	3	3	0. 109	0. 402
2005	3000	10	9	0. 333	1. 206
2006	3416	12	10	0. 351	1. 34
2007	7610	12	10	0. 158	1. 34
2008	10168	19	16	0. 187	2. 145
2009	12655	5	4	0. 040	0. 536
2010	11897	8	6	0. 067	0. 804
2011	12273	10	2	0. 081	0. 268
2012	11666	6	1	0. 051	0. 134
2014	11359	2	2	0. 018	0. 268
2015	8869	3	3	0. 034	0. 402

正确理解图 7-3，有一点需要引起重视。即样本的属性，指样本中小事件、事故、恶性事故的构成比例，事件小，数量虽然多，但危害性小；事件大，数量虽少，但危害大。在 2001 年以前的事故统计中，有大量的小事件、小事故。此后，小事故就很少了。国家出台了事故分级标准后，不达标的事故几乎见不到了。所以，从 2004 年后，反映的是大事故的变化趋势，小事故量少。同样的事故率，和以前的事故率性质不同。如果使它们可比，应该至少扩大小事故的数量，按图 7-3，2008 年的大事故比是 2. 145%，尾矿库的安全形势没有精矿价位

低的2003年以前好。

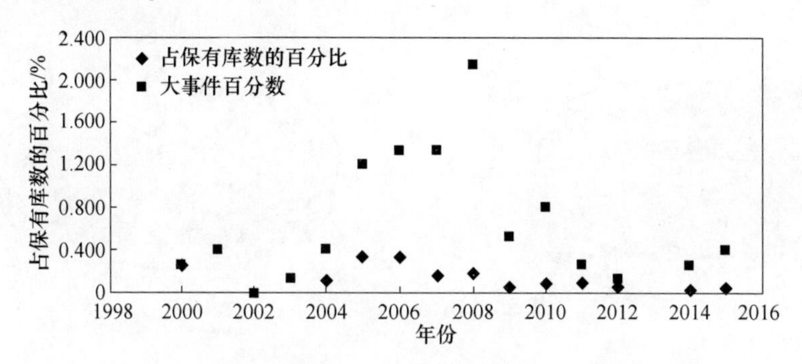

图7-3 尾矿失事起数占保有库的百分比

怎么概括尾矿坝事故的原因呢？从175个事件来看，从企业是责任主体角度看，尾矿库的事故高发的基本原因是：“乱作为，不作为。”怎么预防和减少事故呢？答曰：“不乱作为”。

“乱作为和不作为”，是指在尾矿库运行中的不当行为，结合具体的实例就比较好理解。以2008年9月8日“襄汾溃坝”为例，这个库有多项决策失当。启用太轻率，管理欠规范，扩容未经专业设计，滩面铺农用薄膜，坝坡用黄土覆盖，坝坡外过陡，把采矿水注入库内，尾矿库变为“高位回水池”。“不乱作为”显然可以减少事故。做到不乱作为并不容易，须从提高企业关于尾矿库安全运行的技术水平开始。不仅仅宣传“尾矿库如何重要”“多么危险”，要教他们关于后期筑坝和排放的技术；不仅仅要培训尾矿工，要培训决策层。不是说培训劳务层没有用，培训决策层才更管用。

乱作为不休，尾矿库事故不止。

7.4 我国尾矿库的安全现状

我国尾矿库的具体情况如下。

（1）现有8385座尾矿库。根据权威研究数据，自2012年来，我国尾矿库的总数一直在下降，如图7-4所示。2016年尾矿库有8385座，尾矿坝的数量肯定大于这个数据，因为有的库具有多座副坝。例如，马钢南山矿的凹山库有凹山主坝 、凹山1号副坝、凹山2号副坝、南山坳主坝、南山坳1号副坝、杨山口副坝、董耳山副坝、东南山口副坝、七联山口副坝共9座坝，轴线全长超过4km。

（2）黑色、有色、化工、建材等行业尾矿库多。这些尾矿库分布在黑色、有色、化工、建材等行业。黑色和有色矿山企业拥有尾矿库总量的89%，黑色接近一半。

（3）多数是四等和五等库。小库居多，五等库占61.4%，四等占26.7%，合计88.1%。

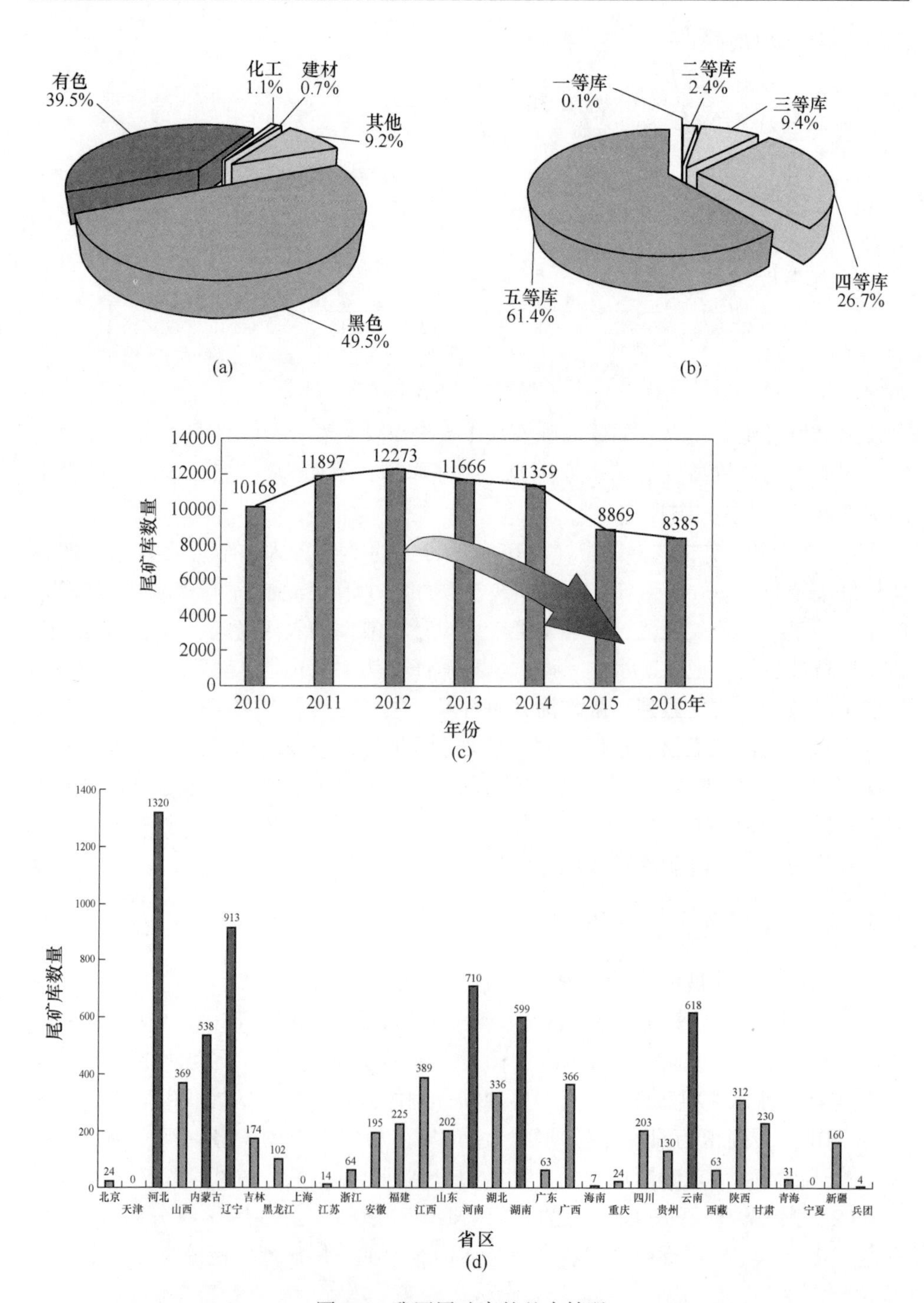

图 7-4　我国尾矿库的基本情况

（a）尾矿库行业分布；（b）按尾矿库等别；（c）全国尾矿库变化情况（据王启明，2017）；（d）尾矿库的地区分布（据王启明，2017）

（4）矿业大省区拥有77%的尾矿库。按地区分布，12个省区的尾矿库总数是6457，占全国的77%，有500座以上的河北、辽宁、河南、云南、湖南、内蒙古6个省区共4160座，拥有300座以上的江西、广西、湖北、山西、陕西、甘肃六省有2297座。

（5）安全状况随市场变化。根据表7-5，2016年没有危库和险库，2014年正常库的比例占到90.8%，病、险、危三种库占9.2%。这是一个很好的结果，说明我国尾矿库安全运行形势很好。但表7-6中，不到60%的持证率，就跟“安全形势很好”不协调。

表7-5　尾矿库运行现状

2014年和2016年尾矿库的安全度（2014年有3起、2016年有2起比较严重的事故）					
年份	危库	险库	病库	正常库	合计
2014	10	21	741	10586	11358
2016	0	0	391	7994	8385

注：数据来源于李培良，2017年。

表7-6　2014年度尾矿库运行状况

状况	持证	在用	在建	闭库	停用	回采	合计
座数	4990	3341	727	965	3287	65	11358
占比	59.5/%	39.84	8.67	11.51	39.2	0.78	100

注：数据来源于李培良，2017年。

发生在2014年和2015年的4个事故也不支持“安全形势很好”：1）2014年2月25日7时，金钼股份矿冶分公司百花岭选矿厂尾矿库，在回水井抢修过程中发生事故，造成1人死亡。2）宽城鸿泰建筑安装工程有限公司对停产的承德铁城矿业张家沟尾矿库排洪系统2号溢水塔实施清淤作业时，塔局部发生坍塌，泥浆涌入塔内，2人被埋。经全力抢救，2014年1月11日找到两名被埋人员遗体。3）2015年3月28日20时36分，吐鲁番市鄯善县通宝矿业有限责任公司铁精粉厂尾矿库，发生一起坍塌事故，死亡1人。4）2015年11月23日，陇星锑业选矿厂尾矿库排水井拱板破损脱落，共造成直接经济损失6120.79万元，约346km河道受污染，10.8万余人供水受影响。

尾矿库事故从2003年逐年上升，2008年达到峰值，后迅速回落。这与矿价升降、大量小企业开张和闭关是一致的。

（6）尾矿库不是非煤系统的事故大户。尾矿库事故及其发生的数量在非煤矿山中所占总事故量的比例并不算高。根据图7-5，两起重大事故占金属非矿山31起重大事故的6.45%；一起特大事故占金属非矿山6起特大事故的16.67%。然而，尾矿库事件的伤亡人数多、对环境的影响巨大，其严重性、恶劣性不可忽视。

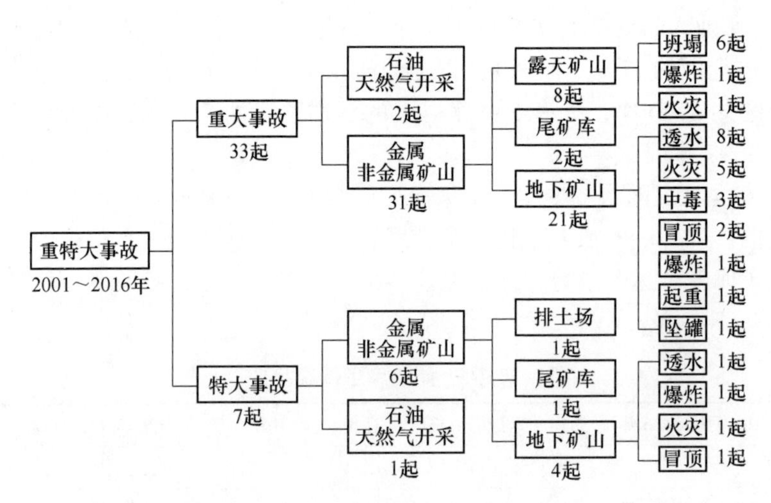

图 7-5　2000 年以来尾矿库事故统计（据王启明 ppt，2017）

（7）持证率和尾矿库安全度高不能准确反应安全形势。持证率低和 2014 年、2015 年已经发生的尾矿库事故，为什么不支持“安全形势很好”呢。这里，有一个通常不被人注意的现实，也是尾矿库的一大隐患。即按现行设计规范（GB 50863—2013），只有滩面平均坡度大于 1%的尾矿库防洪能达标。而实际运行中，安全滩长以远的平均滩面坡度不足 1%的库很多，据估计这类库总量大于 10%。自 1991 年上一版设计规范颁布至今，这类库都在撞“老天爷”的运气。有一个临时库，1987 年 3 月 16 日，堵完溢流塔的泄水孔后，“3 月 21 日凌晨 2 点 40 分，在尾矿坝东侧坝肩小子堤首先冲开缺口”“水漫溢初期坝，并在中部再开缺口[43]”。口顶宽 20m，底宽 9m，深 6.4m”，矿方抢险及时得当，“于凌晨 4 点截流成功”。

这个库没有挡住一个夜晚的放矿水，如何防洪水呀。规范要求安全滩长，也要求安全超高。它们都必须有足够的坝坡和足够的干滩长，才能保证水不漫顶。小库遇到细尾矿，是难以保证足够的滩坡、滩长的。小库事故高发，这是因素之一。

7.5　多角度认识尾矿库的大事件比例

7.5.1　与美国西部的土坝比较

现尝试把表 7-4 结果与各种工程类别的情况进行比较，表 7-7 是李雷等引述 1998 年美国西部大坝溃决事故的资料[52]，可以看出，大坝总溃决比例是万分之 116，略大于 1%；土坝溃决比例低于 1%；堆石坝最高，达到 8%。我国尾矿库 2008 年大事件所占百分比为 2.145%，是美国 1998 年西部土坝的约 2 倍，2010

年以来，大事件比例低于美国的西部土坝，出现了小于0.2%的低值。

表 7-7 美国西部地区大坝溃决情况

序号	坝别	溃决大坝数/起	大坝总数/座	所占比例	所占比例（换为万分比）
1	土坝	74	7812	0.009	94.72
2	堆石坝	17	200	0.085	850
3	拱坝	4	200	0.020	200
4	重力坝	4	285	0.014	140.4
5	总计	99	8497	0.012	116.5

注：据李雷等人。

相信我国尾矿坝的这个指标还有进一步降低的空间，改进尾矿库的运行管理，定能改善尾矿库的运行条件，其结果必然是降低各类事故率。

7.5.2 与建筑结构比较

大家天天在楼房居住、办公、娱乐，没有不安全感。那么构成大楼的梁、板、柱等混凝土构件是什么安全状态呢？根据国家《建筑结构可靠度设计统一标准》（GB 50068—2001）第3.0.11条规定，结构构件的安全等级和承载力极限状态可靠度指标应不小于表7-8的规定。表中可靠度指标β=2.7、3.2、3.7、4.2对应的百分数表示的失效概率P_f为0.35、0.069、0.011、0.0013。百分数0.035~0.0013表示的是混凝土结构总体的安全标准，抗裂要求万分之七到十万分之一，抗弯要求是1‰~4‰。面对这个失效概率，楼房格外安全吗？

2010~2014年，尾矿库大事件的百分比逐年走低，0.804、0.268、0.134、0.268、0.402，指标接近1‰~8‰，相当于混凝土的抗弯要求，达不到抗裂的安全要求。

表 7-8 构件安全等级和承载力极限状态可靠度指标

破坏类型	安全等级和可靠度指标			可靠度指标β对应的失效概率P_f
	一级	二级	三级	
延性破坏	3.7	3.2	2.7	β=2.7，P_f=0.0035；β=3.2，P_f=0.00069；
脆性破坏	4.2	3.7	3.2	β=3.7，P_f=0.00011；β=4.2，P_f=0.000013

尾矿库中的排洪构筑物多数是混凝土结构，设计采用水工标准，我国水工标准与建筑标准的区别在于工作环境和法定周期。水工混凝土结构因其环境更恶劣，设计周期长，要求更高。不便于维修，也是提高水工结构要求的重要理由。尾矿库混凝土结构的年度破坏百分率数据如图7-6所示，大部分是大事件，万分

之 0.1 到 0.9 这个结果不算很差。

必须提醒大家，应结合样本总数认识使用这一结果。样本中缺少管道开裂、漏水（漏水也分为管壁潮湿、微渗、滴水、水流如注）这类小事件。不同行业的规范、使用条件、养护条件都不同，应该有一个实事求是的态度。

必须指出，GB 50068—2001 所指失效概率是建筑周期内的平均概率。图 7-6 的数据不是建筑周期内的平均事故率。尾矿库的服务期是明确的，但设计周期没有法定数据。从执行的规范来说，水利部门的规范照理，设计周期是 100 年。照理，初期坝、排洪系统明确采用水利标准，考虑 100 年远高于常见尾矿坝的服务期。如果使用建筑部门的标准，则法定设计周期是 50 年。

有必要介绍结构可靠度设计的几个术语。失效概率 P_f 与可靠度指标 β 有如下关系：

$$P_f = \Phi(-\beta) \tag{7-1}$$

式中　$\Phi(\cdot)$ —— 标准正态分布函数。

可靠度与失效概率的关系：

$$Ps = 1 - P_f$$

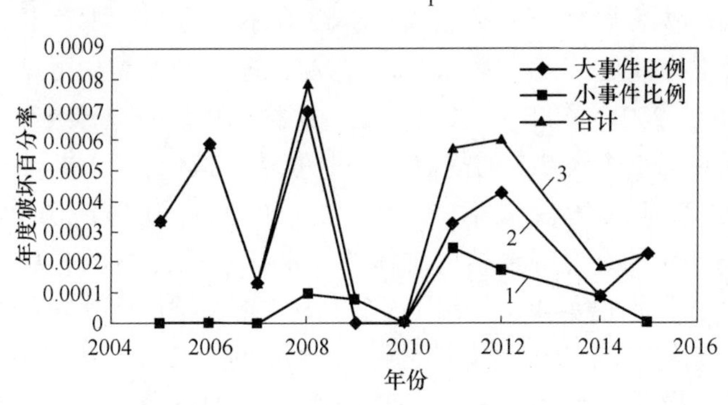

图 7-6　排洪构筑物破坏的百分率

可靠度指标 β：当结构只有作用效应 S 和抗力 R 两个基本变量，且均为正态分布时：

$$\beta = \frac{\mu_R - \mu_S}{\sqrt{\sigma_R^2 + \sigma_S^2}} \tag{7-2}$$

式中　μ_S，σ_S——结构作用效应的平均值和标准差；

μ_R，σ_R——结构抗力的平均值和标准差。

工程可承受的失效与工程等别、破坏类型、可靠度指标、设计基准期 t、寿命等因素有关。式 $P_{fT} = P_{ft}t/T$ 表示预期寿命期内的失效概率。这里 P_{ft} 是按可靠度指标确定的失效概率，t 是设计基准期，T 是工程的预期寿命。我国建筑结构件的设计使用期是5年、25年、50年、100年四类，建筑工程预期寿命超过100年的很多。所以，t/T肯定小于1.0，按可靠度指标确定的失效概率P_{fT}，应小于本节依据尾矿库失事案例和同期保有量计算的事故率。

根据上述，如果一座Ⅰ级大坝发生坝坡失稳那样的二类破坏，允许$\beta=4.2$，相应风险0.00031，设计基准期为100年，如果大坝本身寿命为500年，则以年计的失效概率就是0.000062。

7.5.3 尾矿坝的安全余度

本节从可靠性指标和安全系数的对应关系看尾矿坝的安全余度。

安全系数K、可靠度指标β是相互关联的，把安全系数K与可靠度指标建立联系，表7-9是安全系数在不同变异性时对应的破坏概率[53]。安全系数的变异性主要由地层、地下水、抗剪强度、计算方法构成。

$$\beta = \frac{K - 1}{\sqrt{K^2\sigma_R^2 + \sigma_s^2}} \tag{7-3}$$

式中 σ_s——结构作用效应的标准差；

σ_R——构抗力效应的标准差。

表7-9 安全系数在不同变异性时对应的破坏概率

安全系数 F	不同变异系数 V_F 的破坏概率/%							
	0.1		0.15		0.20		0.25	
	A	B	A	B	A	B	A	B
1.05	33.02	31.70	40.03	37.25	44.14	40.59	47.01	42.45
1.10	18.26	18.17	28.63	27.23	35.11	32.47	39.59	35.81
1.15	8.831	9.606	19.42	19.23	27.20	25.71	37.83	30.09
1.20	3.771	4.779	12.56	13.33	20.57	20.33	26.83	25.25
1.25	1.437	2.275	7.761	9.121	15.20	15.87	21.68	21.19
1.30	0.494	1.051	4.606	6.197	11.01	12.43	17.80	17.80
1.40	0.044	0.214	1.459	2.841	5.580	7.656	10.69	12.06
1.50	0.000	0.043	0.410	1.313	2.569	4.779	6.380	9.121
1.60		0.009	0.105	0.621	1.148	3.040	3.707	6.681
1.80		0.000	0.006	0.152	0.206	1.313	1.178	3.772
2.00			0.000	0.043	0.034	0.621	0.355	2.275
3.00				0.000	0.000	0.043	0.001	0.383

注：1. A按式$\beta=(\mu_F-1)/\sigma_F$计算，F为对数正态分布，B按式$\beta=(\mu_F-1)/\mu_F V_F$计算，$F$为正态分布。$\mu_F$、$\sigma_F$、$V_F$分别是安全系数$F$的平均值、标准差、变异系数。将破坏概率除以设计基准期（50年或100年）即得年破坏概率。

2. 摘自于DL/T 5353—2006。

我国尾矿坝设计规范要求坝坡稳定安全系数在 1.15～1.50 之间。如果控制变异性指标小到 0.15，坝的滑坡概率是理想的，其失效概率低于 20%，随着坝的等别提高，安全系数要求提高，抗滑破坏的概率可低至 0.4%以下。如果变异性很大，那么失效概率就大到难以接受。

为了了解沉积尾矿的变异性，表 7-10 和表 7-11 给出了尾矿坝勘察报告关于变异性的成果。

表 7-10 中线法尾矿坝直剪和压缩试验指标的变异性

尾矿名称	V_{Ceq}	$V_{\varphi cp}$	n	$V_{a1\text{-}2}$	$E_{s1\text{-}2}$	n
尾粉土①	0.32	0.11	19	0.23	0.21	44
尾粉质黏土①	0.41	0.06	8	0.31	0.25	14
尾黏土①				0.24	0.23	8
尾粉砂②	0.87	0.08	25	0.26	0.31	123
尾粉土②				0.07	11.54	15
尾粉砂③	0.65	0.08	18	0.22	0.23	113
尾粉土③	0.44	0.04	6	0.25	0.22	23
尾粉质黏土③				0.26	0.32	8

注：据某勘察报告电子版，2008。

表 7-11 一个快速升高尾矿坝勘察试验指标的变异性结果

尾矿名称	V_{Cq}	$V_{\varphi p}$	n	V_{Ceq}	$V_{\varphi cp}$	n	$V_{a1\text{-}2}$	$E_{s1\text{-}2}$	n
尾粉土①	0.58	0.27	25	0.2	0.19	10	0.4	0.31	25
尾粉土②	0.74	0.34	26	0.34	0.23	4	0.38	0.52	26
尾粉土③	0.51	0.33	018	0.34	0.30	6	0.29	0.36	18
尾粉土④	0.36	0.46	39	0.28	0.28	14	0.31	0.26	39

尾矿名称的序号表示埋深，数字大，埋深也大。表 7-10 是一个中线法的坝，勘察时坝高 200 多米。表 7-11 是一个高浓度上游法的坝，3 年堆高了近 60m 高。表 7-11 中抗剪强度指标的变异性远大于表 7-9 讨论的 0.1 和 0.15。实际上，在规范要求的安全系数条件下，坝的失效概率并非“万无一失”。除非提高安全系数标准，国外通常要求安全系数大于 1.50。靠缩小坝料的变异性是靠不住的，勘察报告的变异性数据多在表 7-10 和表 7-11 范围内。影响边坡稳定的还有水位高低，如果考虑更多变异性组合，那么，表 7-9 表示的破坏概率和变异性关系也需要叠加。

7.5.4 与水库大坝的失效概率比较

我国水库大坝的溃坝概率见表 7-12[52]。表中的失效概率说明，改革开放前失效概率是万分之十到万分之百，改革开放后稳定在万分之一到万分之三。2000年以前的溃坝概率不到万分之十，总体我国的大坝安全水平不输美国西部。

表 7-12　我国各类水库不同时期的溃坝概率　(10^{-4})

项　目	中型库	小（1）型	小（2）型	全国水库
1954~2000 年年平均溃坝概率	9.78	9.60	8.85	8.95
1959~1960 年年平均溃坝概率	107.86	45.64	8.46	18.32
1973~1975 年年平均溃坝概率	10.97	31.95	55.23	49.16
1982 年后年平均溃坝概率	1.07	2.13	2.73	2.51
最高年溃坝概率	110.70	51.79	72.46	66.13
最低年溃坝概率	0	0	0.15	
计算水库座数	2735	15136	65573	83444

水库大坝的年均溃坝概率与本节统计的大事件百分比有差别。预期寿命期内的失效概率 $P_{fT}=P_{ft}t/T$（t 是设计基准期，T 是工程的预期寿命）。平均溃坝概率也许小于大事件概率。水利部门统计的都是溃坝，尾矿库的大事件有少量的其他破坏，如溢洪塔倾倒。如果矫正，这些因素也不至于把表 7-4 的数据拉低太多。取 2008 年尾矿库大事件概率 2.145、2010 年的 0.804、2012 年的 0.134，与水库大坝的比较，这几个数据代表了尾矿库的最高、最低和较为平和的事故率。变成万分比就是 214.5、80.4、13.4。这一组数据比水库大坝的溃坝概率万分之 2.5 高出很多。但是按 100 年的建筑周期换算后，平均失效概率就是 2.145、0.804、0.134。尾矿坝的安全状态不输水坝。

7.6　减少尾矿库事故的措施

关于减少尾矿库事故的措施，同样的事情，不同人会有不同选择，各种处置方法不同，花费、效果有可能不同。例如，为了减少尾矿库事故，必须加强政治学习和培训，提高思想觉悟和技术水平（宣贯多、技术少，且欠系统，碎片化）；必须严格排查隐患，彻底治理隐患（隐患是未发生的事故，难治理，但可预防）；必须制定好各种预案，加强演练（按事故的偶发性、多发性，属于防不胜防，发生的不一定是你设计好的）。还有本节已经提到的几个重要方面，都涉及减少尾矿库事故：

（1）从 175 个事件来看，从企业是责任主体角度看，尾矿库的事故高发的基本原因是“乱作为，不作为”。纠正之，可终止大多数事故。

（2）做好尾矿库后期坝的技术培训，提高安全运行的水平。不仅仅培训尾矿工，要培训决策层。不是说培训劳务层没有用，培训决策层才更管用。

（3）各类事件中都有大事件。刚性构筑物、跑矿和渗流、洪水事故率高达

85.2%，其中大事件占 54.3%。控制好这三类事故，可减少大多数恶性事件。

（4）现在以 GB 50863—2013 为代表的尾矿库规范，所提供的后期尾矿筑坝方法过少，不能满足指导生产实践，必须尽快改变这种状态。

表 7-13 列出了一些尾矿库事故及处置对策。

表 7-13 尾矿库事故样本及处置对策举例

序号	库或坝名称	病害或事故简况	处理措施与后果
1	大石河尾矿坝	1976 年暴雨冲毁坝坡，冲沟少则数米，坝肩尤为严重	设置坝肩截洪沟、坝面排水沟，绿化坝坡
2	峨口一尾矿坝	坝肩岩体、坝体渗漏，造成漏矿事故	污染下游农田赔款，旋流器沉砂护坝
3	西果园尾矿坝	1981 年初期坝反滤穿孔，坝顶塌坑宽十余米，深 8m	回填砂卵石 $7000m^3$
4	水厂尾矿库	1992 年，因压力超载运行导致回水洞出口段爆裂，岩体塌滑	停产设置临时回水管，原管道内衬、出口段加固后恢复
5	洪山溪尾矿	初期库容小，斜槽泄水能力低，1963 年遇山洪幸未溃坝	加高坝顶、开挖溢洪口，未造成垮坝
6	白雉山尾矿	反滤冲毁，初期坝漏矿	旋流器沉砂护坝
7	西石门一期	库内水位抬高，库水位偏于一侧，子坝渗透变形，造成溃口	流失尾矿浆 2230 万立方米，冲毁初期坝 $4500m^3$，选厂停 40 天
8	西石门后井	验收时发现排水塔混凝土标号低	加固后交付使用
9	大顶尾矿库	细粒尾矿，无法用原设计方法堆坝	改用另法筑坝，论证安全性
10	符山黑铁峧	使用初期漏矿，1981～1982 年，滩面时有塌漏，塌陷区 20m×30m	停产损失就达 20 余万元，填堵无效，内移子坝百余米
11	黄梅山金山	1986 年因库内水位太高、子坝挡水、饱和而溃决。流失尾矿浆 70 万立方米	冲毁房 114 间、2 个乡办厂，淹没良田 700 亩、水塘 400 亩，伤 95 人、亡 19 人
12	潘洛老库	1993 年库内山体饱水崩塌滑落	溢水塔毁坏，库停用，死亡 12 人
13	小庙儿沟库	1983 年 12 月～1986 年 4 月共有 5 次在坝顶、坝肩发生放矿水冲蚀决口事故，时长 0.5～2h 不等	坝面拉沟、流失尾矿、淤积沈丹公路，污染田园、河流。回填修复
14	御驾泉库	1898 年发现因黏粒组高无法按设计堆坝	改用废石堆坝无纺布隔离，沉砂护坝，论证安全性
15	冶山铁矿	1987 年发现坝外坡渗涌，经验算抗洪能力、稳定性均不足（长期一侧排放）	改建排洪设施，加固坝体

续表 7-13

序号	库或坝名称	病害或事故简况	处理措施与后果
16	棒磨山	坝基大面积渗漏，造成下游民居潮湿、道路泥泞，影响生产生活	协商赔款，组织勘察治理
17	漓渚尾矿库	1982～1984 年渗透区由 513m^2 扩大为 4960m^2，局部沼泽化	埋设排渗
18	包钢尾矿库	坝基、坝坡渗水	坝下游设减压井，坝坡埋排渗管
19	锦屏磷矿尾矿库	1994 年 1 号井封盖被尾矿压毁，流失尾矿 3 万立方米堵塞坝外排水沟	淹没农田 400 亩、果园 200 亩，经济损失约 140 万元
20	安宁磷矿	1991 年建成验收不合格，尾矿坝全坝渗水，输送系统不能用	坝体灌浆处理费 30 万元，管道返工费 20 万元
21	韶关某矿库	1992 年 7 月因连续降雨坝面饱和诱发浅层滑坡约 1 万立方米	无灾害，治理修复工程费约 230 万元
22	文峪金矿库	1994 年 7 月 12 日洪水溃坝，冲走块石 4000m^3，尾砂 10 多万立方米	修复溃口和坝面清理排洪系统后回复使用
23	乳山金矿库	1980～1984 年多次发生排水涵洞坍塌流失尾矿事故	某次抢险，洞内工人被炮烟熏死 4 人，伤 20 人
24	木子沟尾矿库	1. 1980 年 12 月，发现尾矿库沉积滩面出现直径为 8.6m 的陷坑	用棉花填塞裂缝，共用 30 多斤
		2. 随后在 3 号井约 25m 处发现施工沉降缝	采用钢内衬加固洞内
		3. 1981 年 5 月发现伸缩缝上橡皮止水带鼓起	未及时处理
		4. 9 月本地区连续降雨，尾矿库水位上涨，随后开始大量泄漏尾矿，回水变浑	进一步用钢内衬封闭端部和洞壁间隙，改进沉降和止水结构处置
		5. 1982 年 5 月，下了一天雨，原断裂处又泄漏尾砂，库面出现塌坑	采用灌浆方法，固砂堵水

7.7 遭遇“台风雨”时尾矿库的防洪安全

本节在分析一个漫顶溃坝案例的基础上，总结了尾矿库抵御台风雨的设计、施工、运行、管理经验。得出：该案例排洪不畅、未及时堆筑子坝、失去抗洪保坝时机是漫顶溃坝的三个直接因素。按现行规范，尾矿库安全运行的标准是：安全滩长以远抵御设计洪水，安全滩长和子坝余高，共同抵御非常洪水。目前，设计和施工缺乏完善的后期堆坝技术标准。有文字可查、有法规可依的是“作业计划”。企业这份文件多属于排放计划，堆坝需细化，做到便于操作、检查、验收、管理、可追溯，尚需时日。

我国东南沿海，每年7~9月，有的年份从6~10月时常遭遇热带气旋，包括热带低压，台风、强台风。1989年以来，开始使用国际规定的名称：中心最大风速10.8~17.1m/s称热带低压，中心最大风速17.2~24.4m/s称热带风暴，中心最大风速24.5~32.6m/s称强热带风暴，中心最大风速超过32.7m/s称台风[54]。

在我国，这种天气系统影响范围大，可深入内陆600~1000km。最频繁的广东省，每年平均遭遇4次热带气旋登陆，台湾地区和海南各2.5次，福建2次，其他沿海省份0.5次[54]。

我国的热带气旋暴雨十分强烈，实测最大24h降雨量在1000mm以上，台湾地区曾经遭遇2000多毫米的台风雨。据中国气象网，“凡亚比”深入内陆后，给大部分地区带来暴雨到大暴雨。结果：19日11时到台湾地区，20日11时登陆广东揭阳汕尾一带，21日11时将达云浮地区，21日00时后，粤西茂名、阳江遭遇特大暴雨袭击，导致严重洪涝灾害；19日00时~23日14时（110h），超过400mm降水的有高州马贵（829.7mm）、阳春双窖（557.9mm）、上川岛（500mm）、阳春三甲镇（455.3mm）。据广东防总通报，“凡亚比”致广东省多个市县受洪涝、泥石流和其他次生灾害，造成死亡54人，失踪42人。

我国辽宁东南部、山东半岛、江西东部、福建、广东、广西、海南等地都受热带气旋影响。这些地区都有尾矿库分布，多年来积累了宝贵的运行经验，也遭遇了严重损失。

这些地区尾矿库的设计、运行、监管应特别慎重。特别是负有安全运行责任的企业决策层，其正确策略将决定尾矿库汛期的安危。

7.7.1　漫坝溃坝的典型案例

某尾矿库于2010年3月通过验收，8月取得安全生产许可证。2010年9月21日10时许，遭遇凡比亚带来的暴雨袭击，造成了溃坝，使28人死亡或失踪。

A　库的基本情况

根据设计文件，初期全库容为$102.8\times10^4m^3$，堆坝到830.0m高程时，全库容为$1561.1\times10^4m^3$，初期坝基建面高程709.5m，尾矿坝总坝高为120.5m。

尾矿总量$1038.6\times10^4m^3$，库的有效库容为$1248.88\times10^4m^3$。按日产尾矿量$1838.4m^3$，并取库容利用系数取0.8，可服务19.2年。

尾矿的平均粒径$d_{cp}=0.0539mm$，-0.074mm的颗粒含量57.1%。

（1）初期坝。坝顶高程755.0m，坝底地面高程711.0m，清基深度1.5m。坝高45.5m，坝顶宽度7.5m，坝顶轴线长106.0m；上游坝坡1∶1.6，下游坝坡1∶2.0。上游坝面采用人工干砌块石修坡，干砌块石层厚1.0m，块石层上铺一层400g/m^2无纺土工布作反滤。下游坝面采用人工干砌块石修坡，干砌层厚1.0m。透水碾压堆石坝设计堆石孔隙率28%~30%。堆石体块石质量要求新鲜、微风化，饱和抗压强度不小于35MPa，软化系数不小于0.8，石料级配适宜，含泥量不超过3%。

（2）排水井。六柱框架式排水井共4座，C20钢筋混凝土结构。每座排水井井座内径3.5m，井筒高6.3m，井架高21.0m，井架外径4.7m，其中1号排水井最低进水口标高749.0m，最高进水口标高770.0m，2号排水井最低进水口标高767.0m，最高进水口标高791.0m；3号排水井最低进水口标高788.0m，最高进水口标高812.0m；4号排水井最低进水口标高809.0m，最高进水口标高830.0m。排水井基底清至新鲜基岩。

（3）排洪隧洞。1号排水井至出口段及2号、3号、4号排水井之间均采用隧洞连接，排洪隧洞为城门洞型，断面尺寸为$B \times H = 2.2\text{m} \times 2.5\text{m}$，总长1033.0m。排洪隧洞采用C20钢筋混凝土衬砌。

（4）排洪涵洞。1号、2号排水井之间采用涵洞连接，排洪涵洞为城门洞型，断面尺寸为$B \times H = 2.2\text{m} \times 2.5\text{m}^2$，总长70.5m。排洪涵洞采用C20钢筋混凝土结构，排洪涵洞基底清至新鲜基岩。

B　设计和预评价报告对排洪系统的论证

（1）库容。论证排洪系统的能力，离不开库容曲线，表7-14是设计库容的节选。

表7-14　尾矿库的库容

序号	标高/m	面积/ m^2	累计容积/ m^3	库容差/ m^3
4	740	27549	318730	
5	750	53924	726100	
6	755	66820	1027960	301860
7	760	82391	1400990	373030
8	770	107456	2350220	949230
9	780	133478	3554890	

（2）设计暴雨和调洪的结果。设计采用以下水文数据，得到了表7-15的结果，预评价报告的调洪计算结果见表7-16。这些结果都表明，雨洪计算基本合理，排洪系统也足够大。初期和后期的泄洪要求超过49m^3/s（条件是初期水深5.97m，后期2.38m），核算隧道的最大泄流能力为48.8m^3/s。这说明，排洪系统设计和功能都没有问题。

暴雨数据：最大24h暴雨均值$H_{24} = 150\text{mm}$，最大24h暴雨变差系数$C_V =$

0.40，最大 24h 暴雨偏差系数 $C_s = 3.5C_V$。

产流条件：汇流参数 $m = 0.52$，下渗强度 $\mu = 5.5$mm/h。

汇水面积：$F = 3.65\text{km}^2$，沟谷主河槽长：$L = 2.537$km，沟谷主河槽纵坡降：$J = 0.185$。

表 7-15　尾矿库洪水计算成果表

1	2	3	4	5（笔者补算）	6（笔者补算）
重现期 /a	原设计雨量 H_{24P}/mm	洪峰流量 $Q_m/\text{m}^3/\text{s}$	洪水总量 $/10^4\text{m}^3$	放大系数 K_p	设计暴雨 H_{24P}/mm
原设计　100	312.0	92.6	60.7	2.31	346.5
原设计 500	379.5	129.5	90.9	2.82	423
作者补　200	—	—	—	2.53	379

表 7-16　尾矿库调洪计算（据预评价）

尾矿库使用时期	初期	后期
暴雨频率	200 年一遇（P=0.5%）	1000 年一遇（P=0.1%）
24 小时洪水总量 $W/\times10^4\text{m}^3$	103	124.8
洪峰流量 $Q_p/\text{m}^3 \cdot \text{s}^{-1}$	134.06	162.36
汇流时间 τ/h	0.7（2520s）	0.67
设计死水位（起调水位）/m	749.00	826.50
设计坝顶高程/m	755.00	830.00
洪水水位/m	754.00	828.88
调洪库容/$\times10^4\text{m}^3$	28.40	58.04
调洪水深/m	5.97	2.38
最小安全超高/m	0.03	1.12
最小干滩长度/m	3	112
排水系统最大下泄流量/$\text{m}^3 \cdot \text{s}^{-1}$	49.60	49.06
备　注	不符合规范要求	符合规范要求
	核算隧道的最大泄流能力为：48.8m^3/s	

C　媒体关注溃坝事件

2010 年 9 月，全社会关注凡比亚及它带来的暴雨和灾害。

（1）小视频记录了漫坝和溃坝。当时，国内各网站上有一个视频，记录了尾矿坝从左岸先漫坝，水流逐渐漫过了全坝长（图 7-7），图 7-7（a）所示为已经全漫坝（轴线长 106m）漫流，或许水深近 10cm。由图 7-7（b）可以看出，坝坡上部黑色护坡面积变小，漫坝水深增大。图 7-7（c）所示是溃口的瞬间，图

7-7（d）、（e）所示是溃口的截图和照片。

图 7-7 溃坝后的视频截图和照片（据网络）

（a）全坝轴线漫顶（水深稍浅）；（b）水深稍大；（c）溃坝瞬间；

（d）溃坝后的视频截图；（e）溃坝后的照片

据知情人描述，漫坝前库内泥面到坝顶约 1.2m，洪水漫坝约 24min 发生了溃坝，按照这一说法，图中由（a）到（c）用了 24min，算是“坝坚强”了。

（2）溃坝事故原因的报道。诱因是台风雨“超 200 年一遇”，即遇到了超过该尾矿库设计防洪标准的降雨。如前所述，19 日 00 时~23 日 14 时（110h），超过 400mm 降水的有阳春双窖（557.9mm）、上川岛（500mm）、阳春三甲镇（455.3mm）。距离库址最近的高州马贵降雨 829.7mm。在 110h 内降雨 830mm，强度不一定超过 200 年一遇，笔者认为有待论证。

直接原因是建设中排水井移位，使标高提高了 2.597m。可以理解为，从设计底坎 749m 高抬高到 751.597m。1 号排水井下部上了 6 层拱板，如图 7-8 所示，这是一个严重的违规。

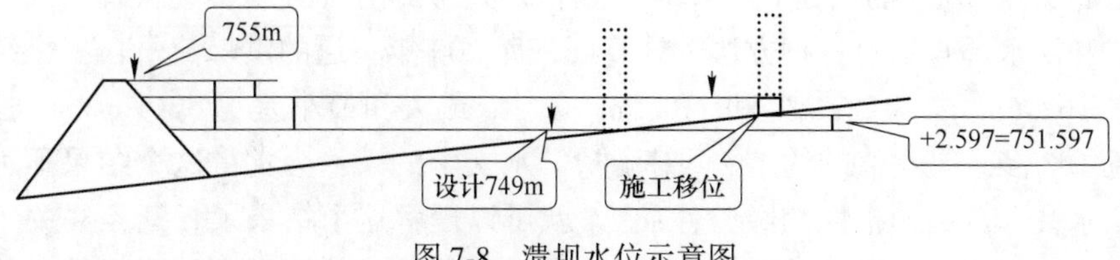

图 7-8 溃坝水位示意图

间接原因有三加一：200 年一遇的设计降雨量少算了 44.5mm；设计把汇水面积算小了 1.24km^2；设计未考虑应急措施；还有一条叫违法违规建设与管理缺位。

尾矿库设计规范似乎无应急设计规定，安全规程（AQ 2006—2005）在尾矿库生产运行一节有应急预案要求[4,5]。

（3）媒体没有探讨的问题。媒体人员不是专业“坝工”，不具有太多水库大坝或尾矿坝的专业知识，漫坝前的若干必要资料未被披露。如初期坝顶以下剩余多少库容，或者发洪水前排放了多少尾矿？滩顶或者坝前泥面标高是多少米？库后运行水位多高？运行中为什么预先上挡板封堵溢洪塔？企业年、季度作业计划是怎么迎汛、度汛的？而这些对研究大自然进行的“溃坝试验”，总结经验教训，抵御溃坝是十分重要的。

根据知情者描述，漫顶前，坝前泥面到坝顶约有1.2m，从漫顶到溃决时长24min。就是从小视频中左岸坝肩附近出现漫顶泄水到溃决用了24min。

7.7.2　值得讨论的问题

7.7.2.1　媒体和设计有两个不同

第一个是流域面积和雨量的分歧，报道说“实际流域面积是3.743km^2”，设计和评价汇流面积都是3.65km^2，相差0.093km^2，不是少算了1.24km^2。到底流域面积是3.65km^{2}还是3.743km^2？还是另有数据？

第二个是设计暴雨，报道说设计200年一遇雨量取值不合理，偏差44.5mm。可理解为设计和预评价报告少算了44.5mm。怎么理解和正确应用水文计算成果呢？根据表7-16，原设计就没有200年一遇的计算，仅有100年和500年一遇的计算。哪一份设计文件有200年一遇的成果呢？

7.7.2.2　水文计算成果的预报性质

设计和评价在流域水文数据、地理地形数据和洪水计算结果多方面都是可比的。如设计院100年和500年一遇给出洪峰流量分别是92.6m^3/s和129.5m^3/s，见表7-15和表7-16。评价报告200年一遇的洪量134.06m^3/s，大于设计的500年一遇结果。为什么有差别呢？

看看文献［1］的例3-1到例3-4是有益的。例题用小流域简化推理公式、概化公式和洪水调查资料三种方法，计算同一库200年一遇的洪峰流量，三个结果依次是162.6m^3/s、128m^3/s和110.5m^3/s[1]。最大和最小差了52.1m^3/s，占大值的近1/3多，是小值的约1/2。对于初学水文学的人，会觉得这个结果不可思议。从水文计算的预报性和经验性质[55]就可以理解这个结果了。气象局关于降雨预报，现在都用概率来辅助描述。文献［1］例4是绘制洪水过程线的，使用了大值162.6m^3/s。这似乎告诉我们，各种方法的结果不同时，要取大值，以策安全。不同参数和方法，即使用同一公式，都会得到不同结果，比如，对洪峰流量影响且比较敏感的汇流参数 m，其取值范围可以从 0.2~1.6。这是工程计算中常有的现象。地基沉降计算的分层综合法，公式中有个综合系数，是地区性和经验性的。与压缩模量和基础应力有关，范围为从 0.2~1.4[56,57]。

7.7.2.3　关于水文参数

什么是“当地水文参数”呢？省或市水文手册所载是“当地水文参数”。从全国的水文手册，也可以查到某地、市的水文数据。应该都是“当地水文参数”。设计用哪一家的数据？通常，设计者会采用最新资料或者偏于安全的数据。水文数据的使用，只要不影响排洪系统尺寸的决策，就应是正确的。如果因为洪水计算结果导致排洪系统的尺寸小，致使泄流能力不足。即使未遭遇漫坝也是错误的，审查时就应该纠正。

通常，小流域的水文参数都是区域概化数值，没有实测值，调查值也很少，大江、大河、大流域，因设有若干水文站，才有实测数据。

7.7.2.4　排洪设计中的水文计算

设计雨量决定着洪峰流量、设计洪水过程线、洪水总量和调洪结果，最终影响排洪系统的尺寸。采用不同的水文资料，比如国家的、省的和地方的水文手册，会有不同的结果。不同的计算公式和方法也有不同的结果。表 7-15 中第 6、7 栏的数据是根据国家的水文数据计算的，放大系数 K_P 按《水利水电工程设计洪水计算手册》附表 3 表查取。

流行的小流域推理公式有“水科院公式”和若干“简化公式”，还有经验公式和地区综合公式。尾矿库设计常用四因素公式，叫概化公式，行业内设计院用的就是这一公式[1]。

$$Q_P = \frac{A(S_P F)^B}{\left(\dfrac{L}{mJ^{1/3}}\right)^C} - D\mu F \tag{7-4}$$

式中 Q_P——设计频率 P 的洪峰流量，m^3/s；

S_P——频率为 P 的暴雨雨力，mm/h；

F——初期坝轴线以上的汇水面积，km^2；

L——由坝轴线至分水岭的主河槽长度，km；

m——汇流参数；

J——主河槽的平均坡降；

μ——产流历时内流域平均入渗率，mm/h；

A,B,C,D——最大洪峰流量计算系（指）数，见文献［1］。

评价报告用省略的简化推理公式，其中 n_p 根据 10min、1h、6h 及 24h 面雨量进行计算，24h 分区产流参数 $\bar{f}=5.5\text{mm/h}$，其他遵循式（7-5）：

$$Q_P = 0.278\left(\frac{S_P}{\tau^n P} - \bar{f}\right)F\ ,\ \tau = 0.278 \times \frac{L}{m \times J^{1/3} \times Q^{1/4}} \quad (7\text{-}5)$$

式（7-5）因高度概化和假设，必然带来一定的计算误差，仅是排洪系统设计决策依据之一，排洪系统的设计还有各地区、各设计院的经验。

7.7.2.5　设计的排洪系统大小

根据尾矿库设计规范要求，排洪系统需要在 $T=72\text{h}$ 内基本排出一次洪水，假设入库洪水和 排洪过程线为三角形，则最大泄量 q_P、洪水历时 t（评价的洪峰历时 $\tau=0.7\text{h}$）、洪水总量 W_P 应满足以下关系（使用中注意 t 和 T 的区别）：

$$\frac{1}{2}q_P t > W_p$$

$$q_P > \frac{2W_P}{3600t \times T} = 11.35\ \text{m}^3/\text{s}$$

式中，t 为汇流时间；T 为设计排洪时间；采用表 7-16 结果复核。

只要所需排洪构筑物的最大泄洪量 q_P 满足上式要求即可。将 72h 改用 48h 或 24h，就得到相应标准下的最大泄量数据。需要多长时间泄空一次洪水，要结合库容条件、排洪系统的投入等因素综合比较确定。用表 7-16 的数据复核，最大泄流量 $7.94\text{m}^3/\text{s}$ 就满足上述公式，也满足 72h 排空的规范要求。如果要求 24h 基本回到降雨前的库水位，则需要把系统的泄量加大到 $30.06\text{m}^3/\text{s}$。预评价报告认为该库的排洪能力大于 $48\text{m}^3/\text{s}$。可见，排洪系统的尺寸够大。那么，为什么还发生漫坝、溃坝呢？显然，还需要考察下述 4 个方面：（1）调洪库容不够（初期坝剩余 1.2m，远小于 5.96m）；（2）滩顶以下的蓄洪条件（滩坡组够陡，库水位足够低）；（3）1 号塔进水底标高大于滩顶（塔顶被封堵）；（4）它们的组合。

7.7.3　推测台风雨前尾矿库的状况

由表 7-14 可以看出，初期库容不足 103 万立方米，最多用 15 个月。应关注滩顶标高、滩面坡度、排洪口底坎标高、库内运行水位等。现尝试根据图 7-11 来推算其中的重要数据。

设计 1 号塔井座内径 3.5m，外径 4.7m，井筒高 6.3m，井架高 21.0m。最低进水口标高 749.0m，最高进水口标高 770.0m。1 号塔的照片表明，第一横梁已经埋入地下，横梁上部被枯枝和石块堵死了超过一半高度（1.75m）。1 号塔施工时移位，进水底坎抬高 2.597m。横梁净高 3.5m，一层半就是 5.25m。洪水过后地面标高应是 749m 加抬高的 2.597m，再加 5.25m，就是 756.847m，库后水面高出初期坝顶 1.847m。这包括洪水淤积高度，算是洪水后的进水底坎标高。洪水后的 1 号塔见图 7-9。

"9.21" 台风雨之前，该库 1 号塔的地面或者水面标高是多少呢？用 756.847m 减去枯枝石块等洪水淤积厚 1m，余 755.847m。根据照片，雨前水面标高是 749+2.597+3.5=755.097m，高于 755m（初期坝顶）。按评价报告，从坝顶到 1 号塔 600m。假设库内水流平均比降为 0.002，库后的水位就是 756.2m，这个数据高出初期坝顶 1.2m。如果考虑漫顶水深 0.3m，库后水位应是 756.5m。

这里采用三种方法推算 1 号塔附近的标高，得到洪水前 755.097m，洪水后 756.847m 和 756.5m。洪水前的塔都堵高了，还能人工干预而避免漫坝吗？答案是肯定的。

图 7-9　洪水后的 1 号塔

7.7.4　若及时堆筑子坝的相关情况

根据设计文件，选厂尾矿加权平均粒径 0.0539mm，小于 0.038mm、0.030mm、0.020mm 的粒组含量，依次是 9.28%、13.71%、16.49%，细粒总量才 39.48%。初期服务时间约 15 个月，堆坝期约 17.5 年，堆高 85m，平均年升高 4.85m。这个速率不高，不管浓度高还是低，上游法分散排放堆坝应不困难的，如图 7-10 所示。据知情者描述，漫顶前坝前库内泥面到坝顶约 1.2m。从漫顶到溃决约 24min。

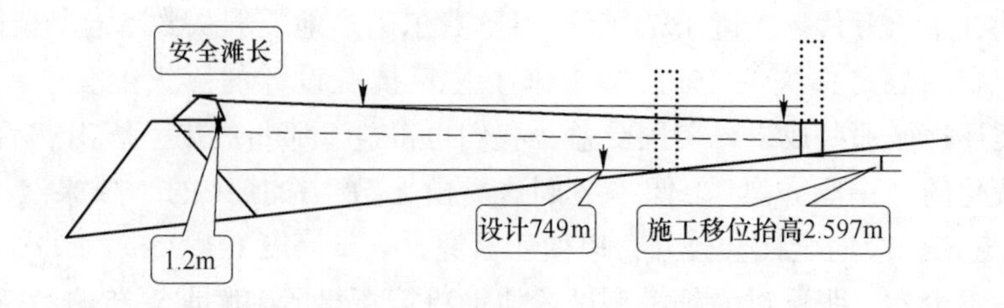

图 7-10　堆坝其运行示意图

如果描述属实，9 月坝前 1.2m，在下述条件下勉强满足设计要求的 5.97m 的调洪要求，并不富裕。1 号排洪塔封堵近 2m，是漫坝的因素之一。

评价报告说，库区干滩长 600m，可以理解为到 1 号塔的距离。根据国内的上游法实践经验[1,4,5,16]，运行中保持前 400m 滩面，后 200m 为水面，汛期的水区可缩短为 100m，这种运行方式，分散排放可形成三段滩面坡，坝前段 100m 滩面坡度大于 2%，中间段 200m，滩面坡度约 1.5%，邻水段 100m 的滩面坡比接近 1%。100m 为汛期的水区，水下底坡更陡。汛期运行，三段滩面提供的总高差可能接近 6m。遭遇洪水时，进一步降低水位，可加大高差。如果子坝保有一定高度，比如 1~2m，这就形成了安全滩长以远的高差抵御设计洪水，安全滩长之内的安全超高和子坝余高应对超标洪水。不管是台风雨还是非台风雨，超标洪水时有发生，尾矿库运行的标准是安全滩长以远抵御设计洪水，用安全超高、子坝余高共同抵御非常洪水。

人工干预的时机在于对雨情和尾矿库水情的把握，详见表 7-17 的（1）、（2）、（3）栏。第（4）栏是干预措施。

表 7-17　2010 年九月迎“凡比亚”度汛安全管理要点示例

日期	雨情（预报）	库内水情（观察）	操作摘要	备注
(1)	(2)	(3)	(4)	(5)
19 日 8 时	登陆台湾花莲	运行水位	拆堵、降水位	
20 日 7 时	登陆福建漳浦	水位比昨低了 0.4m	加密巡查	清水，水区陆区各半
20 日 10 时	进入广东饶平	水位升高	拆塔堵排洪	减为热带风暴
20 日 21 时	到花都，大暴雨	库水位未降反升	炸掉 1 号塔	低气压广州市北
21	粤西地区继续大雨	库后无泥水		茂名、高州、信宜

7.8　一个漫顶溃坝的猜想和进一步研究的方略

自然界的许多“杰作”无法进行室内试验，比如地震。即使能进行单一构筑物的振动台模拟，也无法对较大范围内的各类设施进行破坏性模拟，所以，往往重视灾后的现场调查和研究。我国唐山地震后的调查导致我国抗震设计的巨大变化，功在千秋万代。美国 1971 年加州圣费尔南多地震损失约 5 亿（当时）美元，调研费用只是损失的 1‰，却带来了建筑抗震设计的巨大变化[58]。至今，工程抗震还遵循那些成果，美国受益，我们也得益于那些成果，唐山震后调查提供了抗液化的“中国方案”。像本案例这类由无数生命换来的“成果”，不应该“尘封”起来，应向全社会公开，以便于研究。

现在不少人主张通过溃坝模型试验协助决策新建尾矿库坝下游的搬迁，决定运行中的尾矿库的（所谓“头顶库”）下游是否可以招商。目前，尾矿库的模型试验应该与河流泥沙、泥石流、水库溃坝等有所不同，与淤地坝有近似之处。溃坝试验成果在模型理论、模型制作、模型材料选用、测试仪器和方法、数据处理各方面都有很好的成果。但模拟成果的代表性离尾矿库的实际溃坝相差较大。即目前已知模式不能一一模拟，逐一排除，距离实用还有很长的路。尾矿库溃坝模型试验最好在充分调查已有事故的基础上还原某个溃坝。现在讨论漫坝溃坝试验。

设想图 7-11 描述的是某尾矿坝遭遇洪水溃坝情况，现尝试把遭遇溃坝的过程描述如下：

第一阶段，洪水入库前属于正常排放尾矿，滩面是自然形成的，一般平均坡比大于 1.0%。此时，库内水只有排洪、回水和渗流是出库的。该阶段的任务是渗流计算或模型试验确定起始点。

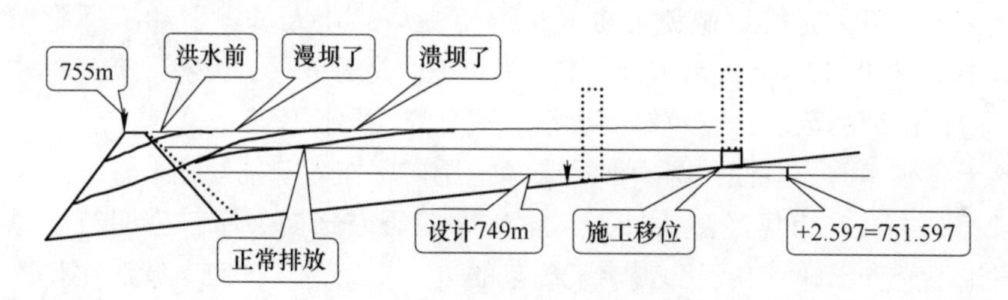

图 7-11 漫坝、溃坝过程示意图

第二阶段，洪水入库，库水位急剧升高，假设 755m 高程以下有 2m 空库容（实际可能是 1.2m），大约 15 万立方米。在 1 号塔不正常的条件下，洪水位很快达 755m。这个阶段，由于水位淹没全部滩面，坝内的渗流量加大，浸润线迅速抬高，坝内的渗透比降加大，增大了坝的渗透破坏几率。随着水位升高，坝前反滤将直接引流，洪水更快进入初期坝和反滤，这个渗水量将非常大。若空库 2m，坡比是 1∶2，则坝面的进水面积就是 $106\times2.236=237m^2$。设孔隙率是 0.2，相当于静过水面积大约 $47.4m^2$。这么好的条件，所谓“堆石坝料”也许经不住冲刷，反滤上边的尾矿也经不住长时间冲刷，会出现瞬间溃口。这一阶段的研究任务是确定渗流破坏是否造成溃坝，从水位淹没滩面到漫顶是主要工况：淹没滩面，渗流加反滤流；增高水位 1m，渗流加半反滤流；漫顶，渗流加满反滤流。

第三阶段，洪水位高于坝顶，但尚无溃坝。这个阶段可能时间更短（据说，从漫坝到溃决约 24min），不管漫坝高度是 5cm、10cm 还是 20cm，这个水加大了水流的流速和流量，加快了坝料中小颗粒和反滤上尾矿的流失。研究内容同上段第三工况，进一步观察溃坝决定因素。

第四阶段，这个阶段溃口形成并不断加大，过坝水流几乎是瞬间到最大。此后，库内水位迅速下降，降低到 2m 后，库内尾矿逐渐稳定，转化为渗水。目标是确定溃坝流的上传和下达，上传确定水流的波形和沉积尾矿的最终形态，下达确定淹没范围，当然包括水量，砂的厚度等。也可以在河道的不同标高安排各类设施和民居，看看抗冲情况。

堆石坝的结构和坝料质量会影响模拟结果，本案例讨论的初期坝，对石料质量的要求很高，上下游坡要求人工干砌护坡厚度达 1.0m，干砌石的孔隙率比堆石的小得多。关于坝料质量、堆石级配、压实条件等，对于溃口溃坝的影响模拟组合很多，也许要研究。

讨论：

(1) 事件性质。尾矿库失事首先是严重的环境污染事件，易造成环境、人员、财产巨大损失。许多事故由于错过了人工干预的最佳时机而无法挽回。如果尾矿含有各种金属离子或者是国家规定的有害物质，环境修复将很困难。

怎么才能不失时机地避免灾难呢？需要提高从业人员识别和治理隐患的能力。自 1995 年以来，流行培训“尾矿工”，他们是劳务层，没有尾矿库的重大决策权，应该培训决策层，避免错误决策，就是避免尾矿库事故。

鉴于尾矿库的公益性，国家似乎应该把尾矿库作为基础设施来管理。

(2) 研究。在市场经济条件下，尾矿库的研究长期欠账，后期筑坝总结不够，讨论不充分，缺乏共识，影响了规范的进一步完善，致使上游法尾矿库设计管理条款的大格局停留在 1991 年以前。

国内目前逐渐流行采用“溃坝试验”来帮助决策有关坝下游的搬迁和建设事宜。溃坝是一个 1∶1 的模拟，值得人们深入研究。

(3) 设计。可以用公式 $q_p > \dfrac{2W_p}{3600t \times T}$ 计算所需泄流量，用来确定排洪系统的尺寸。

尾矿库的环保设计还有待完善，仅仅现行的隔离或防渗要求无关溃坝、扬尘污染等。

(4) 施工。建造师和业主不宜轻易变更排洪系统，包括尺寸、位置坐标、混凝土和砂浆标号，配筋等。

(5) 验收。初期坝标高以下有设计、施工规范，岩土工程的其他领域，如水库大坝各类规范齐全，工程质量标准、检验方法、指标都明确，可参照使用，有的可以移植使用。堆积坝部分，设计和施工缺乏完善的标准。有文字可查、有法规依据的只有是“作业计划”。各企业这份文件多数偏于排放，堆坝并不具体，需要细化，做到好查、好管、好验、可追溯。

防洪条件取决于滩面坡比和水位控制，验收必须予以重视。不是只有规范要求的安全滩长。防洪度汛需要的是滩长以远的滩面坡度和水位控制。

(6) 运行。尾矿库的初期运行时间不长，后期主要是堆坝和排放。后期坝有的设计比较完善，有的只是一个人工“边坡”，其他隐含在管理篇。粗尾矿筑坝不困难，细尾矿、高浓度尾矿浆常遇到筑坝困难。这时，企业的“作业计划”就格外重要，有的甚至需要做筑坝专题研究。国内勉强运行的这类尾矿库大约占10%，汛期都在撞老天爷的大运。

（7）监管。监管的问题和筑坝类似，由于缺乏规范，缺乏共识，对现场后期管理任意性较大。或者说，各地安监部门对同类排放和筑坝状况缺乏统一的标准。

第3篇　尾矿筑坝技术案例

8　峨口铁矿一尾中线法改造

8.1　基本情况

8.1.1　工程设计概况

太钢峨口铁矿牛圈沟第一尾矿库（一尾）由鞍山黑色冶金矿山设计研究院设计于1970年，于1977年投入使用。从沟底1357.5m（初期坝下游坡脚，坝底中线标高1362.5m）标高建初期坝，定向爆破施工，为滤水堆石坝，顶标高1427.5m，坝高67m。原设计为上游法筑坝，设计坝高为200m，最终堆积坝顶高程为1560m，有效库容2172万立方米。

鞍山黑色冶金矿山设计研究院设计从1516m坝顶标高起改为中线法筑坝方式，最终坝顶设计标高为1620m，坝高为260m（自1360m算起），设计有效库容为9407万立方米，子坝坡度1∶2.5~1∶3。设计中期以后控制坝顶宽度为15~20m，尾矿沉积滩面坡度为5.5‰。坝下游采用滤水堆石隔坝，坝顶标高为1360m，坝高为40m。

1990年以前，一尾、二尾交替使用，冬季在一尾放矿，夏季用二尾，以便于分级筑坝。1993年一尾完成中线法改造后，二尾一直作为事故库使用，后来在地方安监局的领导下，完成闭库，图8-1、图8-2所示为尾矿库概貌。

(a)

(b)

图8-1　峨口第一尾矿库

（a）峨口第一尾矿2008年照（徐洪达）；（b）峨口第一尾矿2013年照（据网络）

2008 年，峨口铁矿第一尾矿坝可能接近设计坝高，如果从下游隔坝底标高 1320m 算起，该坝坡高已经接近 300m，如图 8-1 所示。

第一尾矿库的汇水面积为 13. 5km^2。库容小于 1000 万立方米时，洪水频率 $P=1\%$，洪峰流量 $Q_{1\%}=318m^3/s$，24h 洪水总量 $W_{1\%}=126$ 万立方米。库容大于 1000 万立方米时，洪水频率 $P=0.1\%$，洪峰流量 $Q_{0.1\%}=555m^3/s$，24h 洪水总量 $W_{0.1\%}=216$ 万立方米。

图 8-2 峨口第二尾矿库下游（徐洪达）

8.1.2 现状稳定性

对该工程的理解和稳定性分析结果见表 8-1，典型的稳定性计算结果如图 8-3～图 8-5 所示。

表 8-1 稳定性分析结果

序号	计算方法	安全系数 F	搜索次数/次	危险面次数/次	备 注
1	毕肖普简化法	1. 4281	7498	7478	静力
2		1. 1943	7855	7706	拟静力
3	瑞典条分法	1. 4158	7498	7406	静力
4		1. 2087	7855	7633	拟静力
5	MORGENSTERN-PRICE 法	1. 6045	7855	7549	静力
6	美国陆军师团法	1. 4272	7141	6919	静力
7		1. 1936	7855	7675	拟静力
8	毕肖普简化法	1. 0876	7855	7768	静力，滑弧位置在陡坡段浅层
9	瑞典条分法	1. 0854	7141	6858	

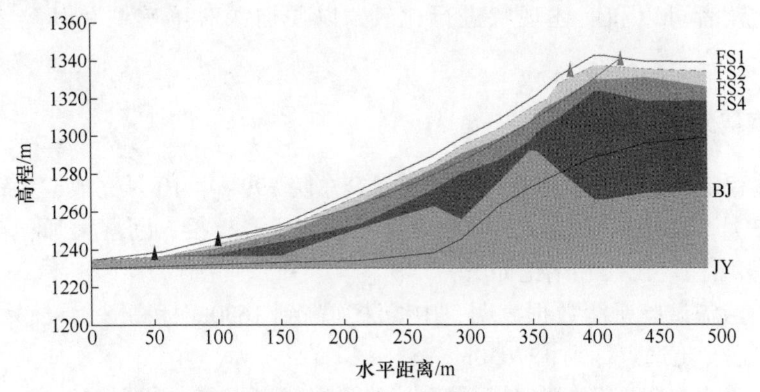

图 8-3 稳定性分析分层和滑动面（毕肖普简化法，静力，$F_s = 1.4281$）

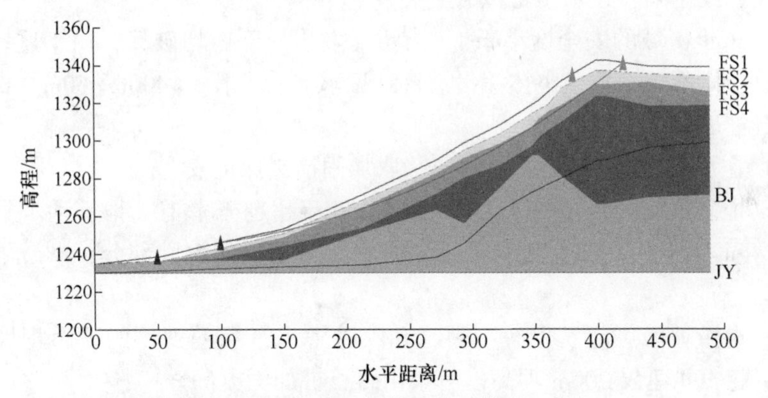

图 8-4 稳定性分析分层和滑动面（毕肖普简化法，静力，$F_{sd} = 1.1943$）

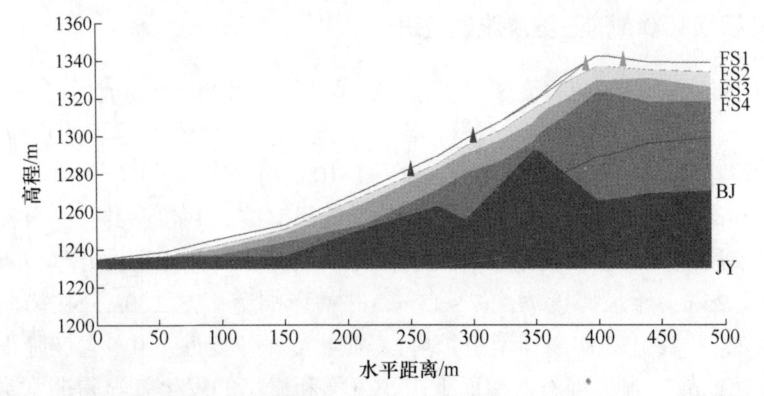

图 8-5 稳定性分析分层和滑动面（简化毕肖普法，拟静力，$F_s = 1.0404$）

8.2 加高研究

关于加高的研究报告文件很多，也很细，因篇幅有限，仅介绍主要项目的研究结论，读者可以和前述现状进行比较，以便加深对尾矿坝及其分析研究的理解。

8.2.1 抗震稳定试验研究

抗震稳定试验研究工作由冶金勘察研究总院 1991 年 10 月完成，太钢矿山处 1992 年 3 月 5 日组织了验收（验收专家中有院士、教授、勘察大师、知名尾矿坝专家等）。主要工作和结论如下：

（1）渗流试验所测数据表明，中线法加高到 1630m 标高时，浸润线在初期坝附近出逸，出逸点标高 1376.0m。

（2）静力有限元分析在剖面中上部的浸润线以下有一拉力区，100m 范围内会出现裂缝或塌陷，在坝顶可以看到裂缝。

（3）若干区域的安全度小于 1，有可能发生局部剪切破坏，由于这些区域不连续，故坝体不至于发生整体流滑。这一区域延伸范围约 400m×60m。报告建议采用碎石桩加固。

（4）在坝高 200m 以后，设计应采取加固措施保证安全。

（5）地震反应分析报告认为，当遭遇 50 年超越概率 10%地震动水平（加速度 $a=1.46\text{m/s}^2$）时，液化区只限于上游坝坡至坝顶的表面部分，下游坝体处于良好状态。

（6）上游坡面可能发生较大裂缝和喷砂冒水，靠近坝顶的下游坝坡也将发生一些裂缝，并建议 200m 坝高以后采用碎石桩加固方法。

太钢矿山处组织的验收，肯定了研究结果。

8.2.2 堆积坝 270m 的三维渗流试验研究

堆积坝 270m 的三维渗流试验工作由河海大学于 1991 年完成，最终和中间两个坝高、三个工况。工况一：不设排渗；工况二：设排渗，排渗井水位 1510m；工况三：设排渗，中央部位 8 个井，水位 1510m，两岸部分水位 1520m。

最终坝高的主要结果：设排渗可有效降低浸润线，井位、井径、井距、井内水位是影响浸润线的主要因素，井内水位影响显著。设井比不设井水位下降 12~17m，最大 25m，干坡厚度增大 7~15m。井的影响范围约 100m。在横断面上坡降多为 0.3，排渗井和初期坝附近坡降急剧增大，可接近 1.0，大坡降下内部细颗粒会移动，故在井、堆石入渗面上阻止管涌和淤堵的发生就显得非常突出。两岸的水位高于中间的水位，右岸高 7m，左岸高 2m，横向坡降，不同渗流控制坡降不同，在 0.05~0.37 之间。右岸有出逸。最高水位的总渗流量 $0.081\text{m}^3/\text{s}$。

主要结论：渗流控制是 270m 坝高稳定的关键措施，坝坡抗滑安全系数可以从 0.832 提高到 1.072。排渗系统主要有：离坝顶 200m 处布置一排垂直渗井，井径1.2m，井距10~15m，中央部位8组井。中间坝高井水位1455m，最终坝高时1510m，两岸在1520m。水平输水管直径0.15m，埋设坡度确保1%。保留原初期坝和坝基人工排渗带，厚5m，宽30m，渗透系数1.2cm/s，下游水位控制1329m。左右岸有出逸，由于坡度较缓可采用贴坡反滤等措施。排渗应严格保证透水性（设计结构合理详细、施工达到设计要求），设计必须考虑管涌和淤堵。应注重下游坡的保护，防冲刷、防扬尘。建立观测系统和观测制度。追踪取样试验，确定沉积规律，进行安全复核，采取措施，保证坝体安全。

8.2.3　排洪系统的水工模型试验

河海大学模型试验得出如下结果：

在调洪要求，就是设计最高水位或最大泄量的范围内属于自由泄流。塔的泄流能力足够，堰顶水头 $h=3.29$m（设计最大水位上升值3.479m，最大泄量为241.472m^3/s），实测泄流可达241.47m^3/s。水力学设计基本合理可行。建议竖井下部设置消力井，高程1466.07m，隧洞设边长0.66m的方孔或直径0.75m的圆形通气孔。

8.2.4　三维静动力分析

河海大学在三维渗流后进行了中间坝高和最终坝高三维静力动力总应力法分析，以下介绍主要的分析结果。

静力分析表明，坝内静应力大多为压应力，在个别断面坝肩的坡上，水平应力和纵向应力均有较大的拉应力，可能产生破坏并裂缝。洪水工况局部应力水平达到或大于1.0，说明该处的拉应力已经破坏或发生塑性变形。这些塑性区域如果被弹性区包围，则不至于引发塌滑；反之，可引起滑坡。

X 方向，即顺河方向的加速度：正常工况最大绝对值为2.73m/s^2，放大系数1.87；坝顶最大值为1.81m/s^2，放大系数1.24。洪水工况最大绝对值为2.81m/s^2，放大系数1.92；坝顶最大值为1.42m/s^2，放大系数0.97。中间坝高的计算结果见表8-2。

表8-2　中间坝高加速度反应结果（据动力分析报告）　(m/s^2)

节点序号（由坝顶到底）	正常工况			洪水工况		
	初期坝顶	堆积坝顶	滩面	初期坝顶	堆积坝顶	滩面
1	1.27	1.54	1.15	1.14	0.85	0.93
2	1.16	1.23	1.01	0.9	0.93	0.89
3	1.29	1.17	0.9	1.11	0.98	0.98
4	1.45	1.21	1.08	1.35	1.25	0.92

续表 8-2

节点序号（由坝顶到底）	正常工况			洪水工况		
	初期坝顶	堆积坝顶	滩面	初期坝顶	堆积坝顶	滩面
5	—	1.01	1.06	—	1.14	1.06
6		1.62	—		1.54	—
7		1.84			1.85	

动剪应力等值线大致与斜坡平行，数值不大，随深度稍有增加。

液化判别认为：抗液化安全系数大多大于1.0，不致液化。库区内表层有局部液化，深度10m。洪水工况在坝肩有表层液化区，深度10m左右。坝体内部安全系数较大，估计孔压增高，有效应力降低，稳定性也降低。

瑞典圆弧法的分析表明，中间和最终两坝高正常水位静力是稳定的。洪水工况和地震工况稳定，不满足要求。但采用人工降水24m以上时，可以达到洪水和地震工况的稳定要求。

8.2.5 旋流器沉砂试验

旋流器沉砂试验工作由清华大学水利系完成，主要结果如下：

（1）旋流器给矿流量取决于给矿压力。给矿压力大，给矿流量就大。

（2）旋流器沉砂量（沉砂率）取决于给矿流量、沉砂管直径。流量一定，沉砂管径大，沉砂率也大；沉砂管径一定，给矿流量大，沉砂率也大。

（3）其他条件一定时，给矿浓度越小，沉砂率越高。见表8-3。

表8-3 规格ϕ660mm旋流器的分选效果

沉砂管径/mm	给矿浓度/%	沉砂浓度/%	分选率/%	备 注
140	42	64	20~30	浆体密度 $\gamma_m = 1.725 g/cm^3$
	33	66	30~40	
110	42	75	15~20	浆体密度 $\gamma_m = 1.972 g/cm^3$
	33	75	20~28	
90	42	74	4~8	
	33	74	5~10	

8.2.6 一尾矿库加高改造可行性研究

一尾矿库加高改造可行性研究报告由冶金工部业鞍山黑色冶金矿山设计研究院于1993年10月编制完成，包括总论、水工、输送、总图、电气、投资估算、技术经济共7章和4个附图（总平面、剖面图、库容曲线等）。主要设计指标汇总见表 8-4。

表 8-4　中线法改造设计工程或项目一览表

序号	项目或部位名称	设计要求概述	备　注
1	排洪管延长与加高，4号、5号间管接	1560m 前用 3 号，塔径 11m，竖井 D = 5.25m，隧洞 $b \times h$ = 5.25m×5.5m。4 号塔高 30m，塔径 11m，隧洞 72m。到 5 号 156m	符合水工相关设计规范
2	下游滤水坝（隔坝）	坝高 40m，顶标高 1360m，宽 5m，上下游坡比 1∶2.0，上游坡设反滤，下游坡设防渗，坝顶设检查井，D800 排渗管	规范要求设下游坝
3	上游排渗井、管	在上游法 1451.6m 平台设 17 眼 D800 排渗井，在 1448.5m 平台设 3 口 D3m 沉井、17 眼渗井，顶管加设排渗管，向下游设导水管	设计认为是保 200m 坝安全的设备
4	下游排渗带	宽 10m，高 2m，孔管 350mm，连接初期坝和隔坝	规范要求
5	初期坝面排渗	采用 100mm 厚无砂混凝土板铺满整个下游坝面，土工布嵌入山岩，防尾砂堵死初期坝	重要的排渗连接
6	上游法坝面排渗	设纵 3 横 4，断面 0.5m×0.5m 的网状盲沟	重要的排渗连接
7	与渗流相关的问题	个别部位渗透坡降大于 1.0、洪水位和运行水位的浸润线相差 30m，需完备的渗流量和浸润线观测	底部设排渗
8	与稳定相关的问题	应力水平在 0.9，局部大于 1 时，将出现塑性破坏，坝肩山坡结合部有表层液化区，厚 10m	底部设排渗
9	今后工作	坝顶标高达 1560m 以前，在中线法筑坝沉砂体上取样试验，进行验证和论证	没有如期实施
10	坝上防尘设施	喷淋设备	无
11	坝体原形观测设备	有水位和浸润线	有
12	子坝	采用 D15B 漩流器 9 台，沉砂率 52.2%，沉砂浓度 70%	没有固定要求
13	滩面	滩面坡比、安全滩长	由设计定
14	设计洪水升高	防洪设计标准：1% 和 0.1% 起调水位 1507m、1556m、1616m 时，相应水位升高为 4.19m、3.48m、2.46m，最大泄量要求为：310.3m³/s、241.5m³/s、143.2m³/s	初期防洪标准 1%，中后期 0.1%
15	输送系统	用老系统，满足浓度 40%、扬程大于 100m，必要时把砂泵换为油隔离泵	满足设计要求

续表 8-4

序号	项目或部位名称	设计要求概述	备　注
16	回水	先用老系统，1570m 标高后另建 5 号塔和回水隧洞	
17	抗滑稳定	静力最小 $F=1.168$，拟静力稍低（无排渗）；静力最小 $F=1.228$，拟静力最低 $F=0.901$（洪水位）	偏低
18	防震	项目时间跨度长，Ⅶ度设防是老规范，Ⅷ度设防是地震局的新规范要求	补充工作

8.2.7　设计研究小结

（1）几个专题研究都是由水利、土木工程的权威单位完成，但并不全有所谓的设计、研究、勘察、施工、监理、安评等资质。

（2）因为权威，许多结论高屋建瓴，至今仍值得重视，复述如下。

1）静力分析结果表明，在坝体剖面的中上部，浸润线以下有一拉应力区，坝加高后，该区出现局部裂缝或塌陷，此区若与坝内区相互连通，将发生剪切破坏。

2）坝高达 200m 以后，不遭受地震也将出现局部裂缝、塌陷及不稳定区。建议设计采用碎石桩加固措施，以保证坝的安全。

3）最高水位无排渗时，浸润线位置较高，最小干坡厚度为 3m，右岸 1500m 标高出逸，左岸在 1460m 和 1473m 标高出逸。出逸坡降为 0.2。增加排渗井（一排 8 井）后浸润线评价下降 15m，没有达到稳定要求的 20m 以上。

4）靠近初期坝的部分水力坡降大于 0.6，局部接近 1，易产生淤堵和管涌，横向水力坡降为 0.25。右岸水位高于左岸，最大达 8m。

（3）库内最高水位比正常运行水位高约 3.5m，这是因为滩坡缓，两水位的水平距离大于 350m。

1）建议离坝顶 200m 处、标高 1455m 和 1510m 设置垂直排渗井，两岸 1520m；原初期坝和坝基排渗带厚 5m 宽 30m（比可研大），下游水位控制在 1329m；岸边采用贴坡反滤控制出逸；保证排水设备的透水性、有效性、可靠性；设置观测设备；跟踪沉积规律，核定粗细分界的合理性，如变动大，应做必要复核。

2）洪水位抗液化安全系数大多大于 1.0，坝肩有表层液化，深度约 10m；坝内孔压会升高，有效应力降低，稳定性也降低。在洪水位的稳定性不足，但浸润线降低 20m（终高）到 25（中间高）m 则可满足要求。至今运行 20 多年，洪水造成的浸润线升高预测恐怕不可信，洪水工况如何考虑值得研究。

3）饱和尾矿坝坡在地震时的破坏，主要是由于孔隙水压力增加，抗剪强度降低引起的，其滑动形式为流滑。尾矿坝失稳的机制、形式和拟静力法的前提不符，用拟静力法分析尾矿坝的地震稳定性是不够的，有必要考虑地震过程中，坝种尾矿因孔压升高带来的摩擦角降低。

8.3 设计和现状的结论

根据《尾矿库安全技术规程》(AQ 2006—2005）第4.1~4.2节规定，该尾矿库终期坝高 $H=260$m，按坝高定为二等（按新规范应是一等)，故主要构筑物也为二级。

尾矿库所在地的抗震设防烈度为8度，设计基本地震加速度值为0.20g，靠近水边线的沉积滩和靠近隔离坝的外坡脚附近埋深20m范围的饱和尾砂、尾粉土综合判别为液化土层，液化等级为轻微-中等-严重，液化判别结果如图8-6所示。场地类别为Ⅲ类，为建筑抗震不利地段。

2008年的勘察报告建议进行坝体渗流分析和抗滑稳定性计算时，采用表8-5的数据。

表8-5　中线法尾矿的特性指标

地层编号	总应力法		有效应力法		渗透系数		天然重度
	C/kPa	φ/(°)	C'/kPa	φ'/(°)	$K_{垂直}$	$K_{水平}$	γ/kN · m^{-3}
①	8	32.0	8	33.0	9.3×10^{-4}	4.5×10^{-3}	18.1
①1	25	26.5	20	29.5	7.7×10^{-5}	3.0×10^{-4}	19.8
②	8	33.0	10	34.0	4.0×10^{-4}	2.5×10^{-3}	18.8
②1	30	28.0	25	30.5	5.5×10^{-5}	1.6×10^{-4}	19.8
③	10	34.5	35	35.0	3.5×10^{-4}	1.4×10^{-3}	19.3
③1	35	29.5	30	31.5	3.3×10^{-5}	9.0×10^{-5}	20.1
③2	40	20.0	35	25.5	2.5×10^{-6}	2.5×10^{-6}	19.9
③3	30	15.5	25	20.0	2.0×10^{-7}	2.0×10^{-7}	20.1
④	11	35.0	30	36.5	2.9×10^{-4}	1.0×10^{-3}	20.5
④1	35	29.5	30	31.5	1.5×10^{-5}	4.0×10^{-5}	20.6
④2	45	21.0	40	26.5	6.1×10^{-7}	1.3×10^{-6}	20.5
④3	35	17.0	30	21.5	2.8×10^{-7}	2.8×10^{-7}	19.8
⑤	20	38.0	20	38.0	4.0×10^{-4}	4.0×10^{-4}	22
⑥	200	43.5	200	43.5	5.0×10^{-5}	5.0×10^{-5}	25
初期坝	30	39.0	30	39.0	1.0×10^{-3}	1.0×10^{-3}	22

2008 年的勘察报告曾经给出如图 8-6 所示的地震液化判定结果，虽然总体上坝坡高处的浸润线很低，非饱和区很厚；但在坝坡和下游水区附近浸润线很高，饱和区很大，尾砂沉积比较松，具有液化和引发流滑的条件，故不得不防、不得不改进。

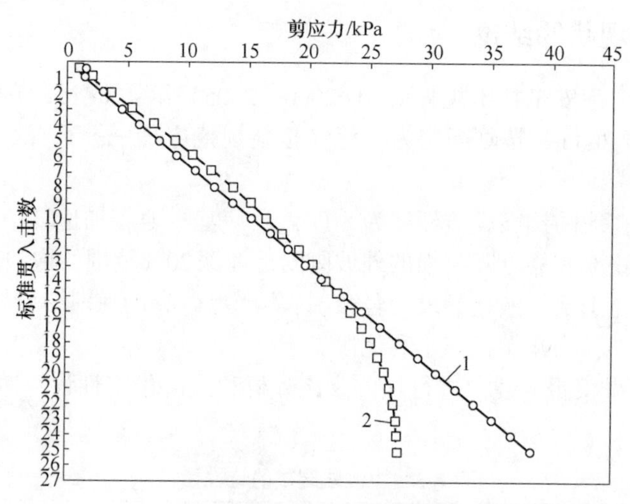

图 8-6　液化判定结果

1—抗液化剪应力曲线；2—地震剪应力曲线

小结如下：

表 8-4 的情况表明，设计时存在的问题，运行中仍然存在，改善有限。

勘察数据表明，上段坝坡的浸润线埋深比较低，比上游法的好；下段坝坡的浸润线埋深很浅，没有上游法的好，液化并引发流滑的潜在风险较大。

坝面坡度下游比 1∶5 还缓，上游接近 1∶2，中段 1∶3。从稳定性角度，不能按设计的 1∶3 计算。1∶3 坝坡整体稳定；1∶2 只有干燥条件才稳定，而沉砂中是含水的；下游的 1∶5 处都是新沉积的，密度小、含水量高、孔隙比大，地震液化是明显的。

坝肩截洪沟和坝面护坡难以实现，暴雨冲沟和尾矿大量流失，必须改良中线法。

9 鲁中御驾泉尾矿坝

鲁中冶金矿业集团公司（以下简称鲁中）御驾泉尾矿库由原冶金部鞍山黑色冶金设计研究总院设计。初期坝为多种土质透水坝，坝高30m，内外坡比都是1∶2。上游法机械筑坝，堆积坝高65m和85m，平均外坡比为1∶5。最终设计标高为350m，排洪系统按堆积标高370m设计，即条件允许可堆至370m。总坝高是95m和115m，总库容是3600万立方米和5300万立方米。

鲁中矿业选矿厂的全尾粒径小于0.074mm的占总量的67%，其中小于0.005mm的占28%，矿浆输送浓度35%左右。库内滩面短，看上去满库泥浆。堆积坝的高度按高程316m、333m、370m标高分步决策，图9-1所示是典型断面，平面图如图9-2所示。图9-3是鲁中御驾泉坝现场。图9-4中上层是废石(四期坝下达26m)，废石的块度、大小、风化程度不均，由风化的细粒料控制特性。下层是沉砂，小于0.005mm颗粒含量为8%~11%。深层为尾轻亚黏土和尾黏土。坝轴线长度500~950m。

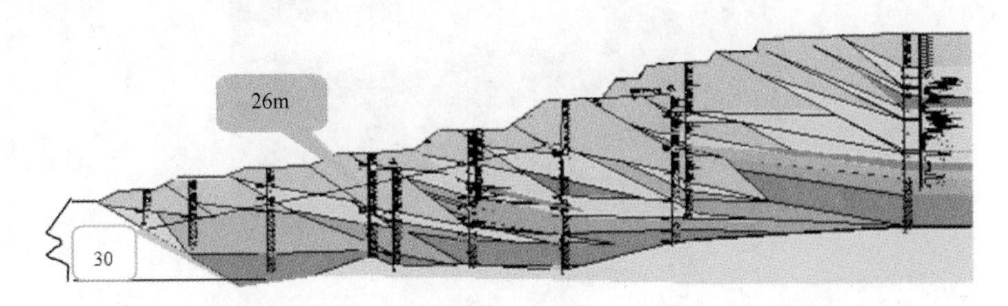

图9-1 御驾泉尾矿坝2012年勘察断面

由图9-3可以看出，尾矿坝的顶宽很大，有40余米，护坝的旋流器沉砂的坡比通常有1∶7，坝顶到坝前泥面的高差最大是有12~15m。2002年以后，调整宽度和高差后，坝顶到泥面的高差不得小于6m。

9.1 现场冲槽试验和筑坝试验研究

现场冲槽试验和筑坝试验研究主要有现场冲槽试验（砖槽)、旋流器沉砂试验、土工试验、筑坝工艺和数值分析等。这次研究由鲁中冶金矿山公司和冶金工业部建筑研究总院在1990~1992年期间组织完成，图9-4~图9-9所示为当时现场工作和采用废石筑坝的照片，研究的主要报告有：

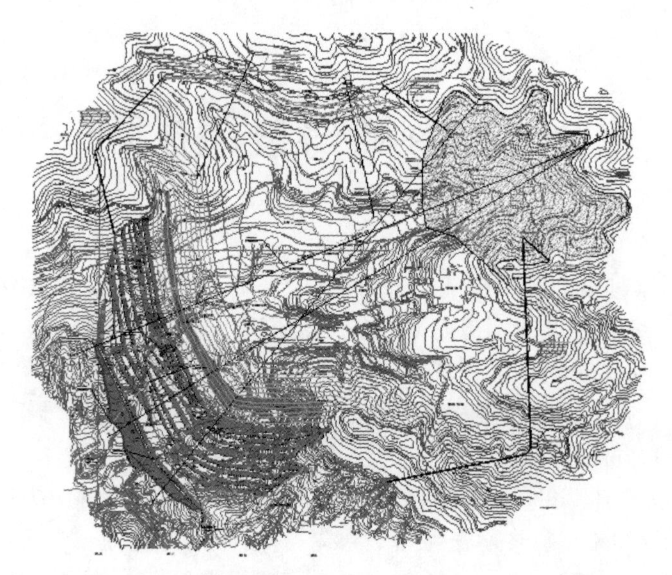

图 9-2　堆积坝平面图

图 9-3　鲁中御驾泉坝

图 9-4　探测矿泥厚度（1992 年）

图 9-5　移动旋流器（1992 年）

图 9-6　1992 年废石土筑坝

图 9-7　冲槽试验取样

图 9-8　2008 年坝顶宽超过 40m

图 9-9　2010 年废石筑坝概览

（1）鲁中冶金矿山公司浓缩泥质尾矿筑坝试验研究总报告。
（2）御驾泉尾矿库泥面上升速度与筑坝段的高差。
（3）浓缩泥质尾矿自然沉积规律及利用旋流分级尾砂护坡筑坝现场试验。
（4）尾矿静水沉降试验。
（5）尾矿的物理力学性质。
（6）应力应变关系和强度。
（7）尾矿的动力特性。
（8）尾矿坝渗流分析及坝坡稳定计算。
（9）尾矿坝地震反应及地震液化分析。
（10）坝体静力非线性有限元分析。
（11）浓缩泥质尾矿筑坝方法的应用。

这次研究的主要结论是：

(1) 鲁中的全尾矿属于黏土类尾矿，当时的报告叫泥质尾矿。现场冲槽试验取样进行的尾矿颗粒分析表明，尾矿中大于0.074mm的砂粒平均含量为25.5%，小于0.02mm的流动质尾矿含量高达47%（0.02~0.074mm占27.5%），小于0.005mm的黏颗粒含量为27.5%。

(2) 静水沉降试验表明，当质量浓度达26%时，矿浆呈不分选状态，但泥面有析出水，矿浆表现为滑移流动。在自然条件下脱水慢、密度低，不易硬结，十字板强度只有2kPa。

(3) 浆体沉降十分缓慢，排放74h以后，离析水逐渐消失。槽内沉积体浓度40%，相应的干密度0.562g/cm^3，继续晾干1~2周，干密度可达到0.91~1.05g/cm^3。

(4) 滑移流动的坡度十分平缓。单宽流量为1.585L/(s·m)时，流动的坡度为0.324%。采用低浓度（原设计排放浓度17%）还是高浓度都不能实现原设计要求的推土机筑坝，沉积滩坡度更是难以达到设计要求的1∶30。

(5) 矿浆在低浓度状态才有分选，当排矿浓度为13.55%、单宽流量4.17L/(s·m)时，在百米冲槽中可形成10m滩面，沉积尾矿中的黏粒含量超过10%，40m内的平均坡度仅有0.6%。

(6) 采用废石土筑坝、沉砂护坝是现实的选择，研究给出了316m标高的主断面图，预期坝壳可达14m。但这次研究未能全面证实其稳定性能支持原设计的350m标高，没解决原设计高度内的筑坝安全问题。

(7) 其他研究成果还有尾矿沉砂和沉积泥尾矿特性研究、坝坡稳定性分析、静力有限元分析、动力反应分析等。

9.2 泥质尾矿筑坝研究专题介绍

泥质尾矿筑坝研究的目标是316m以上高程的安全性。有勘察及室内固结专题试验，包括水力固结和尾矿的不同固结度抗剪强度，无纺布的淤堵试验，废石的静三轴试验等，部分资料已经发表[59~61]。

9.2.1 数值计算和稳定性分析

数值计算包括渗流分析、静力有限元、地震反应分析。静力分析和动力分析的典型剖面和单元划分如图6-53所示。

(1) 静力分析。静力分析的应力水平等值线表明，坝顶下局部区域应力水平 $R_s=(\sigma_1-\sigma_3)/(\sigma_1-\sigma_3)\omega t$，小数在0.90~0.95，换算成安全系数在1.111~1.053之间，且上下游不贯通。抗滑稳定性比规范方法计算的安全度大。

坝体变形计算得到堆积坝顶最大水平位移为0.47m，最大沉降4.52m（坝下矿泥厚约46m，占9.826%），初期坝顶最大沉降0.65m。当年，初期坝已经建成约10年，预测沉降占坝高的2.16%。主要原因是采用的应力和变形指标偏保守。

（2）动力分析。按规定，坝址基本设防烈度为Ⅶ度，加速度取0.1g（0.98m/s^2）。所以，输入地震波的最大加速度由22.015伽调整到100伽（0.1g），卓越周期由0.16s调整为0.32s，历时为14s。各节点最大加速度发生在地震后7.8s。初期坝中部、坝顶、堆积坝中部、堆积坝顶（316m）加速度值分别为1.6m/s^2、2.4m/s^2、2.3m/s^{2}和2.2m/s^2，比输入地震波的最大加速度分别放大了1.63、2.45、2.35和2.24倍。液化分析结果以不同时段的抗液化安全系数（定义为：N周内引起5%应变的平均剪应力与地震引起的平均剪应力之比）等值线图表示，见第6章。

9.2.2 尾矿特性的变化

表4-5已经描述过鲁中2003年的勘察结果。现对鲁中御驾泉坝的两次勘察结果做更细的介绍和述评。尾粉质黏土和尾黏土的平均干密度10年来增加了0.2~1.2g/cm^3，含水量减少了2.4%~5.7%，孔隙比减小了0.07~1.1，见表9-1~表9-4和图9-10~图9-14。1993年的天然含水量大的到42%，离散度也大，在12m深度逐步减小到28%。2003年离散度明显缩小，30多米的数据多在22%~32%，有的小于22%。相应的干密度也提高到16kN/m^3。

表9-1 各种尾矿的指标变化

比较指标		尾黏土		尾粉质黏土		尾粉土		尾粉砂	
		1993年	2003年	1993年	2003年	1993年	2003年	1993年	2003年
W_0	平均值	38.8	31.01	30.2	27.55	26.7	23.3	25.6	24.8
	范围值	37.2~42.3	24.1~34.3	24.6~40.4	23.2~31.6	23.1~31.5	19.7~27.7	23.2~29.6	21.1~28.1
ρ_0	平均值	1.89	2.08	2.02	2.052	2.02	2.08	2.03	2.092
	范围值	1.81~1.94	1.9~2.08	1.9~2.07	1.93~2.10	1.92~2.12	1.91~2.19	1.98~2.12	2.03~2.13
ρ_d	平均值	1.36	1.53	1.56	1.613	1.59	1.69	1.61	1.683
	范围值	1.31~1.41	1.41~1.66	1.49~1.66	1.46~1.71	1.49~1.71	1.49~1.83	1.53~1.71	1.62~1.73

续表 9-1

比较指标		尾黏土		尾粉质黏土		尾粉土		尾粉砂	
		1993 年	2003 年	1993 年	2003 年	1993 年	2003 年	1993 年	2003 年
e	平均值	1.12	0.869	0.85	0.807	0.85	0.76	0.81	0.76
	范围值		0.66~1.1		0.72~0.96		0.61~0.97		0.73~0.83

再看图 9-12~图 9-14，液性指数（$I_L=(W_o-W_p)/I_p$）和深度的钻孔资料，仍把尾矿泥的软硬分为 $I_L>1$ 流塑、$I_L=0.75\sim1$ 软塑、$I_L=0.25\sim0.75$ 可塑、$I_L=0\sim0.25$ 硬塑、$I_L\leqslant0$ 坚硬五级。图 9-12 表明，1991 年现场冲槽试验和 1994 年水力固结试验时，尾矿的状态很软，I_L 有的大于 4。图 9-13 表明，1993 年时，IL_j 均大于 0.5，属于软可塑（$I_L=0.75-1.0$）、流塑（$I_L>1.0$）状态。图 9-14 表明，2003 年时，I_L 基本小于 0.75，属于硬塑（$I_L=0\sim0.25$）、可塑（$I_L=0.25\sim0.5$）、软可塑（$I_L=0.5\sim0.75$）状态，个别点大于 0.75，属于软塑（$I_L=0.75\sim1$），基本脱离了流塑状态，多数处于软可塑以上状态。矿泥含水还将随着时间转移，全部达到可塑以上理想状态。2010 年资料勘察的结果再次证实液性指数小于 1.0，随着深度，在 20m 以下一般小于 0.4，见表 9-2~表9-4和图 9-14、图 9-15。

表 9-2　2010 年钻孔液塑限资料（KC5）

孔号	埋深 h/m	液限 W_L/%	塑限 W_p/%	塑性指数 I_p/%	液性指数 I_L
KC5-4	18.20	28.7	16.3	12.4	0.97
KC5-5	20.20	33.4	17.3	16.1	0.70
KC5-7	25.20	42.8	20.7	22.1	0.90
KC5-12	39.20	40.9	18.8	22.1	0.46
KC5-13	41.20	29.3	16.7	12.6	0.51
KC5-14	43.20	30.4	16.3	14.1	0.69
KC5-15	45.70	25.3	14.2	11.1	0.64
KC5-16	48.20	35.5	17.7	17.8	0.62
KC5-17	50.70	33.7	16.4	17.3	0.67
KC5-18	53.20	35.5	17.1	18.4	0.54
KC5-19	55.20	36.7	16.6	20.1	0.55
KC5-20	56.10	25.4	12.7	12.2	0.43

表 9-3　2010 年钻孔液塑限资料（KC2）

孔号	埋深 h/m	液限 W_L	塑限 W_p/%	塑性指数 I_p/%	液性指数 I_L
KC2-3	24.2	25.9	17.2	8.7	0.76
KC2-4	25.1	34.6	18.6	16	0.78
KC2-7	32.7	24.8	16.3	8.5	0.91
KC2-8	35.7	22.3	14.4	7.9	0.78
KC2-9	37.2	24.6	13.8	10.8	0.80
KC2-11	41.6	24.2	16.5	7.7	0.78
KC2-12	45.2	23.9	16.4	7.5	0.51
KC2-13	47.1	24.1	15.9	8.2	0.77
KC2-14	49.2	24.9	17.2	7.7	0.83
KC2-16	56.1	26	15.8	10.2	0.55
KC2-17	58.1	36	19	17.6	0.64
KC2-18	60.2	39.9	21.5	18.4	0.41
KC2-19	63	36.2	18	18.2	0.62

表 9-4　2010 年钻孔液塑限资料（KC9、CK10）

孔号	埋深 h/m	液限 W_L/%	塑限 W_p/%	塑性指数 I_p/%	液性指数 I_L
KC9-3	38.20	31.10	16.20	14.90	0.18
KC9-4	41.20	34.30	16.80	17.50	0.41
KC10-1	24.20	34.30	20.20	14.10	0.33
KC10-5	32.20	37.10	18.40	18.70	0.29
KC10-6	34.20	35.30	17.70	17.60	0.32
KC10-7	36.20	35.60	18.40	17.20	0.35
KC10-8	38.20	26.90	17.60	9.30	0.80

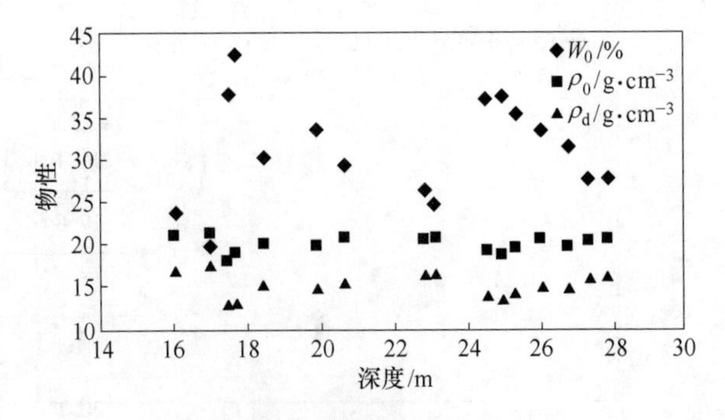

图 9-10　不同深度的物性指标（W_0、ρ_0、ρ_d）

（1993 ZK4）

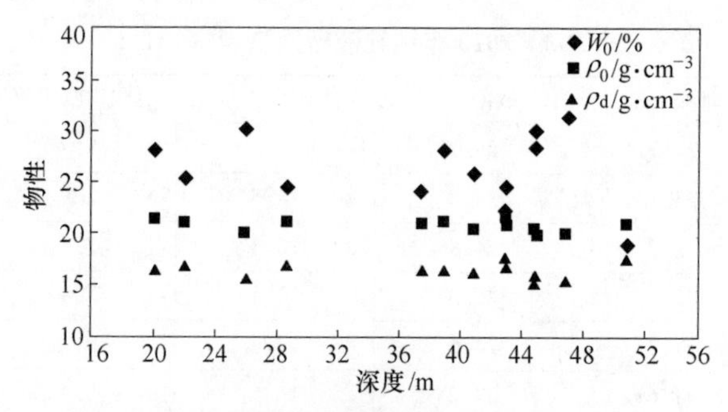

图 9-11　不同深度的物性指标（W_0、ρ_0、ρ_d）

（2003 ZK8）

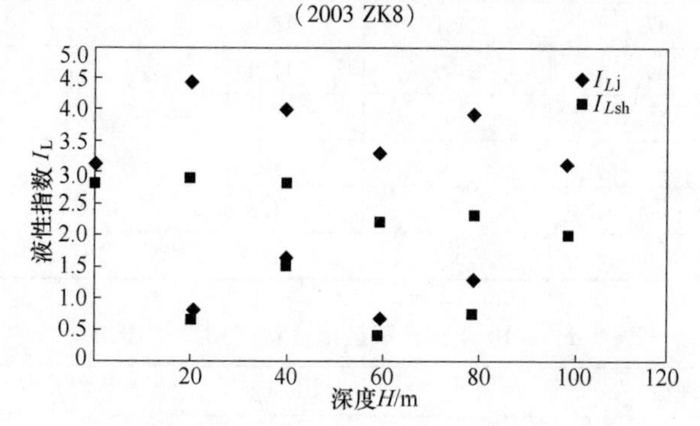

图 9-12　不同状态的塑性指标（I_{Lj}、I_{Lsh}，1991 年和水力固结后）

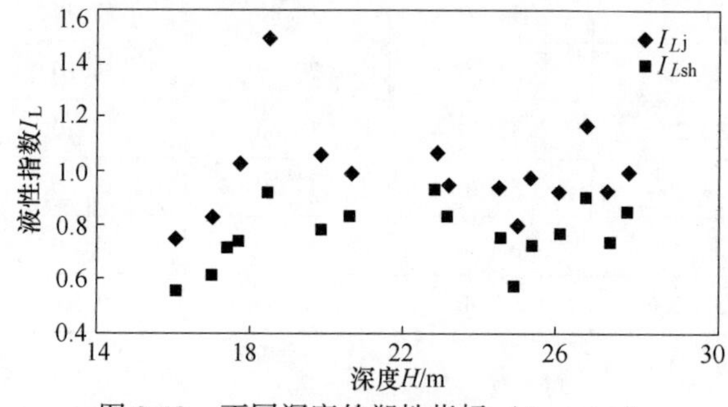

图 9-13　不同深度的塑性指标（I_{Lj}、I_{Lsh}）

（1993 ZK4）

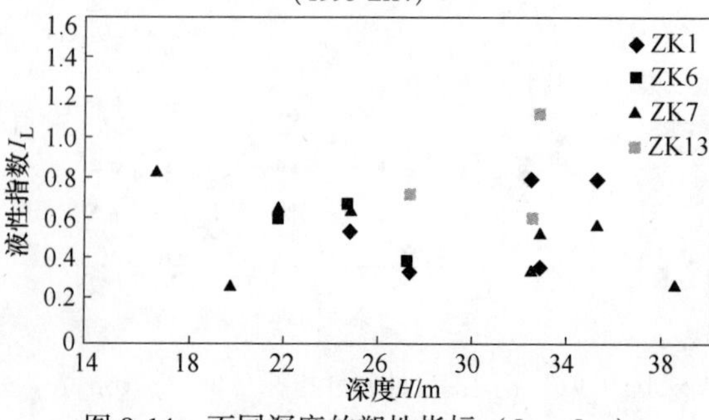

图 9-14　不同深度的塑性指标（I_{Lj}、I_{Lsh}）

（2003）

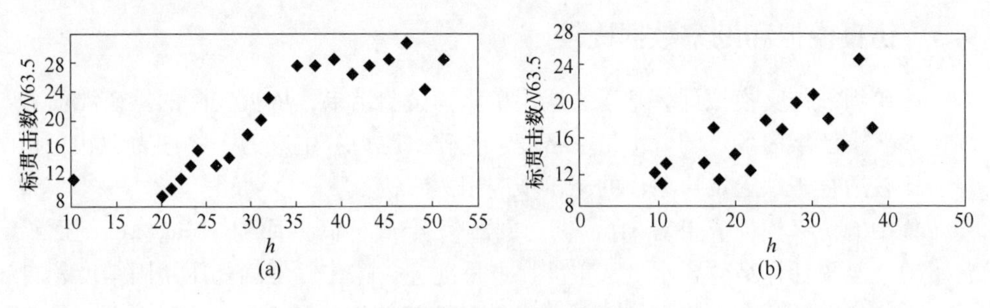

图 9-15 鲁中坝的标贯数据（2010 年）

（a）2010 年 10 期子坝标准贯入击数；（b）2010 年 16 期子坝标准贯入击数

如前述，1993 年鲁中坝勘察的液性指数 I_{Lj} 多在 0.5~0.9 之间，2003 年的这一指标多数在 0.25~0.8 之间。2003 年还得到尾粉土、尾粉质黏土、尾黏土的标准贯入击数平均值，依次为 9 击、14.4 击、7.3 击，按表 9-5 的标准，贯入击数对应的液性指数范围在 0.25~0.75，达到了可塑到硬塑状态。这一状态的黏性土，具有理想的力学指标，可以利用，无须加固处理。鲁中尾矿坝 2010 年的标准贯入数据如图 9-15 所示，最小击数为 9，24m 后均大于 15 击。深部处于可塑和硬塑状态。

表 9-5 用标贯击数、液性指数判定黏性土的状态

液性指数 I_{Lj}	>1.0	1.0~0.75	0.75~0.5	0.5~0.25	0.25~0	<0
标贯击数 N	<2.0	2~4	4~7	7~18	18~35	>35
状态	流态	流塑	软塑	可塑	硬塑	坚硬

综上所述，室内和原位试验表明，10~20m 的尾矿泥处于软塑状，20m 以下的尾矿泥处于硬塑状。分期实施的宽厚废石子坝和沉砂体提供了固结压力，犬牙交错的砂、泥构造提供了排水条件。

图 9-16 是综合冲槽试验和三次勘察的代表性尾矿泥的天然密度，直观地描述了密度随时间的增长。由此可以了解孔隙和含水量的减少改善力学指标，25 年的事实应该可以修正这句话了：“当尾矿浆质量浓度超过 35%时，上游式堆坝的尾矿沉积后分选效果不佳，所筑坝体稳定性往往达不到安全要求。”[2]

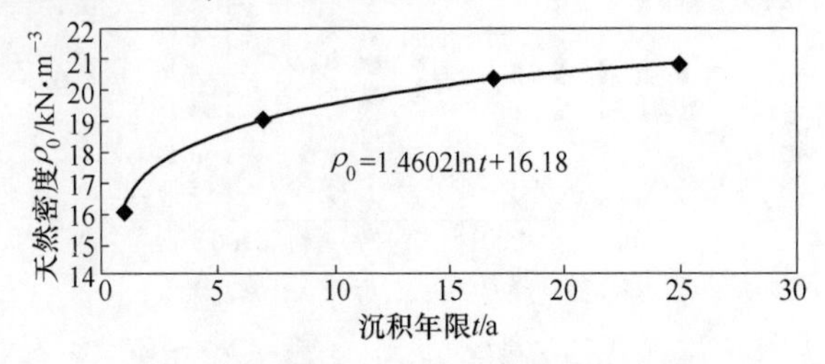

图 9-16 鲁中尾矿泥天然密度随沉积年限变化

9.3　仿真模拟和勘察数据比较

尾矿坝的仿真模拟计算基于表层尾矿压缩试验结果，依据实际的尾矿滩面升高速率，求解坝内各点的含水量、密度、孔隙水压力、主应力等物理力学状态指标。比较适合于缺乏钻探条件的尾矿坝应用。

鲁中的仿真模拟成果对 316m 标高剖面、345m 标高剖面和 370m 标高剖面给出了填筑至预计标高时含水量、重度、干重度、孔隙比、超静孔压、固结度、自重应力和应变的分布规律。仿真模拟成果对已填筑完成的 316m 标高剖面，是对勘察资料的有益补充；对 345m 标高剖面和 370m 标高剖面给出了全面而清晰的预测。对研究、设计和施工建设都有极其重要的参考价值。

316m 标高恰是 2003 年勘察时的坝顶，附近有 ZK6 和 ZK8 两个钻孔资料，如图 9-17～图 9-20 所示，图中指标的脚注“m”表示模拟结果，其余为勘察指标。可从三个方面说明模拟结果的可信性。首先，指标变化趋势一致，与勘察的结果变化规律相同。含水量和孔隙比随深度减小，密度随深度增大。其次，量值可

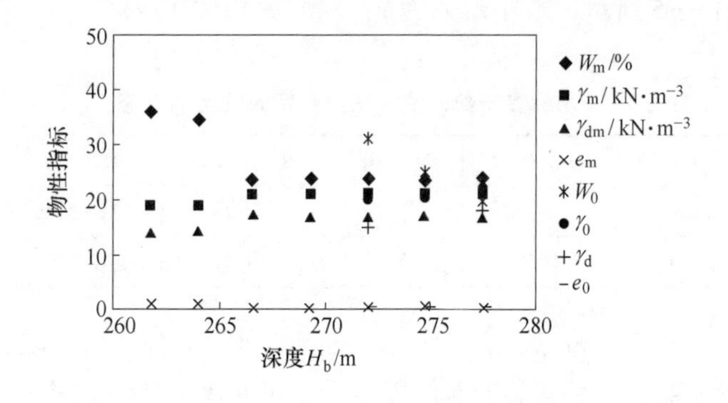

图 9-17　316m 标高仿真模拟和钻孔物性指标比较（ZK6）

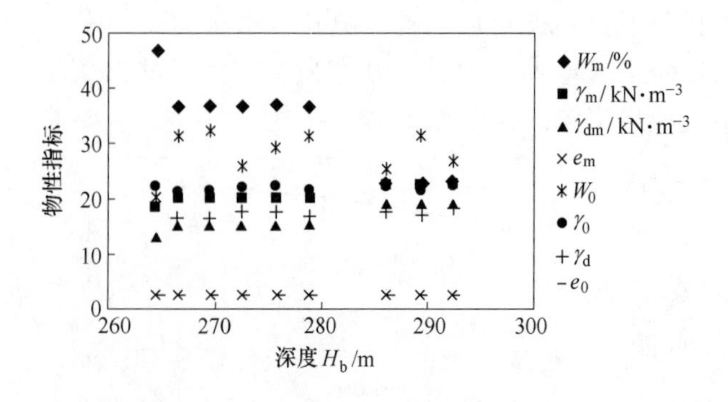

图 9-18　316m 标高仿真模拟和钻孔物性指标比较（ZK8）

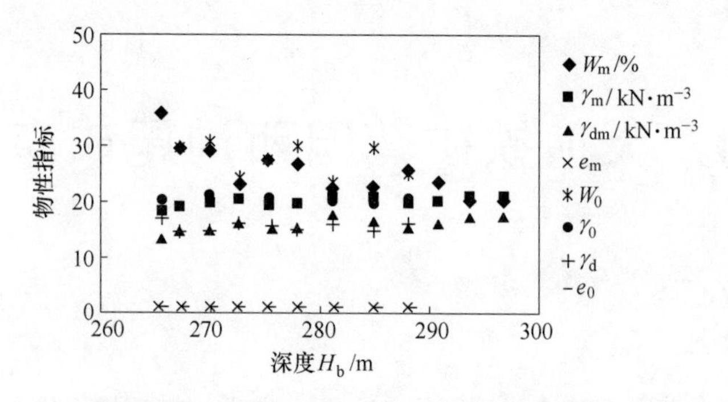

图 9-19　345m 标高仿真模拟和钻孔物性指标比较（ZK8）

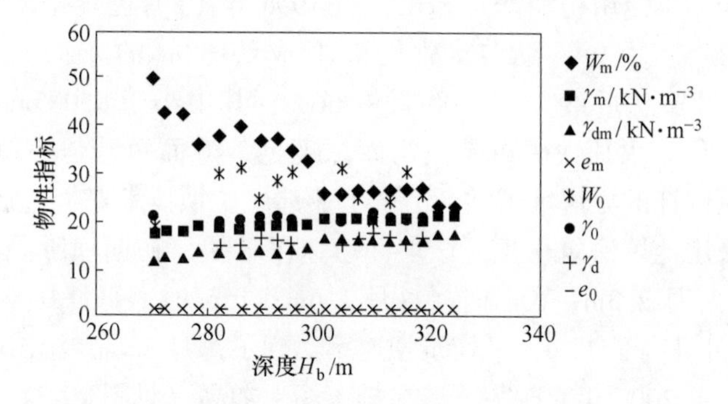

图 9-20　345m 标高仿真模拟和钻孔物性指标比较（ZK6、ZK8）

比，有的点非常接近。由于勘察可比点偏少，虽然不能精确计算误差，同类土的模拟误差不会大于勘察结果的离散度。最后，模拟结果偏于安全，即含水量和孔隙比偏高，密度偏低。

图 9-17 和图 9-18 所示为 316m 坝顶以下粉土、粉质黏土、黏土的模拟物性结果与钻孔资料。图 9-19 和图 9-20 所示为 345m 时，坝顶以下粉土、粉质黏土、黏土的模拟物性结果与钻孔资料的比较。结果表明，标高较低时，由于模拟把原地基做了不透水处理，尾黏土的含水量仍高于 40%。实际上 1993 年的勘察揭示，底部已经有约 3m 的厚度是固结的，2003 年勘察尾黏土的含水量最大为 32%。

仿真模拟预测未来尾矿泥的含水量大多在 20%～30%，这个结果与 2003 年、2010 年的钻孔资料同样的状态预测相符：上层软可塑，10m 以下软可塑到硬可塑，更深层优于硬可塑。这样的尾矿泥具有理想的抗剪强度摩擦角。

10　大顶铁矿蕉园西沟尾矿库

10.1　工程概况

广东大顶铁矿蕉园西沟库设计库容 548 万立方米，初期堆石坝高 30m，后期坝尾矿堆坝高 46m。使用初期严重漏矿，至 1998 年 10 月已经排入尾矿 35 万立方米。由于尾矿含黏土颗粒多，故仅能形成约 30m 的滩面。全尾矿小于 0.074mm（200 目）总量不大，-200 目占 66%，其中小于 0.005mm 的占 26%，排放浓度 12%。广东大顶铁矿蕉园西沟库浓度低、滩面短，是一库尾矿泥的实例。无法使用原设计的方法堆子坝，冶金工业部尾矿坝技术安全监督站在应急处理意见中建议采用池填法筑子坝。该坝冲填速率较快，初期坝阶段每月 3m；堆积坝高 5m 时，每月 2.3m；10m 时，每月 1.6m；15m 时，每月 0.8m。2000 年 3 月至 2001 年 6 月升高了 11m，平均筑坝速率达到了每月 3.6m。图 10-1 所示第一层沉砂厚 16m，自 2003 年起改为下游在排土场上加高（见图 10-2）。后来的扩容设计也沿用这一方法，然后建排土场。图 10-3 和图 10-4 所示反映了不同阶段的概况。

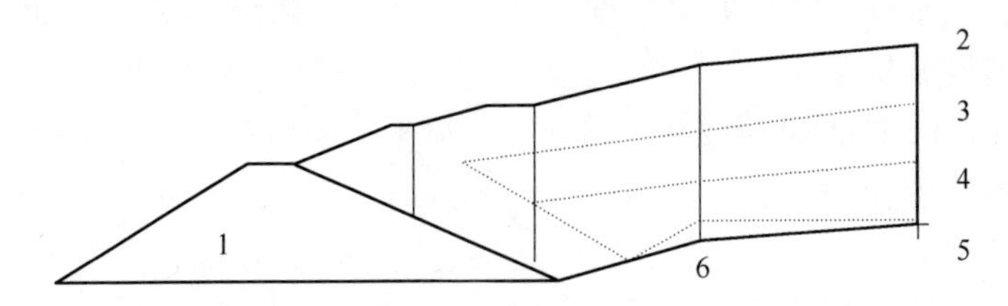

图 10-1　大顶蕉园西沟尾矿坝钻孔和概化断面示意图

1—初期坝；2—沉砂；3—尾粉质黏土；4—尾黏土；5—碎石粉质黏土；6—微风化细砂岩

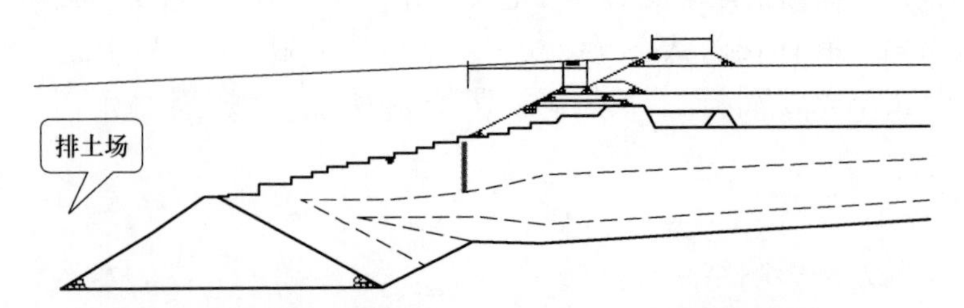

图 10-2　大顶蕉园西沟尾矿坝 504m 标高改造断面示意

图 10-3 大顶蕉园西沟尾矿坝池田法

图 10-4 大顶蕉园西沟尾矿坝废石土筑坝

1999 年 4 月、2001 年 1 月先后对大顶选矿厂尾矿特性进行过试验研究，2003 年 1 月核工业河源工程勘察院提交了尾矿坝的勘察报告，对沉积尾矿的现状做了系统描述。以下是对这些试验结果的汇总，探讨尾矿泥的强度和坝体稳定性的相关性和稳定措施。

10.2 颗粒组成

由于选矿厂处理的矿石性质、选矿工艺与初步设计不同（没有按配矿要求建设采场和选厂，初期坝和排洪系统已经建成投产），所以产出尾矿的粒度组成与原设计也不同。根据 1999 年的试验结果，全尾矿中大于 0.074mm 粒组占 8%~32%，小于 0.037mm 的细粒组约为 59%~83%，即大于 0.037mm 公认的可筑坝粒组只有 17%~41%，小于 0.005mm 的含量高达 26%，中值粒径 d_{50} 在 0.025mm~0.0076mm，详见表 10-1。

不同试验方法影响结果。试样 1113-1、1204-1 和 1113-2、1204-2 均为全尾矿，试样“-1”加了分散剂，“-2”没加分散剂。其结果是分散剂使得小于 0.01mm 的含量明显增加了。

表 10-1　全尾矿的颗粒级配

试样编号	尾矿粒组含量（百分数）/%							
	>0. 5mm	0. 5～0. 25mm	0. 25～0. 074mm	0. 074～0. 037mm	0. 037～0. 02mm	0. 02～0. 01mm	0. 01～0. 005mm	<0. 005mm
1028	6	8	18	15	7	11	9	26
1113-1	2	1	5	7	13	32	27	13
1113-2	2	1	5	9	17	41	19	6
1204-1	3	1	6. 5	7. 5	10. 5	19. 5	27	25
1204-2	3	1	6. 5	9	14. 5	44	14. 5	7. 5
一批	4	4	12	9	15	30	4	22
二批	6	5	14	8	8	34	6	19
民安	6	7	17	12	19	29	4	6

一批、二批全尾颗粒组成接近；民安全尾中小于 0. 005mm 粒组减少了，但由于小于 0. 019mm 粒组仍然高达 39%，故仍属于筑坝困难的一类尾矿。根据采矿计划，2003 年以后风化矿减少，脉矿增加，尾矿将有所变化。因无进一步资料，本小节暂不考虑这一因素对稳定性的作用。

尾矿坝使用初期采用分散放矿，有 30 余米的沉积滩面。475m 标高以后采用池填法筑坝。池填完成以后仍属于分散放矿。表 10-2 是 1999 年滩面尾矿所做级配的结果。表 10-3 是池填尾矿粒度组成。滩面和池填尾矿分别用 T 和 CHT 表示，数字为取样距离。这些试验表明，滩面 20m 的尾矿与池填尾矿的粒度组成接近。除室内制备的二批沉砂和民安沉砂外，多属于含细颗粒的中、粗砂。通常小于 0. 074mm 的含量高于 20%，其中小于 0. 005mm 的接近 10%。

表 10-2　滩面沉积尾矿的粒度组成和特征粒径　　（%）

试样/mm	T5-1	T5-2	T13-1	T13-2	T15-1	T15-2	T20
>5	4	1	—	—	—	—	2
2～2. 5	13	2	25	0. 5	3	1	1
2. 5～1. 0	25	4	12. 5	2. 5	17	3	17
1. 0～0. 5	18	11	27	7	22	13	33
0. 5～0. 25	11	23	25	9	17	20	14
0. 25～0. 074	10	30	13	33	15. 5	19. 5	16
0. 074～0. 037	3	7	4	14	4	2. 5	3
0. 037～0. 02	3	6	3	10	3. 5	11	2

续表 10-2

试样/mm	T5-1	T5-2	T13-1	T13-2	T15-1	T15-2	T20
0.02~0.005	4	7	1	12	6	11	2
<0.005	9	9	12	12	12	19	10
*D*50	0.78	0.35	0.4	0.082	0.37	0.11	0.55
*D*10	0.007	0.006	0.003	0.003	0.03	0.002	0.005
*D*60	1.18	0.45	0.48	0.115	0.55	0.21	0.65
*D*60/*D*10	169	75	160	38	183	105	130

筛分方法可影响结果，CHT-2 为洗筛结果，小于 0.074mm 的颗粒比比 CHT-3 多出 1 倍。

模拟制备试样所得尾矿泥和细泥主要由粉颗粒组成，砂粒减少，黏粒也比全尾少，可能与制样浓缩过程细粒的流失有关，见表 10-3。勘察报告表八的四种尾矿粒度分析结果也列入表 10-3，见最后的四行，可见，粉黏和黏土是表层取样取不到的。

表 10-3　池填尾矿、模拟制备尾矿和钻孔典型尾矿的粒度组成百分数　（%）

试样	2.5~1.0mm	1.0~0.5mm	0.5~0.25mm	0.25~0.074mm	0.074~0.037mm	0.037~0.02mm	0.02~0.005mm	<0.005mm
CHT-1	7	21	27	23	4	4	4	10
CHT-2	—	33	21	22	24			
CHT-3	—	39	24	25	12			
二批砂	10	12	15	29	13	4	8	9
民安砂	6	8	20	39	10	6	7	1
二批泥		—	3	12	10	20	40	10
二批细			—	2	5	15	68	10
民安泥	—	3	5	14	13	16	37	12
中砂	35		21.8	24.4	16.1			2.7
粉砂	20.8		10.4	24	27.7			17.1
粉黏	20.2		9.6	16.3	45.5			24.7
尾黏土		0.1	0.2	2.3	58.9			40.8

10.3　基本物理特性

1999 年在现场对滩面和池填尾矿所做的试验结果见表 10-4，2001 年室内模拟制备样的试验结果见表10-5。室内模拟制备样所得尾矿的密度与现场表层同类沉积尾矿的密度是可比的。也许可以用粗尾矿代表库内表层池填尾矿，简称池尾或沉砂，中等尾矿可代表滩面上过渡段的表层尾矿，简称矿泥，细尾矿可代表靠近池心区难以取到的表层尾矿。

表10-4　1999年对滩面和池填尾矿所做的试验结果

统计项目	天然密度 ρ_0/g·cm^{-3}	饱和密度 ρ_{sat}/g·cm^{-3}	干密度 ρ_d/g·cm^{-3}	含水量 W_0/%	孔隙比 e	饱和含水 W_{sat}/%	饱和度 S_t
平均值	1.59	1.777	1.186	36.7	1.484	51.5	0.702
最大值	1.934	2.021	1.588	69.5	2.266	77	1
最小值	1.368	1.662	0.888	13.8	0.861	29.7	0.3324
标准差	0.193	0.1	0.152	15	0.315	11	0.203

表10-4、表10-5结果说明，沉积尾矿处于大孔隙、低密度、高含水率的松散状态。勘察结果表明，这种松软状态的尾矿在不良排水条件下很难密实。砂类尾矿的标贯击数为4.9~8.5击，处于松散状态。黏土类尾矿含水量高，液性指数0.41~0.9，处于软塑状态，局部流塑。如果考虑17mm标准比10mm液限标准大5~10，黏土类尾矿可能大部分处于流塑状态，尚未完成自重固结。这种尾矿在上升速率快、水位高的情况下，对外荷载反应敏感，易诱发“流滑”。

表10-5　2001年室内模拟制备样和钻孔典型尾矿的试验结果

名称	占比 G_s	起始密度 ρ_0	液限 W_L/%	塑限 W_P/%	塑性指数 I_P/%	起始含水量 W_0/%	饱和度 S_t	土质分类
池填尾矿	3.22	1.697~2.07	48/44	36	12/8	38.1~50.9	>0.97	尾亚砂
矿泥	3.33	1.615~1.693	62/57	45	17/12	75~87.6	>0.89	粉质黏土
细泥	3.19	1.492~1.629	82/72	50	32/22	87.4~101.7	>0.98	黏土
水上中砂	3.36	2.0				19.2	82	
水下中砂	3.15	2.25				31.2	92	
粉砂	3.09	1.79	47.8	31.8	16	46.7	94.2	粉黏
粉黏	3.04	1.76	56.5	35.5	20.9	53.3	98.3	尾黏
尾黏土	2.99	1.61	77.7	46.1	31.6	70.0	100	

注：塑限有锥入度10mm和17mm标准，“/”后数字为10mm标准的试验结果。

尾矿沉积偏松软的原因有：（1）尾矿细渗透性差；（2）基底（包括初期坝）排水条件差；（3）筑坝速率快（5年大约冲填55m）；（4）库内水位高。

10.4　力学常规试验结果

1999 年滩面砂类尾矿和 2001 年模拟制备试样的试验结果分别见表 10-6、表 10-7。表 10-6 除渗透系数 K_y，其余均为扰动样。表 10-7 的起始密度见表 10-5，高于现场的表层密度。固结以后密度变大，含水率减小。三轴试验中所测沉砂、尾矿泥、细泥剪后含水率的范围依次为 32~35.7，57~64.6，62~70。与 10mm 液限接近，比 17mm 液限低。直剪中，排水条件好，固结压力大，剪后含水率更低，强度指标更高，由于无法得到现场含水率下的强度特性，2001 年曾建议在计算使用时适当降低强度指标以策安全。勘察报告的结果见表 10-8 和表 10-9 。

表 10-6　1999 年的试验结果

试样名称	干密度 $\rho_d/g\cdot cm^{-3}$	压缩模量 E_s/kPa	压缩系数 a_v/kPa^{-1}	渗透系数 $K_y/10^{-2}cm\cdot s^{-1}$	摩擦角 $\varphi_{cq}/(°)$	凝聚力 C_{cq}/kPa
T5	1.53	6.82	0.273	2.33	36.6	23
T13	1.56	7.44	0.246		29.8	30

固结或压缩试验，所用仪器为杠杆式固结仪或称压缩仪。试验结果见表 10-7 和表 10-9。泥的固结系数在 7.52×10^{-4} cm^2/s ~ 9.89×10^{-3} cm^2/s，沉砂的为 $(4.16\sim9.73)\times10^{-3}cm^2/s$，表 10-9 的 C_v 结果偏大。为了求得水平方向的固结系数 C_{vr}，在静三轴仪上进行了轴对称应力条件的固结试验，试样的直径为 3.91cm，在试样中心设置一个 2mm 的织物排水，测定超孔隙水压力消散度与时间的关系，应用巴隆（Barron）理论计算的水平向（径向）固结系数 C_{vr}，结果见表 10-10。矿泥在轴对称条件水平方向的固结系数为 $(4.96\sim5.93)\times10^{-4}cm^2/s$。

表 10-7　2001 年的试验结果

尾矿名称	压缩模量 E_s/MPa	压缩系数 a_v/MPa^{-1}	固结系数 $C_v/10^{-3}cm^2\cdot s^{-1}$	渗透系数 $K_y/10^{-5}cm\cdot s^{-1}$	摩擦角 $\varphi_{cq}/(°)$	凝聚力 C_{cq}/kPa
池填尾矿	1.908	1.28	8.821	4.62	35.5	3.0
矿泥	2.125	1.54	4.093	1.19	29.0	10.0
细泥	—	—	—	—	20	8

表 10-8　2002 年的试验结果

名称	占比 G_s	含水量 $W_0/\%$	重度 ρ_0	液限 $W_L/\%$	塑性指数 $I_P/\%$	液性指数 I_L	凝聚力 C_q	摩擦角 $\varphi_q/(°)$	分类
水上砂	2.94	31.3	17.34				38.6	35.4	尾砂

续表 10-8

名称	占比 G_s	含水量 $W_0/\%$	重度 ρ_0	液限 $W_L/\%$	塑性指数 $I_P/\%$	液性指数 I_L	凝聚力 C_q	摩擦角 $\varphi_q/(°)$	分类
水下砂	2.99	38.9	16.61				22.4	38.3	
粉砂	3.09	46.7	17.9	47.8	16	0.93	32.8	21.3	
粉黏	3.04	48.9	17.9	49.98	14.85	0.801	48.1/16.77①	23.2/14.7①	粉黏
尾黏	3.08	61.3	17	59.8	20.1	0.88	70.6/21.4①	25.3/17.4①	尾黏
地基土	/2.69①	/34.4①	/18.6①	/51.9①	/25.4①	/0.31①	49.4	27.4	

① "/" 后为补充钻孔结果，粉砂也是补充钻孔资料。

表 10-9 2002 年的试验结果

名称	压缩模量 E_s/MPa	压缩系数 a_v/MPa^{-1}	固结系数 $C_v/10^{-3}cm^2 \cdot s^{-1}$	渗透系数 $K_y/10^{-5}cm \cdot s^{-1}$	摩擦角 $\varphi_{cq}/(°)$	凝聚力 C_{cq}/kPa
水上砂	9.05	0.2				
粉砂	4.27	0.59	/79①		/21.8①	/25.5①
粉黏	4.3/3.1①	0.66/0.85①	/79①	3.3×10^{-4}	/28.6①	/30.9①
尾黏	3.9/3.3①	0.8/0.79①	/74①	6.2×10^{-5}①	/30①	/10.9①
地基土	/4.95①	/0.39①	/85①	5.5×10^{-5}	/25.9①	/31.2①

① "/" 后为补充钻孔结果，粉砂也是补充钻孔资料。

表 10-10 轴对称应力条件的水平（径向）固结系数

水平固结度 $U_r/\%$	20	40	60	80	99
时间因数 T_r	0.0848	0.1106	0.1984	0.349	0.998
$C_{vr}\times10^{-4}/cm^2 \cdot s^{-1}$	41.0~8.2	16.6~4.27	5.06~4.96	5.93	16.95

表 10-10 渗透系数系由固结试验资料整理得到的，比现场所得结果偏小。这可能是由于试验方法、尾矿的粒度、密度等条件不同所造成的。根据坝工实践经验，坝料渗透系数小于 10^{-5} cm/s 时，筑坝速率过快，对坝的稳定性不利。由表 10-11 可见，压力在 100kPa 时，沉砂的渗透系数在（2.67~4.62）$\times10^{-5}$cm/s；矿

泥的渗透系数在（1.19~2.71）×10^{-5}cm/s；细泥的渗透系数应该更小。

勘察报告提供的渗透系数：粉黏：8.06×10^{-5}~2.5×10^{-3}cm/s；黏土：4.52×10^{-7}~6.22×10^{-3}cm/s。

表 10-11　渗透系数结果

压力 p/kPa	各组试验的渗透系数/×10^{-5}cm·s^{-1}						
	大顶沉砂	民安沉砂	混合沉砂	民安矿泥	大顶矿泥	大顶矿泥	大顶矿泥
12.5	1.31			19.9	33.48	28.1	3.76
25	0.631			8.04	4.99	5.26	5.86
50	2.36	4.49	4.30	8.38	3.5	10.36	1.59
100	4.62	2.67	0.981	1.28	1.94	2.71	1.19
200	1.26	1.56	5.96	2.18	1.97	1.85	
400		8.81	4.62				

10.5　静三轴试验

2001年，静三轴CU试验的固结比 $K_c=\sigma_1/\sigma_3=1$，固结压力 σ_{3c}=20kPa、40kPa、80kPa、160kPa、240kPa。试样成型的密度接近现场表层尾矿的密度，见表10-12。固结以后的密度大大提高，因此有了比较理想的抗剪强度指标。2002年勘察的静三轴试验采用原状样，埋深较大，1186埋深21m，1187埋深31.8m，1188埋深25m，1189埋深35m。

表 10-12　制备样静三轴试验的条件和结果

尾矿名称	成形密度 ρ_0/g·cm^{-3}	成形水量 W/%	成形密度 ρ_{d0}/g·cm^{-3}	固结压力 σ_{3c}/kPa	固后含水量	固后干密度 ρ_{dc}/g·cm^{-3}	总应力		有效应力	
							内聚力 C/kPa	摩擦角 φ/(°)	内聚力 C'/kPa	摩擦角 φ'/(°)
二批沉砂	1.697	41.5	1.199	40	24.4	1.31	18	20	20	33
				80		1.35				
				160		1.41				
二批沉砂	1.905	47.8	1.289	80	19.8	1.53	32	24	30	34
				160		1.59				
				240		1.61				
二批矿泥	1.53	84.5	0.829	40	50	0.99	4	21.8	6	32
				80		1.02				
				160		1.08				

续表 10-12

尾矿名称	成形密度 ρ_0/g·cm^{-3}	成形水量 W/%	成形密度 ρ_{d0}/g·cm^{-3}	固结压力 σ_{3c}/kPa	固后含水量	固后干密度 ρ_{dc}/g·cm^{-3}	总应力		有效应力	
							内聚力 C/kPa	摩擦角 φ/(°)	内聚力 C'/kPa	摩擦角 φ'/(°)
		94.3	0.825	40	49.9	1.03				
二批细泥	1.603			80		1.07	16	18.5	16	26
				160		1.15				
		37.6	1.385	20	22.9	1.494				
民安沉砂	1.905			40		1.55	18	25.2	20	31
				80		1.73				
		69.2	0.968	20	51.5	1.03				
民安矿泥	1.636			40		1.08	12	18.6	14	25.6
				80		1.11				

表 10-12 表明，沉砂的平均剪切含水量为 22.8%，平均总应力抗剪强度指标：凝聚力为 22.7kPa，摩擦角 23.1°。其中二批沉砂固后干密度达 1.59g/cm^3，具有剪涨性；大应变时的凝聚力为零，摩擦角在 17.5°~23.5°。对于尾矿泥和细泥，不论装样的含水量高低，固结后的含水量都在 50 左右（W_P=45~50）。平均总应力抗剪强度指标为：凝聚力 10.7kPa，摩擦角 19.6°。

表 10-13 结果给出了两种原状土、两个固结状态的强度指标。两个粉质黏土的起始含水量平均为 42.9%。完全固结后的含水量略平均，为 39.6%。平均总应力抗剪强度指标为：凝聚力 13.5kPa，摩擦角 24.3°。固结度达到 70%后的平均含水量为 39.8%。平均总应力抗剪强度指标为：凝聚力 25.5kPa，摩擦角 20.3°。两种固结状态的含水量和总应力指标变化都很小，两组黏土的起始含水量分别为 86.7%和 54.8%，差别较大（35m 埋深排渗固结条件好），完全固结后的含水量分别为 70.7%和 56.9%，固结度 70%时相应的含水量为 69.5%和 56.5%。从报告提供的应力-应变关系可知，破坏时的偏应力与固结应力的比值不是常数，且偏离较大。影响因素有试样的均匀性、饱和度、试样和仪器轴心的同心度等。

表 10-13　原状样静三轴试验的条件和结果

名称编号	天然密度 ρ_0/g·cm^{-3}	天然含水率 W_0/g·cm^{-3}	固结压力 σ_{3c}/kPa	固后含水率 W_c/g·cm^{-3}	总应力强度指标		有效应力强度指标	
					内聚力 C/kPa	摩擦角 φ/(°)	内聚力 C'/kPa	摩擦角 φ'/(°)
			50	42.9				
粉质黏土	1.82	43.6	100	40.2	14.0	22.6	9.0	38.1
			200	39.5				

续表 10-13

名称编号	天然密度 ρ_0/g·cm^{-3}	天然含水率 W_0/g·cm^{-3}	固结压力 σ_{3c}/kPa	固后含水率 W_c/g·cm^{-3}	总应力强度指标		有效应力强度指标	
					内聚力 C/kPa	摩擦角 φ/(°)	内聚力 C'/kPa	摩擦角 φ'/(°)
粉质黏土① 11868/70	1.82	43.6	50	44.7	40	15.9	26	24.3
			100	41.3				
			200	39.1				
黏土 1187/100	1.56	86.7	50	72.2	42.0	15.3	21.0	29.8
			100	70.7				
			200	66.8				
黏土① 1187/70	1.56	86.7	50	71.5	28.0	17.2	25.0	23.7
			100	69.5				
			200	68.7				
粉质黏土 1188/100	1.88	42.2	50	40.5	13.0	26.0	10.0	39.2
			100	39.0				
			200	35.4				
粉质黏土① 1188/70	1.88	42.2	50	40.8	11.0	24.7	10.0	31.8
			100	38.2				
			200	37.9				
黏土 1189/100	1.75	54.8	50	58.9*	15.0	23.1	6.0	38.1
			100	56.9*				
			200	51.7				
黏土* 1189/70	1.755	4.8	50	57.0	40.0	14.7	27.0	23.1
			100	56.5				
			200	50.6				

① 相应试样的固结度按 70%或 100%控制。

为了论证尾矿泥的三轴试验结果的可信性，合理确定沉积尾矿的强度指标，取报告中应力差峰值，点绘在 P [$p=(\sigma_1+\sigma_3)/2$] 、q [$q=(\sigma_1-\sigma_3)/2$] 坐标系，可知，固结应力小时则强度高，大则低，是非线性的。取低值过零点得到表 10-14 的结果。

根据报告提供的孔压资料可求得有效应力摩擦角 φ'，与报告值接近或稍大。小固结度摩擦角最多降低 7.6°。同样整理 2001 年的试验资料，结果见表 10-15。作为比较，表 10-15 中也给出了鲁中尾矿泥的试验结果。这些结果表明，依据固结不排水试验资料整理的 K_o（相当于固结比 $K_c = 1.5 \sim 2.0$）条件的结果比较稳定。鲁中不同固结度尾矿泥强度试验结果，当 $K_c = 1.5$ 时，固结度由 100 变化到 80、60、40，φ_{cu} 为 23.8°、18.5°、16.8°、14.4°，是非线形减小。考虑到现场平均固结度在 60~80 之间，可扣减 5°~7°。根据表 10-14、表 10-15 结果，大顶泥尾矿三轴试验平均值 $\varphi_{100} = 26.04°$，偏差 $\delta = 3.35$；$\varphi_{70} = 23.54°$，偏差 $\delta = 1.85$。

表 10-14 应力路径法整理的三轴试验结果

土号	试样埋深 /m	含水量 W_0/%	密度 ρ_o /g·cm^{-3}	饱和度 St/%	液限 W_L/%	塑性指数 I_P	有效摩擦角 φ'/(°)	不固固结度摩擦角/(°)	
								$\phi100$	$\phi70$
1186	21	43.6	1.82	95	45.9	12.8	42.4	26.17	23.83
1187	30.8	86.7	1.56	99	62.6	20	36.26	26.71	22.33
1188	25	38.2	1.88	94	42.2	11.9	40.49	30.19	26.44
1189	35	54.8	1.75	98	56.9	19.7	38.67	29.19	21.59

表 10-15 几个典型尾矿泥的 CU 试验结果

序号	土号	固结参数 K_c	摩尔圆				应力路径			
			有效应力		总应力		有效应力		总应力	
			C'	φ'/(°)	C_{cu}	φ_{cu}/(°)	C'	φ'	C_{cu}	φ_{cu}/(°)
1	二批矿泥	1.0	6	32	4	21.8	0	33.6	0	23.83
2	二批细泥	1.0	16	26	16	18.5	0	30.63	0	20.14
3	二批矿泥	K_o							0	24.73
4	二批细泥	K_o							0	23.83
5	制备样	1.0	0	35.15	0	20.2	0	34.29	0	18.96
6	制备样	1.5	0	35.22	0	23.83	0	34.29	0	23.45
7	制备样	2.0	0	37.02	0	28.02	0	36.86	0	27.79
8	制备样	1.0							0	23.83
9	制备样	1.5								25.12
10	15-3	1.0	0	36	—	—	0	35.26	0	17.8
11	15-4	1.0	0	28	—	—	0	29.19	0	19.43
12	3-9	1.0	0	29.5	—	—	0	31.67	0	20.86
13	15-3	K_o							0	21.34

续表 10-15

序号	土号	固结参数 K_c	摩尔圆				应力路径			
			有效应力		总应力		有效应力		总应力	
			C'	$\varphi'/(°)$	C_{cu}	$\varphi_{cu}/(°)$	C'	φ'	C_{cu}	$\varphi_{cu}/(°)$
14	15-4	K_o							0	23.83
15	3-9	K_o							0	23.8

注：序号 5、6、7、8、9 是鲁中的室内制备样，10、11、12、13、14、15 是钻探试样。

10.6 土工试验的结论

关于土工试验有以下几个结论：

(1) 室内模拟制备样所得尾矿的密度与现场表层同类沉积尾矿的密度是可比的。可以用粗尾矿代表库内表层池填尾矿，简称池尾或沉砂，中等尾矿可代表滩面上过渡段的表层尾矿，简称矿泥，细尾矿可代表靠近池心区难以取到的表层尾矿。

(2) 沉积尾矿上层处于大孔隙、低密度、高含水率的松散状态。勘察进一步表明，这种松软状态的尾矿，在不良排水条件下很难密实（只到中密）。砂类尾矿的标贯击数为 4.9~8.5 击，处于松散到中密状态。黏土类尾矿含水量高，液性指数 0.41~0.9，处于软塑状态，局部流塑。考虑到 17mm 标准比 10mm 液限标准大 5~10，黏土类尾矿可能大部分处于流塑状态，尚未完成自重固结。明显比标准贯入击数的结果保守。尾矿沉积偏松软的原因是尾矿细、渗透性差、基底（包括初期坝）排水条件差、筑坝速率快（5 年大约冲填 55m）、库内水位高。

(3) 三轴试验中所测沉砂、尾矿泥、细泥剪后含水率的范围依次为：32~35.7，57~64.6，62~70。与 10mm 液限接近，比 17mm 液限稍低。直剪中排水条件好，固结压力大，剪后含水率更低，强度指标更高，快剪指标也偏高。根据表 10-14、表 10-15 结果，泥尾矿完全固结后平均值 $\varphi_{cu}=26.04°$，偏差 $\delta=3.35$；固结度 70%时，$\varphi_{cu}=23.54°$，偏差 $\delta=1.85°$。计算使用了按固结度折减的指标。

(4) 固结系数在 7.52×10^{-4}~$9.89\times10^{-3}\,cm^2/s$，沉砂的固结系数为 $(4.16\sim9.73)\times10^{-3}\,cm^2/s$，矿泥在轴对称条件水平方向的固结系数为 $(4.96\sim5.93)\times10^{-4}\,cm^2/s$。

(5) 由固结试验资料整理得到的渗透系数比现场所得结果偏小。室内沉砂的渗透系数在 $(2.33\sim4.62)\times10^{-3}\,cm/s$；矿泥的渗透系数在 $(1.19\sim2.71)\times10^{-5}\,cm/s$；细泥的渗透系数应该更小。勘察报告提供的渗透系数：粉黏：$8.06\times10^{-5}\sim2.5\times10^{-3}\,cm/s$；黏土：$4.52\times10^{-7}\sim6.22\times10^{-3}\,cm/s$。

10.7　大顶坝的几个结论

10.7.1　沉积尾矿

勘察结果表明沉积尾矿可分为沉砂、尾粉质黏土和尾黏土 3 类。沉砂最大厚度达到了 23m。该层主要是中砂、细砂、粉砂，但界限不清，并含有黏土类尾矿。标贯击数为 4.9~8.5 击，处于松散到中密状态。尾粉质黏土位于坝的中部，层理不明显，夹有薄砂层，含水量高，标贯击数 5~13 击，处于流塑到软可塑状态。尾黏土在坝的底部最大厚度 13m。含水更高、塑性更大，标贯击数 6~17 击，处于流塑到硬可塑状态。看来沉积尾矿在力学上的明显特点是均匀性差，物质上有层理、夹层，力学上表现软硬不均。

10.7.2　天然地基

天然地基分为两层，上层为碎石粉质黏土（坡积亚黏土），稍湿，可塑到硬塑。与建库以前的特性无大变化。下部为微风化细砂岩，可视为不滑层。

10.7.3　初期坝

初期坝为堆石，主要是风化花岗岩和砂岩。灰白色、石质坚硬，坝体被尾砂充填，透水性差。

10.7.4　坝体浸润线

按钻孔的稳定水位，中间剖面水位低。水位埋深 5.6~9.4m，中部大，初期坝顶和堆积坝顶小。两边剖面水位高，同一横截面上的水位相差 0.5~3.1m 不等。这与排渗体的排水作用和原地面的托举作用有关。

10.7.5　坝体材料的物理力学性质

坝体材料的物理力学性质见表 10-16。

表 10-16　坝体材料的物理力学性质

名称	含水量 W_0/%	重度 γ_0/kN·m^{-3}	饱和重度 γ_{sat}/kN·m^{-3}	液限 W_L/%	塑性指数 I_P	液性指数 I_L	凝聚力 C/kPa	摩擦角 φ/(°)	凝聚力 C_{cu}/kPa	摩擦角 φ_{cu}/(°)
碎石粉黏	34.4	18.6	18.6	51.9	25.4	0.31	49.4	27.4	—	—
初期坝	—	20	21				18	33.24	—	—
水上砂	31.3	17.34	17.8				38.6	35.4	18	24
水下砂	38.9	17.8	17.8				22.4	38.3	18	24

续表 10-16

名称	含水量 W_0/%	重度 γ_0/kN·m^{-3}	饱和重度 γ_{sat}/kN·m^{-3}	液限 W_L/%	塑性指数 I_P	液性指数 I_L	凝聚力 C/kPa	摩擦角 φ/(°)	凝聚力 C_{cu}/kPa	摩擦角 φ_{cu}/(°)
粉质黏土	48.9	17.9	18.0	49.8	14.85	0.80	48.1	23.3	0	19.44
补充钻孔							16.7	14.7		
尾黏土	61.3	17	17.9	59.8	20.1	0.88	70.6	25.3	0	18.59
补充钻孔							21.4	17.4		

10.7.6 坝坡的稳定性

坝坡的稳定性计算结果见表 10-17、表 10-18。《选矿厂尾矿设施设计规程》(ZBJ 1—90) 对三等库的安全要求为：正常运行，瑞典法安全系数 F_s 大于 1.20，特殊运行（正常运行遇设计地震）的安全系数 F_d 大于 1.05。该规范对毕肖甫法未做规定，通常按偏大 10%~15%考虑。所以，安全标准应为 F_s 大于 1.30，F_d 大于 1.15。根据这一标准，坝顶标高 510m 基本满足要求，7 度地震时，瑞典法的安全系数偏低。坝顶标高 521m 时，不满足安全要求。

表 10-17 瑞典条分法计算的安全系数

断面	标高/m	水平坐标 x/m	垂直坐标 y/m	滑弧半径 r/m	静力安全系数 F_s	拟静力安全系数 F_d
2-2’	210	156.5	84.7	67.3	1.294	1.024
2-2’	521	160.3	161.8	144.4	1.121	0.886
3-3’	510	162.2	85.4	67.9	1.42	0.987
3-3’	521	182.6	129.2	111.4	1.126	0.883

表 10-18 毕肖甫法计算的安全系数

断面	标高/m	水平坐标 x/m	垂直坐标 y/m	滑弧半径 r/m	静力安全系数 F_s	拟静力安全系数 F_d
2-2’	210	156.5	84.7	67.3	1.519	1.278
2-2’	521	160.3	195.4	174.1	1.253	1.095
3-3’	510	162.2	142.2	116.8	1.559	1.322
3-3’	521	160.2	223	201.9	1.254	1.046

10.7.7 运行安全措施和建议

关于运行安全措施和建议有：

（1）为了保证尾矿坝的安全使用，建议充分利用采矿排土对现有坝体进行加固。加固工作应在坝顶 510m 前完成。

（2）在加固完成以前，应加强坝体水位、沉降观测，严格控制库内水位。保持坝顶、池填和滩面的总宽度任何时候都不小于 50m，水面和坝顶的高差满足设计洪水高和安全超高的要求。

（3）因快速升高导致控制库水位需要拆卸挡板，自 2000 年以来，发生了两起溢水塔挡板折断引起的尾矿泥外泄事故。应查找原因，加强挡水板制作、运输、安装各环节的质量管理，杜绝此类事故。

11　符山铁矿黑山峧尾矿库

符山铁矿选厂1974年建成投产，至1978年原矿处理量由每年50万吨的磁选厂扩至每年原矿处理量100万吨的磁选厂，设计为二段磨矿、阶段选别、细筛自循环流程。尾矿浓缩使用直径53m周边传动浓缩机一座，处理量为每年3400t。建有4座泵站，内设两组6PNJA型泵，每组有二台串联使用。尾矿输送管路全长2000m，几何高差181m，管径250mm。该尾矿浓缩输送系统在运行中，同时运转的设备多、故障率高，泵站间协调联络不便，不利于生产组织和管理，因而各类事故频繁，由于输送浓度低，尾矿粗颗粒沿管底流动加剧了磨损，每年需要更换一条管道，由于符山地处水、电资源紧缺地区，进行以节能、降耗为目标的技术改造势在必行。

11.1　高浓度输送改造

1990年以前，在黑色冶金矿山中，基本采用低浓度（质量浓度小于30%）输送、排放和筑坝，这有利于形成满足防洪所需滩面坡度以及合理的尾矿沉积层。但是，水电的消耗相当大。同时，泵、阀、管道的磨耗和防护工作量也大，沿输送线路的跑、冒矿浆，频繁造成环境污染，引发工农纠纷。往往以赔偿告终，是矿山企业的一大负担。

将低浓度输送改为高浓度输送，由于减少了输水量，增加了厂内的循环水量，是节能、降耗、减少跑冒、简化管理的有效途径。

为了促进尾矿高浓度输送筑坝改造这一节能事业的发展，前冶金部建筑研究总院与邯邢冶金矿山管理局、符山铁矿自1985年开始组织实施符山铁矿尾矿浓缩、输送系统的高浓度改造工程，于1987年全部实现了尾矿高浓度输送，重量浓度为45%~50%，同时，采用支管放矿上游堆积。经过多年的运行实践，1993年完成了尾矿高浓度输送、上游法排放筑坝、尾矿沉积规律、沉积尾矿工程特性、坝体浸润线和坝体稳定性等多方面的系统研究和总结[62]。这一技术的特点可概括为：输送系统在原系统基础上进行改造，新投入少；筑坝方法简便、节省，运行管理方便，易于推广；沉积滩面相对较陡，沉积滩较长，有利于防洪、防汛；放矿水少，库内水位低，浸润线低；尾矿沉积特性良好，工程特性满足坝的稳定性要求。

（1）尾矿浓缩。尾矿的静态沉降试验表明（见图2-5），沉降速率快、浓缩比大，不加浓缩剂即可将浓缩提高到40%以上或更高。只要有一定的分选性，应该不妨碍筑坝的安全。澄清水中固体物质的含量满足小于0.2%、不大于0.5%的要求。因此，决定将浓度提高至40%以上。为了确保浓密机安全可靠工作，对原型号为TNB-53m的浓缩机进行加固改造，使其支架、把架充分适应浓度提高后的受力要求。改造后排矿管的直径仍为250mm，浓缩池内的澄清水深通常大于0.5m，回水量每小时增加200m^3，水质良好；底流浓度达50%，至1994年已经安全运行了7年。未出现爬架扭裂、变形、阻塞等事故。

（2）尾矿输送。原设计从浓缩池到尾矿库有4座砂泵站，技术改造前已经运行了多年。每一泵站均设2组4台6PNUA型泵，配功率为75kW的JOC-96-2型电机。尾矿输送管道为两条*D*250mm铸铁管或*D*278mm的螺旋卷焊钢管。

改造设计将4座泵站并为1座，采用TJB-100/40型油隔离泵2台（一台备用）。输送管道改用*D*168mm的无缝钢管，全长2000m。为了适应更高浓度尾矿输送的要求，延长泵阀的使用寿命，更换了密封垫（力学性能良好、耐油），也改变了泵阀杆组件的间隙，并在吸浆端加设了滤网。实践表明，这一改造减少了磨损，从而减少了停车维修，提高了生产效率。

原设计尾矿中小于0.074mm的颗粒含量约为51.2%，小于0.019mm的仅25.5%，总体偏粗，先低浓度、后高浓度排放。后一段排放，平均排放重量浓度45%，混入坝前的细颗粒增多，如图11-1所示勘察剖面图。后面将论述提高排放浓度未改变沉积尾矿主要特性指标和坝坡稳定性结论，也不碍防洪。

11.2 沉积尾矿特性

符山铁矿黑山峧尾矿库自启用到1993年共堆筑了19级子坝，采用人工筑子坝。高2.5~3.0m，坝顶宽度在4m左右，一般由2~3个1m多高的小子堤叠成。堆积坝的外坡比平均1∶4。其中1987年从第九段子坝（标高804.5m）实施高浓度（45%）输送后堆筑，支管放矿流量一般为8.0~12.5L/s，通常采用3~4根支管同时放矿，可形成300m的沉积滩，坝前50m以内平均滩面坡度最大为4%。质量浓度在45%~50%时，分选减弱，粗细颗粒一起沉降，造成细颗粒集中，如图11-1所示，浅层尾砂多，细颗粒在深层。平台上部，改造成高浓度后，尾砂的厚度减少，细颗粒增多。

11.2.1 勘察剖面

在尾矿筑坝这个领域，不管企业还是设计院，对高浓度和细尾矿的上游法还缺乏资料和经验。

11.2.2 沉积规律

为了进一步分析尾矿颗粒在滩面的分布，在滩面取样进行了颗粒分析试验沉

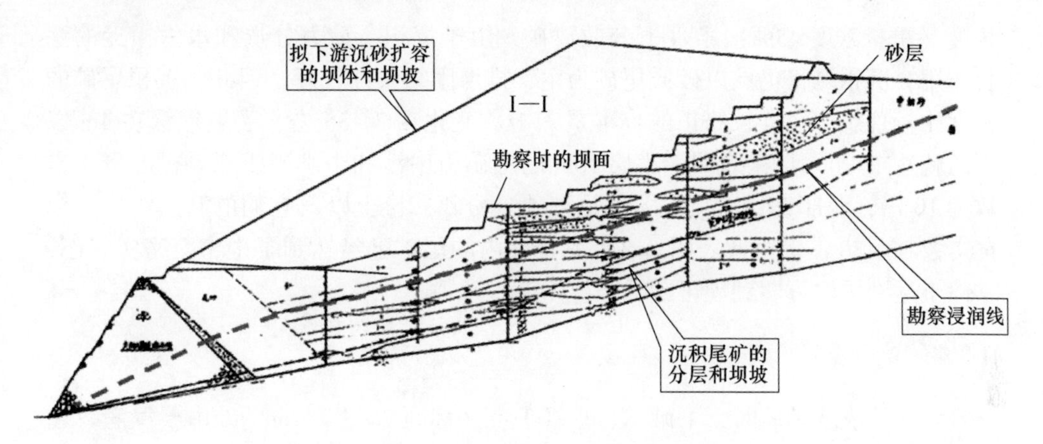

图 11-1　坝的勘察剖面和加高示意图

积规律分析。沉积尾矿主要是中、细砂；大约 190m 以内平均滩面坡度约为 1.6%，主要沉积物为粉砂、粉土类尾矿；至 300m 平均滩面坡度约为 1.25%，沉积物以粉土、粉质黏土为主。根据测试资料，坡比 I 与滩长 L 的关系为：

$$I=3.81(L/10)^{0.315} \tag{11-1}$$

而中值粒径 D_{50} 与滩长 L 的关系为：

$$D_{50}=1.620L^{-0.728}\quad(10\text{m}<L<200\text{m}) \tag{11-2}$$

在排矿过程中，高浓度矿浆一方面具有絮状混合沉积的特点，同时也受重力分选和水力搬运作用。前者的结果是细颗粒混入粗颗粒中沉积，后者的作用结果是粗颗粒被冲刷夹裹到浑水中。多次滩面测试结果表明，式（11-1）和式(11-2)可以理想地反映高浓度矿浆在分散放矿条件下的沉积规律。特别是滩长 50m 以远，相关性极好。对于这类尾矿坝当缺乏资料或是规划新库时，若筑坝条件接近，可采用该方法确定滩面的颗粒分布，然后利用聚类分析方法，根据 D_{50} 可大致确定尾矿分类。根据大石河、峨口、南山矿、金山店等尾矿坝的资料，按 D_{50} 可将尾矿分类，见表 11-1。

表 11-1　尾矿按 D_{50} 参考分类

尾矿类别	D_{50}/mm
中、细砂	>0.11
粉砂	0.07~0.11
粉土	0.03~0.07
粉质黏土	<0.03

11.2.3　沉积尾矿的密度

符山的原尾属砂类，原设计大于 0.074mm 的颗粒含量 49%。这种尾矿在高浓度（重量浓度 45%）条件下分散放矿，由于沉积、重力分选和水力搬运的综合作用，沉积滩将仍然以砂质尾矿为主，排水固结条件较好。因此，沉积尾矿的密度比较理想。经杆长修正的标准贯入击数变化在 7~35 击，一般埋深在 4m 以下的就达 10 击。勘察表明，表层 10m 的尾矿由中沙和中细砂组成，标准贯入击数为 10 击，深部直到 45m，尾矿是细砂、粉砂、粉土以及它们的互层组成，标贯击数 12~30 击。由此表明，在勘察范围内的尾矿已经达到了中密至密实状态，黏性土达到了软可塑到硬可塑状态。

11.2.4　浸润线

该坝低浓度排矿时，下游二、三级平台（标高 784~787m）处由于浸润线逸出曾出现过沼泽化。曾经采用轻型井点降水控制渗流。实施高浓度输送后，随着坝的升高，入库水量减少，库内水位降低，沉积滩拉长，浸润线逐年降低。据 1993 年的测试资料，浸润线普遍埋深为 19~27m，并呈凹型。这表明，高浓度矿浆不仅可以采用上游法筑坝，而且克服了上游法浸润线偏高的弊端，有助于提高坝坡的稳定性。该实例表明行业内普遍担心高浓度放矿造成的坝体细颗粒集中影响强度和稳定是缺乏依据的。

11.2.5　尾矿特性试验结果

尾矿的主要沉积层为中砂（z）、细砂（s）、粉土（f）、粉质黏土（fn）及其夹层或互层（Z-f、s-f、f-n 等），典型尾矿的物理力学特性见表 11-2。为了静、动力稳定性分析，进行了静、动三轴试验。静三轴试验典型结果如图 11-2、图 11-3 和表 11-3 所示。

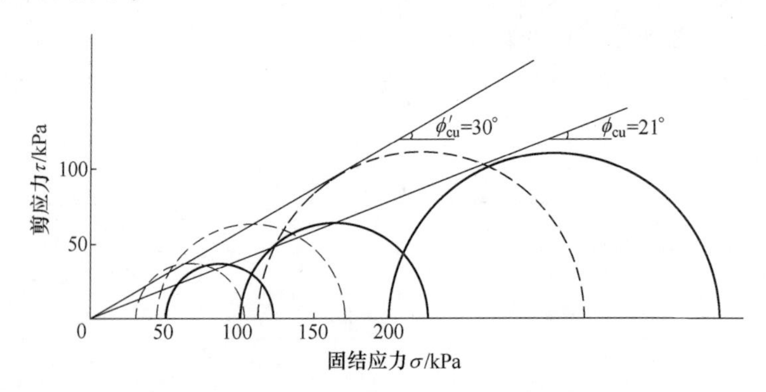

图 11-2　静三轴试验的莫尔强度包线（粉砂）

高浓度输送尾矿直接采用上游法放矿筑坝，虽然有少量相对细的颗粒混入，与粗颗粒一起沉积，但是，试验结果表明，尾矿沉积层的工程性质并没有显著恶化。稳定分析证明，对于符山这类粉砂类尾矿，在经过 6 年或更长时间沉积后

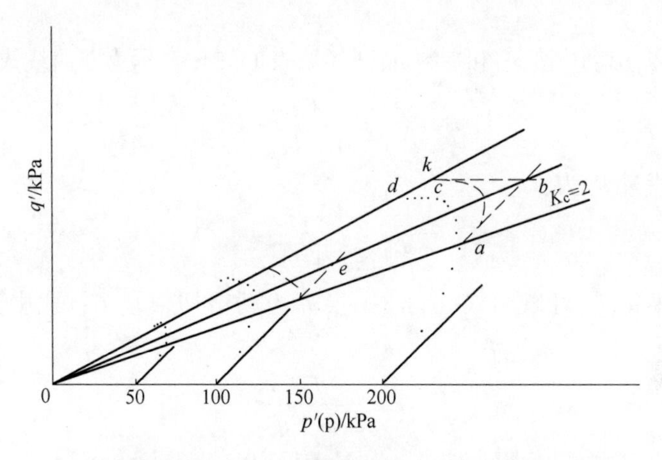

图 11-3　静三轴试验的应力路径不排水总应力强度（粉砂）

（埋深 8m 以下），尾矿的强度仍可以满足堆筑尾矿高坝的要求。

表 11-2　尾矿的物理力学性质

类别	占比 G	重度 γ_0	含水量 $w/\%$	凝聚力 c/kPa	摩擦角 φ'_{cu} /(°)	模量 E	有效和总应力摩擦角			邓肯-张应力应变模型试验常数		
							ψ	ψ_{cu}	R	B	K	n
中、细砂	3.80	21.8	18.4	8.9	32.4	2.4	38.7	31.2	0.275	0.035	46	0.559
粉砂	3.10	19.5	20.9	12.0	31.4	3.0	30.0	21.0	0.27	0.035	46	0.559
粉土	3.06	20.6	26.1	12.9	31.2	3.5	30.0	18.7				
黏土	3.04	18.8	37.2	21.3	23.1	6.7						

表 11-3　尾矿的应力和变形指标

分类	围压力	邓肯-张应力应变模型试验常数					
		a	b	E	ε_r	k	n
	100kPa	1/100kPa	1/100kPa	100kPa	%	100kPa	
细砂	1.0	2.20×10^{-3}	1.20	455	1.83	460	0.559
	2.0	1.41×10^{-3}	0.547	676	2.71		
	4.0	0.80×10^{-3}	0.3	1250	2.02		
粉砂	1.0	2.20×10^{-3}	0.837	455	2.52	460	0.559
	2.0	1.60×10^{-3}	0.43	625	3.71		
	4.0	1.0×10^{-3}	0.26	1000	3.84		

动三轴试验做了液化和强度试验、应力和变形试验，典型结果可以用下述公

式表示。

动应力 σ_d 用动应变 ε_d 和参数 a、b（见表 11-3）表示为双曲线式：

$$\sigma_d = \frac{\varepsilon_d}{a + b\varepsilon_d} \tag{11-3}$$

动弹性模量 E_d 为：

$$E_d = \frac{1}{a + b\varepsilon_d} \tag{11-4}$$

动弹性模量 E_d 可以用式（11-5）换算为动剪切模量 G，式中泊松比 ν 小于 0.5。

$$G = \frac{E}{2(1 + \nu)} \tag{11-5}$$

动剪切模量比 G/G_o 用见应变 γ 和参考见应变 γ_r 表示为：

$$G/G_o = \frac{1}{1 + \gamma/\gamma_r} \tag{11-6}$$

阻尼比 λ/λ_o 为：

$$\lambda/\lambda_o = \frac{1}{1 + G_o/\gamma} \tag{11-7}$$

初始动模量 E_o 和围压力为：

$$E_o/P_a = 460\left(\frac{\sigma_{3c}}{p_a}\right)^{0.55} \tag{11-8}$$

液化试验的动应力比 τ_d/σ'_o 和孔压比 u/σ_3 分别表示为：

$$\tau_d/\sigma'_o = R_o - \beta\lg\frac{N_L}{10} \tag{11-9}$$

$$u/\sigma_3 = \frac{2}{\pi}\sin^{-1}\left(\frac{N}{N_L}\right)^{\theta} \tag{11-10}$$

尾矿的静力学性质见表 11-2，表 11-3 是尾矿应力应变特性指标，表 11-4 是尾矿液化和动强度特性指标。理论曲线和试验点的相关性很好，为了节省篇幅，震动试验的应力应变、孔隙水压力应变、模量应变、阻尼等振动变形的图从略。

表 11-4 尾矿的液化和动强度特性指标

分类	固结比 K_c	围压力 σ/kPa	密度 ρ_{do}/kN · m^{-3}	振次 N_L	凝聚力 c_d/kPa	摩擦角 φ_d/(°)	试验参数	
							R_0	β
细砂	1.0	100	18.43	8	0	12	0.275	0.035
		100	18.39	18				
		200	18.58	10				
		200	18.56	45				

续表 11-4

分类	固结比 K_c	围压力 σ/kPa	密度 ρ_{do}/kN · m^{-3}	振次 N_L	凝聚力 c_d/kPa	摩擦角 φ_d/(°)	试验参数 R_0	试验参数 β
细砂	2.0	100	18.70	15	0	29	0.310	0.035
		100	18.64	82				
		200	18.72	200				
		200	19.06	10				
粉砂	1.0	200	18.17	14	0.1	11.5	0.27	0.035
		200	18.19	10				
		200	18.09	17				
		100	17.80	44				
		100	17.76	34				
	2.0	100	18.23	7	0	28.5	0.295	0.035
		100	18.24	10				
		100	18.33	16				
		200	18.53	63				
		200	18.59	7				

11.3　稳定性和扩容

该库投产运行初期，堆石坝渗漏严重。选矿厂为了避免渗漏进一步恶化，在标高大约778.7m段，将坝轴线向库内移动了100m，如图11-1所示。致使设计库容由550万立方米降至345万立方米，为了满足服务年限的要求必须扩容。根据符山尾矿坝的实际情况，建议并实施了补坡扩容方案（见图11-1和图11-4）。

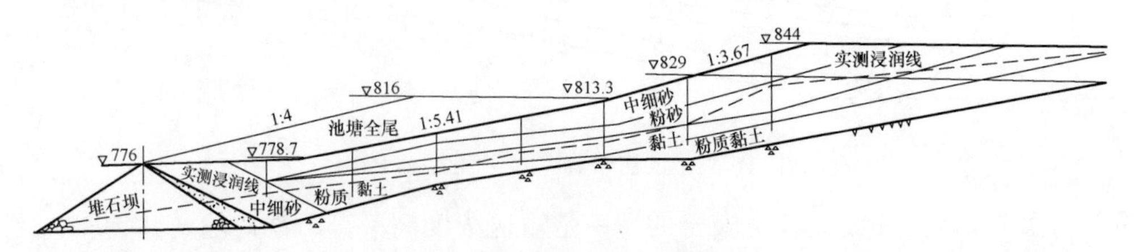

图 11-4　补坡和扩容断面图

对坝顶标高829~850m坝段的调洪演算结果表明，在845m标高以上，由于地形因素，调洪库容偏小，干滩偏短，难以满足设计洪水（500年一遇）的度汛要求。因此，把坝顶标高初步定为843.5m，尾矿坝高106m，库容445万立方米，尚不满足扩至550立方米的要求，需采用补坡方法进一步扩大库容，这将有利于 850m 标高后再扩容。

就坝顶标高 831.0m 和 843.5m 以及外坡自标高 778.7～816.0m 冲填尾矿的稳定性，分别进行了静力和拟静力稳定分析，抗滑稳定安全系数均能满足先行规范对三级坝的规定。静力瑞典法抗滑稳定性安全系数为 1.77，拟静力安全系数为 1.13，毕肖甫法静力安全系数为 2.19。补坡后稳定性有所增加。

鉴于坝高可能超过 100m，研究进行了静动力有限元分析，概化模型和网格划分如图 11-5 和图 11-6 所示，分析结果如图 11-7～图 11-9 所示。地震反应分析表明，在地震烈度为Ⅶ度的条件，坝的主要持力区内无有害液化发生。抗液化安全系数大于 1.5。

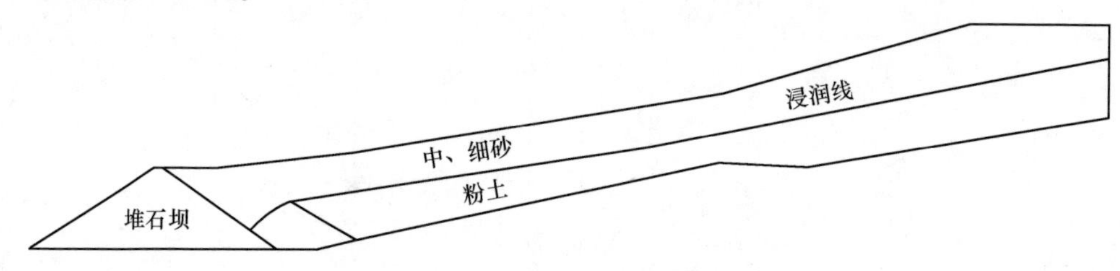

图 11-5　扩容后概化的计算断面图

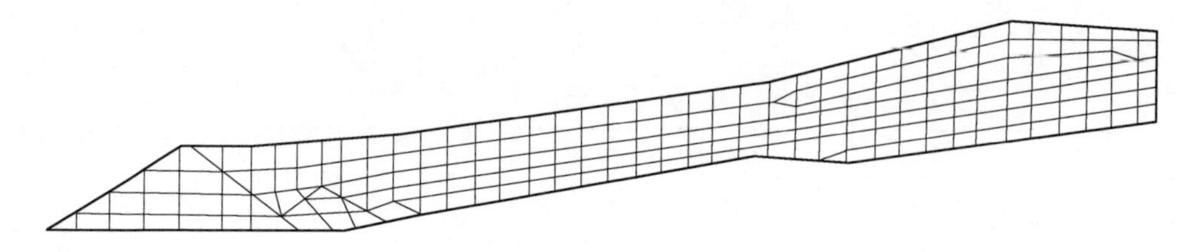

图 11-6　有限元分析的单元划分

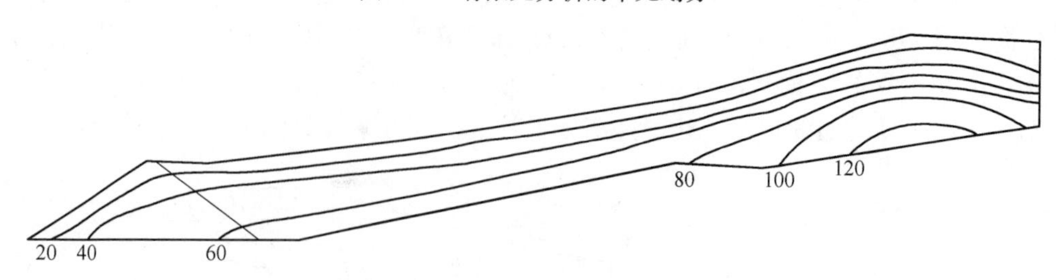

图 11-7　最大初始剪应力等值线（kPa）

总体来看，补坡扩容是安全的，一是输送浓度高，符山铁矿输送达 50%左右，即每输送 1t 尾矿只需 1t 水。据沉降试验，当尾矿浓度达 50%时，终极浓度约 68.4%，相应的天然密度为 18.0g/cm^3，考虑到蒸发和渗透，需外排水量很少。另外，高浓度矿浆呈絮状沉降，清水面出现得快，所需澄清水深较浅、距离短，这就为在标高 778 m 平台放矿补坡创造了有利条件。旱季在坡上放矿，雨季在坝顶上放矿。至 816m 标高，最小纵深均大于 100m，补坡至 816m 标高，可扩

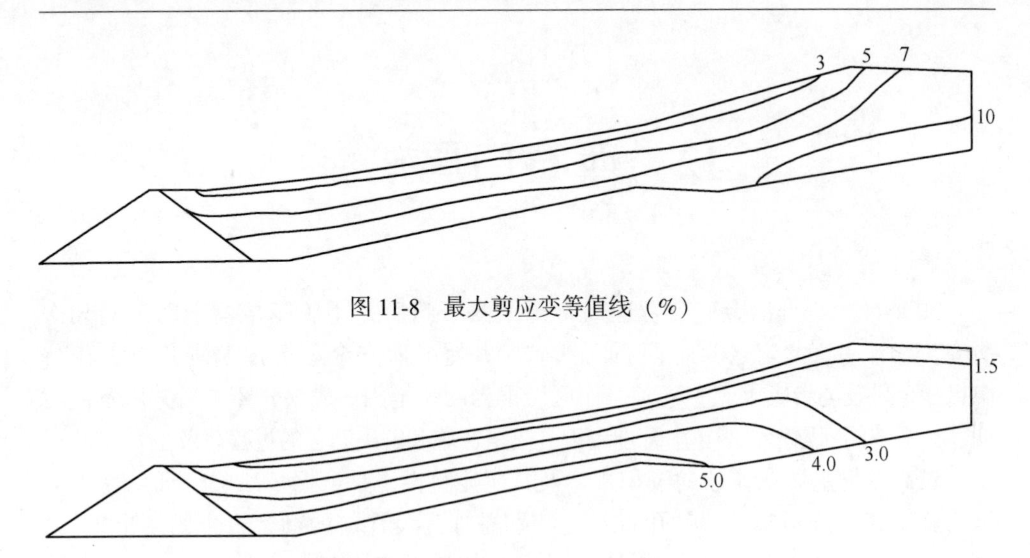

图 11-8 最大剪应变等值线（%）

图 11-9 抗液化安全系数等值线

容 140 万立方米，两方案的扩容总量为 235 万立方米，有效库容可确保 220 万立方米，可满足符山选厂服务年限的要求。该扩容方案相当于免建一座小型尾矿库，可节省约 1000 多万元工程费用。

11.4 技术要点和结论

（1）选厂采用一级浓缩，就使底流浓度达到 50%~55%，并已经安全运行了 7 年多。这一浓缩输送系统简化了管理，减少了磨损，且节能效果十分显著。生产实施证明，这一改造是成功的，具有普遍的推广价值。

（2）符山铁矿 7 年来利用高浓度尾矿成功地堆筑了 10 级子坝，是一种开创性的工作，为我国高浓度尾矿筑坝探索了一条新路，丰富了上游筑坝法实践。

（3）研究表明，对于符山铁矿这类粉砂类尾矿，输送浓度达 50%左右时，采用上游法支管放矿工艺，能较快形成尾矿沉积滩面。滩面坡度随滩长变缓，尾矿粒度随滩长变细，可用式（11-1）和式（11-2）来描述，并可按照 D_{50} 将尾矿分为中砂、细砂、粉砂、粉土、粉质黏土，从而完成尾矿坝剖面概化分工，为高浓度上游尾矿坝的稳定分析、调洪演算提供可靠依据，对于同类工程具有参考意义。

（4）试验研究表明，经过 7 年沉积后的尾矿，其密度已经达中等状态，工程特性指标未因相对细粒的混入而严重恶化，仍然能满足堆积筑坝对稳定性的要求。这种方法堆筑的尾矿坝由于前段滩面坡度较陡，且有足够的长度，利于防洪度汛；浸润线偏低，利于稳定。

（5）本研究推荐的加高和补坡扩容方案简便易行，补坡方案可提供 220 万立方米的有效库容，为继续加高提供有利条件，具有良好的社会经济效益。

12　西石门尾矿库

2008 年，邯邢冶金矿山管理局希望把西石门后井尾矿库自投产以来的几次研究工作汇总，并定名为“西石门铁矿后井尾矿库安全运行技术研究与实践”，申报一个科技进步成果奖。笔者担任这份报告的执笔人。成果介绍了后井库不同时期、针对不同问题所做的技术管理决策、决策实施和解决问题的过程以及主要成果。

较高浓度上游法排放的沉积规律及其尾矿特性，是依据长沙矿冶研究院“度汛措施研究”和历次勘察钻孔资料，特别是加高设计前的勘察报告归纳出来的，原设计是由马鞍山钢铁设计研究院完成的，输送系统改造由西石门铁矿完成，扩容设计由秦皇岛矿山设计研究院完成，动力反应分析由中冶集团建筑研究总院完成。所以，这是一个多年积累、多单位合作的成果。有的至今很有意义，例如，等代滩长的概念对细尾、高浓度上游法尾矿坝防汛意义重大。沉积规律的分析和断面概化的方法也很有意义。

12.1　初步设计

后井尾矿库属于山谷型尾矿库，原设计由南北两库组成。库区总汇水面积为 2.92km^2，南库面积为 1.72km^2，北库面积为 1.20km^2，两库在 425m 高程并为一库。初步设计要求先建设使用南库，再适时建设北库，但排洪设施的共用部分应同期建成，后井村尾矿库建库总体方案见表 12-1。

表 12-1　后井村尾矿库建库总体方案

项目	简　　图	简要说明
尾矿库	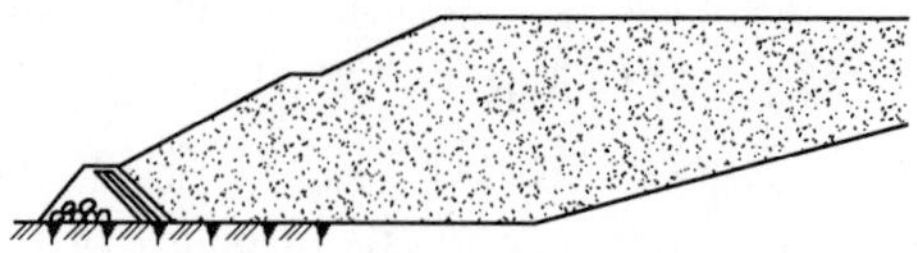	尾矿坝堆积高程 435m，有效库容 2540 万立方米。 水力冲积法坝前堆坝，下游坡比，平台下 1∶6，平台上 1∶5。 坝体设排渗，坝肩设排水
初期坝 南	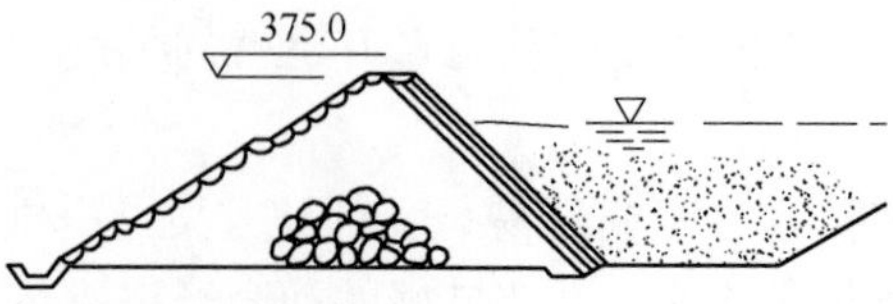 375.0	透水碓石坝，设反滤、齿槽、下游坡设排水、二马道； 坝顶高程 375m，顶宽 5m，高 25m，上游坡 1∶1.8，下游坡 1∶2.0，坝轴线长 154m

续表 12-1

项目	简图	简要说明
初期坝 北	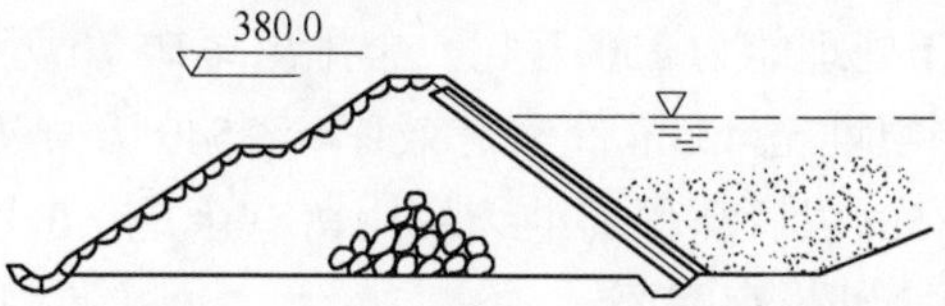 380.0	透水碓石坝，设反滤、齿槽，下游坡设排水、一马道； 坝顶高程 380m，顶宽 5m，高 17m，上游坡 1∶1.8，下游坡 1∶2.0，坝轴线长 114m。 南库达 420m 前修建北库
排洪系统 隧洞布置	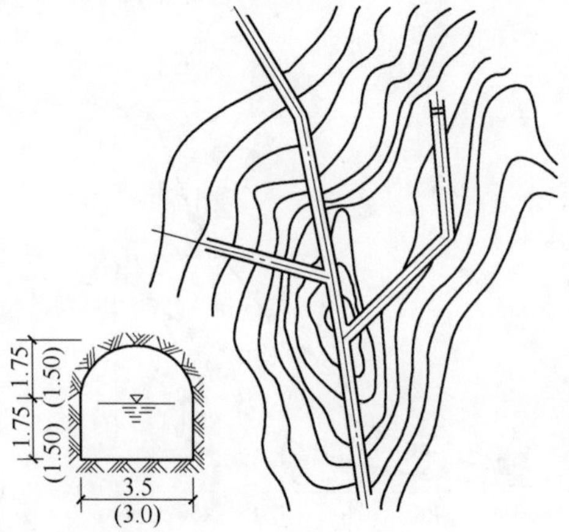 1.75 (1.50) 1.75 (1.50) 3.5 (3.0)	南库和北库一次施工； 主洞断面城门洞形，尺寸： 高度：3.5m 宽度：3.5m 长度：410m 支洞断面城门洞形，尺寸： 高度：3.0m 宽度：3.0m 长度：1510m（其中北库 680m） 主要工程为凿岩、喷锚、砌护或混凝土衬砌
排洪系统 排洪塔	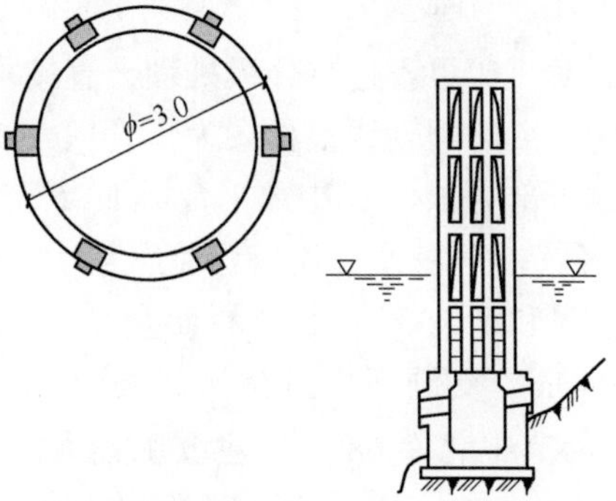 $\phi=3.0$	圆形钢筋混凝土进水塔，高 24m，直径 3m。 南库为 1 号、2 号、3 号。 北库为 4 号、5 号
排水沟	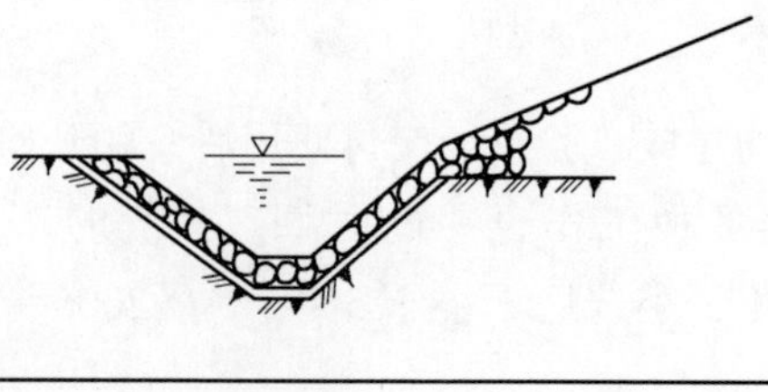	浆砌块石排水沟。 顶宽：1.5~2.5m 底宽：0.5~1.0m 深度：0.5~1.0m 设置在初期坝下游 坝脚，坝肩，后期坝肩和坝面

马鞍山钢铁公司设计院根据1976年邯邢冶金矿山建设指挥部对《西石门铁矿选矿厂尾矿设施初步设计批复》的精神，对后井尾矿库初步设计的排放、堆坝、排洪等部分做了修改，这次修改后的总体建库方案见表12-1。

西石门铁矿选矿厂当年设计年处理能力250万吨，年排出尾矿70万立方米，总尾矿量为2700万立方米。尾矿坝堆至435m高程有效库容2540万立方米，库容曲线如图12-1所示。为了给435m以后高程的继续使用留有余地，3号溢流塔的顶标高确定为440m，以便满足全部堆存需要。

为了尽量减少初期坝工程量并满足初期防洪要求，涉及考虑半年尾矿堆存量和防洪要求，坝顶高程为374.5m，再加0.5m的安全超高，初期坝顶高程为375m。

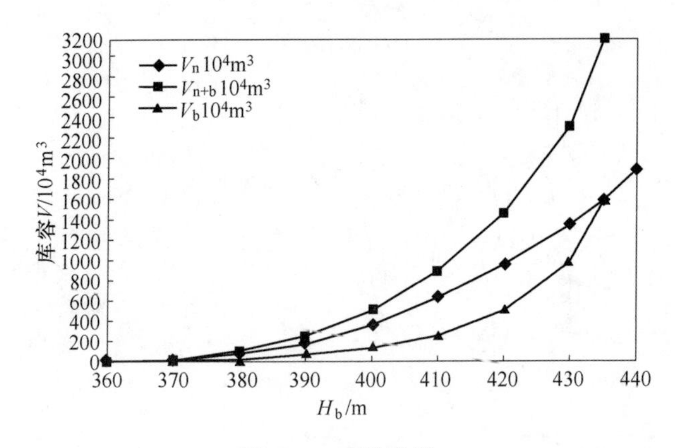

图12-1　库容曲线

西石门尾矿颗粒属于中等偏粗。对尾矿可不进行分级处理，直接采用水力冲积法在坝前排放。考虑到后井尾矿坝后期的坝轴线很长，为了管理方便，采用支管分散放矿方式。堆积坝平均外坡比下部为1∶6，中部平台后1∶5。

排洪构筑物布置：南库1号、2号、3号三座溢流塔，北库4号、5号两座溢流塔。排洪隧洞包括1号支洞、主洞和北支洞。主洞断面是城门洞形，尺寸为：高度3.5m，宽度3.5m，长度410m。支洞断面也是城门洞形，尺寸为：高度3.0m，宽度3.0m，长度：1510m（其中北库680m）主要工程为凿岩、喷锚、砌护或混凝土衬砌。

12.2　运行中的管理决策及成果

尾矿库初期坝及主要附属构筑物建成、验收、交付使用后，就开始了一个以排放、筑坝、回水、防洪、维护等多种工作合一的时期。一般的库是十几年（ZBJ 1—90规定大型选厂至少10年，小选厂不小于5年，AQ 2006—2005无这一规定)，大库长达几十年。其间经历各种变化，对维护管理影响比较大的有设计变更、入库尾矿变化、社会变革、企业机制调整、企业各级领导人的更迭、所有权变更等。本库经历过许多事情，以下是对其安全运行影响较大的管理决策及其成果的概述。

12.2.1 两段浓缩和输送技术改造

原设计输送浓度 $P=25\%$，矿浆比重（密度比）1.15。自 1 号至 7 号共 7 座砂泵站将尾矿七段扬送入尾矿库。输送系统共有 52 台衬胶砂泵（其中 26 台同时工作）。1 号砂泵站设有 4 台 6PNJ 胶泵（2 台工作，2 台备用），2 号至 7 号各砂泵站内均各设 4 组 6PNJ 胶泵，每组均由 2 台 6PNJ 胶泵串联，2 组工作，2 组备用。

6PNJ 胶泵技术性能：$Q=350\text{m}^3/\text{h}$，$H=35\text{m}$，$n=980\text{r/min}$。

另外，事故处理设施需要建造事故泵站 3 座：

1 号砂泵站，内设 4PNJ 胶泵 2 台（$Q=95\sim160\text{m}^3/\text{h}$，$H=43\sim40\text{m}$，$n=1470\text{r/min}$）；

2 号、3 号砂泵站内设 2PNJ 胶泵 2 台（$Q=27\sim50\text{m}^3/\text{h}$，$H=22\sim19\text{m}$，$n=1470\text{r/min}$）。

本着积极稳妥地采用先进技术，既适合西石门铁矿具体条件，又具有良好经济效益的原则，1991 年完成了西石门铁矿“二段浓缩、两段泵站输送技术改造”。

在原设计七段泵站的 1 号泵站和一次浓缩池（$\phi50\text{m}$）已经建成的情况下，将一次浓缩后质量浓度 20%的尾矿进行二次浓缩，浓缩至 40%，用油隔离泥浆泵（YGB-40/155，$Q=155\text{m}^3/\text{h}$，排出压力小于等于 392N/cm^2）输送至尾矿库。溢流水返回厂区循环水系统。主要技术参数如下所示。

（1）自尾矿二次浓缩池至尾矿南库初期坝输送距离约 8km。

（2）地形几何高差约 160m。

（3）小时排出尾矿量 138.3t。

（4）尾矿真比重（密度比）3.083。

（5）尾矿颗粒中值粒径 0.043mm。

（6）尾矿颗粒平均粒径 0.0581mm。

（7）尾矿浆体积流量 $252\text{m}^3/\text{h}$。

（8）固水质量比 1∶1.5。

（9）油隔离泥浆泵计算工作扬程：675m 水柱。

12.2.2　油隔离泵更新为往复式活塞隔膜泵

自 1991 年底投入使用以来，随着坝面逐年升高，排尾车间原有 1 台 YGB-160/50 油隔离泵（主要参数为：输送能力 $160m^3/h$、排出压力小于等于 $490N/cm^2$）、3 台 YGB-160/40 油隔离泵（主要参数为：输送能力 $160m^3/h$、排出压力小于等于 $392N/cm^2$），其中 2 台 YGB-160/40 油隔离泵已到使用寿命，面临更新。对 2 台 $392N/cm^2$ 油隔离泵来说，运行压力已到额定压力甚至超过额定压力。因此，YGB-160/40 油隔离泵必须更新。

为保证矿山的正常生产、节约改造费用和后期经营费用，邯邢局和西石门矿组成了专门的研究小组，针对突出的尾矿输送问题，提出了两种改造方案。第一种方案，增加二级泵站解决排尾问题。这一方案需要投入很大一笔费用，基础设施建设所需费用包括：购地约需 50 万元、土建约需 200 万元、新购设备约需 500 万元。还需要安置一批工人进行看护、维修。总投入要超过 1000 万元。第二种方案是更换现有油隔离泵。这一方案只需购入新型矿浆输送泵，更换现有油隔离泵，投资费用预计约在 500 万元。

研究小组经过对多厂家、多型号的矿浆输送泵对比，本着有利于正常安全生产、节约成本、降低运行费用的原则，最终选择了沈阳冶金机械有限公司生产的 SGMB 160/5 双缸双作用往复式活塞隔膜泵。该泵的各项技术指标都达到了安全生产的技术要求。技术性能明显优于油隔离泵。SGMB 160/5 油隔膜泵是十分理想的尾矿输送设备。技术参数如下：

（1）地形几何高差最终为 172. 9m。

（2）输送距离为 10km。

（3）尾砂浆比重（密度比）为 $1.363t/m^3$。

（4）尾砂流速为 1. 81m/s（两台泵并联，管道内流速）。

（5）固水比为 1∶1. 5。

（6）尾矿真比重（密度比）为 3. 083。

（7）尾矿平均粒径为 0. 0581mm。

（8）尾沙颗粒中值粒径为 0. 043mm。

（9）小时排出尾砂量为 174. 46t（两台泵并联）。

（10）尾砂浆体流量为 $320m^3/h$（两台泵并联）。

12. 3　筑坝和度汛措施

第一次输送技术改造后，尾矿浆的重量浓度约为 40%。由于选矿厂的工艺调整，尾矿颗粒进一步变细，-0. 074mm（-200 目）的颗粒达到 70% 以上。1993

年4月，实测500m滩面坡度为4.4‰。距坝顶30m外人员不能进入取砂筑子坝。每年汛前在滩面上用袋装砂叠筑一道高1.0m、宽0.8m的子坝防汛。草袋容易腐烂，叠层不严，容易漏砂、漏水。为了解决筑坝和防汛问题，邯邢冶金矿山管理局1992年11月与冶金工业部长沙矿冶研究院共同进行“西石门铁矿后井尾矿库优化筑坝工艺试验研究”。1994年又进行了“西石门铁矿后井尾矿坝体稳定性分析及现有排水系统的评价”。全部工作成果见1996年3月的《邯邢冶金矿山管理局西石门铁矿优化高筑子坝新工艺与综合防汛措施试验研究》，摘要介绍如下。

12.3.1 尾矿物理力学特性试验结果

尾矿试样的粒度分析结果为：特征粒径 $D_{60}=0.096$mm，$D_{50}=0.066$mm，$D_{30}=0.015$mm，$D_{10}=0.0012$mm，加权平均粒径 $D_{cp}=0.03$mm。小于0.074mm（-200目）的占53%，0.05~0.005mm的占17.5%，小于0.005mm的占26%。

比重（密度比）$G_s=2.93$，天然含水量 $W=27.6$，饱和密度 $\rho_{sat}=2.04$g/cm^3（饱和含水量 $W_{sat}=29.2$），干密度 $\rho_d=1.58$g/cm^3，$W_L=21.2$，塑限 $W_p=13.1$，$I_p=8.1$，渗透系数 $K=2.5\times10^{-4}$cm/s。

根据以上试验结果，这批试样的黏粒含量高、塑性大，工程分类为粉质黏土。在扫描电镜下，尾矿颗粒呈不规则棱角形，细尾矿表面粗糙不平，呈不规则棱形，少数呈长条状（通常黏土颗粒在镜下呈长条状），具有尖角。静三轴试验得到的固结排水剪切强度指标 $C_d=0$kPa，$\varphi_d=38°$；固结不排水剪切强度指标 $C'_{cu}=0$kPa，$\varphi'_{cu}=38.1°$，$C_{cu}=0$kPa，$\varphi_{cu}=21.5°$。

12.3.2 优化筑坝工艺现场试验结果

旋流器和分散排放筑坝试验在现场进行，布置图如图12-2和图12-3所示。尾矿的颗粒分析结果如图12-4和表12-2所示。给矿可以理解为全尾矿，给矿和溢流的 D_{50} 接近，即大部分（约70%）颗粒含量相差不大，与运往长沙的20t试样相比，小于0.074mm的粒组显著增加了。主要结果如下所示：

表12-2 分散放矿形成的滩面尾矿粒度特性试验结果 （%）

试样编号	取样距离	特征粒径/mm					< 0.074mm	< 0.038mm	< 0.019mm
		D_{60}	D_{50}	D_{30}	D_{10}	d_p			
样-1	3	0.148	0.099	0.149	0.025	0.136	38.2	19	8
样-2	23	0.097	0.084	0.047	0.018	0.114	43.2	16	11
样-3	43	0.16	0.125	0.074	—	0.138	29.8	24	18
样-4	63	0.06	0.044	0.032	0.022	0.070	67.6	41	9
样-5	113	0.039	0.034	0.029	—	0.047	86.9	57	19

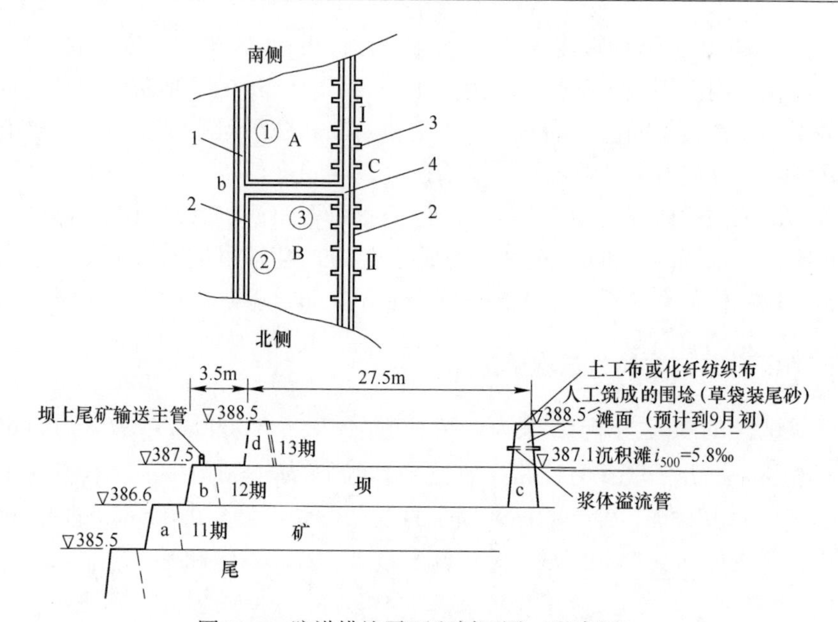

图 12-2 防洪措施平面和剖面图（示意图）

1—12期子坝b；2—化纤编织布铺坝；3—溢流管；4—挡水坝c

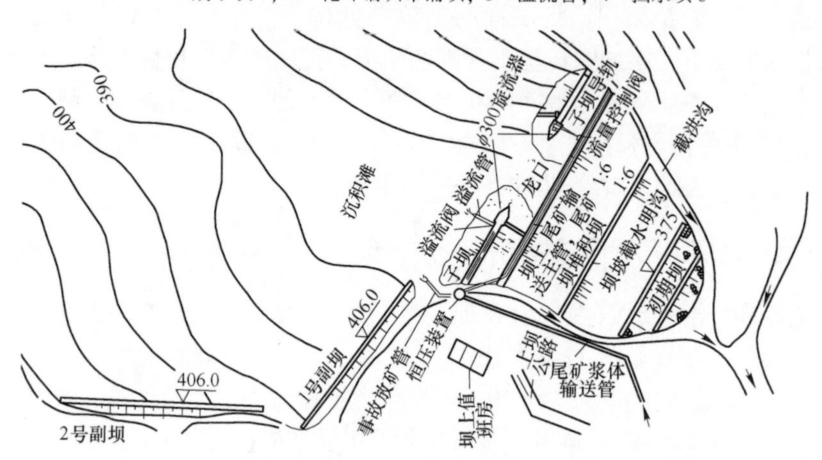

图 12-3 旋流器筑子坝和分散排放的平面布置

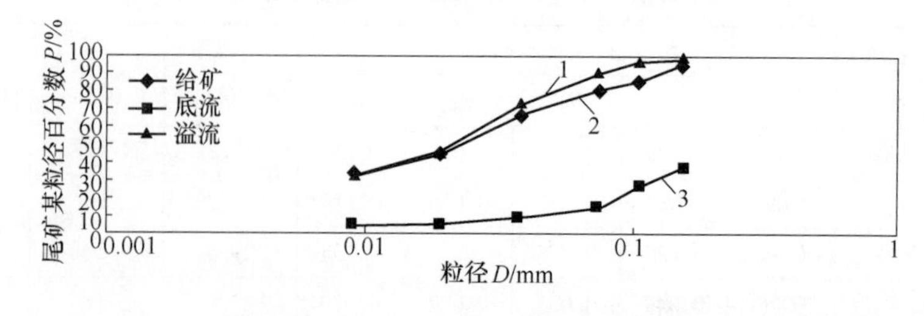

图 12-4 给矿、底流、溢流的颗粒级配

1—溢流；2—给矿；3—底流

（1）旋流器筑坝所需砂量充足。大于 0.038mm 的只要 20%即可，实际有 34%。一道长 180m，高 2.5m 的子坝，足以维持选厂 3 个月的生产。

（2）旋流器筑坝比人工筑的坝断面大，易于排水干燥，抗冲刷能力显著提高。

（3）旋流器筑子坝可获得显著经济效益。按一年升高 4 期子坝，筑坝总量 20700m^3/a。人工筑坝年需 33 万元，两台 ϕ300 旋流器筑坝年需 30 万元，在 29 年的服务期中可节省 870 万元。

（4）分散排放现场测试得到表 12-2 和表 12-3 所示结果。

表 12-3　分散放矿形成的滩面尾矿物理特性试验结果

物理特性	试样编号				
	样-1	样-2	样-3	样-4	样-5
天然密度 ρ_o/g·cm^{-3}	1.652	1.783	1.632	1.746	1.908
含水量 w/%	7.61	22.95	7.705	14.85	29.38
干密度 ρ_d/g·cm^{-3}	1.535	1.450	1.515	1.520	1.475
孔隙率 n/%	45.57	48.58	46.28	46.10	47.70
不均匀系数 C_u	5.92	5.40	—	2.73	—
曲率系数 C_c	0.65	1.27	—	0.78	—

12.3.3　研究提出的防洪度汛措施

经过洪水、泄流、调洪计算分析，研究提出了如下度汛措施：

（1）清除排水隧洞厚度约 1m 的淤泥，确保排洪畅通。

（2）围堤填砂、加厚坝体改善筑坝措施；把原图 12-5 所示“等代滩长”，改为旋流器分级沉砂子坝，如图 12-3 所示。据 1993 年 4 月 19 日实测，60m 内的滩面坡度由 1.31%提高到 1.48%，从挡水堤 C 算起，37m 内的坡度为 1.92%，滩顶至 1 号塔的坡比达到了 5.8‰。1993 年 8 月经历过连续两天约 260mm 降雨考验。

（3）利用旋流器沉砂筑坝。子坝顶宽 1.0～1.5m，高 2.5m，完成子坝即可分散排放，滩面上升距坝顶 0.5m 时，再开始筑子坝，如此循环，布置图如图 12-2 所示。经 1994 年 8 月 12 日实测，100m 滩面坡度 1.33%，200m 的滩面坡度达 1.21%。滩顶至 1 号塔的高差由以前的 2.2m 提高到 4.4m，有效地增加了调洪库容。

12.4　单一加高南库技术改造

12.4.1　基本条件和设计要点

2002 年 3 月完成单一加高扩容，从此单独使用南库，不再建设北库。

加高以前堆积坝的标高为 426m，总坝 76m 高。运行滩长 300 余米，水位标高 418m，属于正常库，如图 12-6 所示。但是历史上增加有过度汛困难的状况，如图 12-5 所示。

(a)

(b)

图 12-5　西石门的尾矿库的照片
(a) 临时库（曾溃口）；(b) 后井库度汛措施（1995 年前后）

(a)

(b)

图 12-6　2005 年现状（比 10 年前好）
(a) 子坝全景；(b) 滩面概貌

原设计后井尾矿库南北两库共同堆积坝到 435m 高程。这次扩容设计的核心是不建北库，单独使用南库的可行性。中冶集团秦皇岛冶金设计研究院从服务年限、堆坝稳定性、排洪系统的可靠性、泵站的扬程等多方论证，决定加高到 440m 高程。加高以后，南库总坝高由原来的 85m 变为 90m。设计认为，按现选厂规模计，418m 高程以下的剩余库容加扩容，可服务 13. 6 年。加高仍采用上游法，平均坡比仍然取 1 ∶ 5。推荐使用池田法或旋流器筑子坝，分散排矿。扩容的主要工程有：

（1）将原 400m 扬程的油隔离泵更新为 600m 扬程。

（2）在原 3 号竖井基础上，修建 3 号溢水塔。

（3）南副坝区已经建有1号、2号副坝，在405m标高新建3号副坝，对2号和3号副坝实施压坡，并设置虹吸式排渗。

（4）在北侧鞍部建北副坝，最大坝高10.5m，采用砌石重力坝。

（5）延长原坝面和坝肩排水沟。

（6）扩建或延长南1号副坝的公路，直到库后3号塔，全长1000余米；

（7）新增坝坡沉降和水位观测设备。

12.4.2　加高勘察的主要成果

此次勘察是1994年以来该坝的第三次钻孔，由邯郸市中远岩土工程有限公司承担。试验报告数据显示，除了比重值（密度比）比2002年的偏小以外，其他指标与上次试验无大差别，例如直剪、压缩、级配等，以下介绍常规实验结果。

以下试验委托北京水力科学研究院完成，所有试验均按照国家现行试验标准《土工试验方法标准》(SL 237—1999)进行。为了进一步了解或者与以前的常规试验结果比较，介绍常规试验结果如下：

（1）比重（密度比）。3种土样的比重试验均采用长颈比重瓶，蒸馏水煮沸排气法。比重（密度比）测试结果在2.95~2.96之间。比重值较为接近，其值远高于一般砂土。

（2）颗粒级配。3种土样的颗粒分析试验采用筛析法（d>0.1mm）和甲种比重计法（d<0.1mm）联合测定，样品为烘干样，分散剂为六偏磷酸钠。由颗粒分析试验结果可知，3种土料中尾粉黏土颗粒组成较细，尾粉砂颗粒组成居中，尾细砂颗粒组成较粗。表12-36为补充试验结果依原报告。

（3）压实特性试验。一般情况下，无黏性土的压实根据相对密度试验结果控制，而黏性土根据击实试验结果控制。该试验安排了击实试验，以了解尾粉砂的压实特性。

击实试验采用国家标准推荐的击实仪，该击实仪锤重2.5kg，锤落高305mm，分三层击实，每层锤击25次，击实功能为592.2kJ/m^3。试样的颗粒见表12-4，压实特性试验结果见表12-5。

表12-4　颗粒分析和比重（密度比）试验结果

土样名称	首次试验				补充试验			
	粒组含量/%			比重	粒组含量/%			比重
	>0.05mm	0 05~0.005mm	<0.005mm		>0.05mm	0.05~0.005mm	<0.005mm	
尾细砂	76.5	19.8	3.7	2.96	90.7	6.2	3.1	2.97
尾粉砂	72.0	24.0	4.0	2.96	36.2	57.8	6.0	2.90
尾粉黏土	67.5	27.5	5.0	2.95	45.5	39.7	14.8	2.89

表 12-5　压实特性试验结果

土样名称	补充试样的 D_{50}/mm	击实干密度 /g·cm^{-3}	最优含水量 /%	备　注
尾细砂	0.22	1.98	13.1	击实试验结果
尾粉砂（原状）	0.032	1.90	12.4	补充试验结果
尾粉黏土（原状）	0.05	1.86	10.6	

（4）液、塑限试验。液、塑限测试所用土料粒径小于0.5mm，采用液、塑限联合测定法。液、塑限仪落锥深度为2mm时对应的含水量为塑限含水量，落锥深度为17mm时对应的含水量为液限含水量，根据试验结果，可以初步了解它的力学性质，测定结果见表12-6。

表 12-6　西石门坝料液、塑限试验结果

土样名称	液限 /%	塑限 /%	塑性指数 /%	液限 /%	塑限 /%	塑性指数 /%	备　注
尾细砂	21.0	10.5	10.5	21.6	7.8	13.8	右为补充试验报告注明采用原状样
尾粉砂	23.3	12.5	10.8	23.3	10.2	13.1	
尾粉黏土	27.0	10.3	16.7	32.3	16.3	16.0	

根据原状土土样沉积分层状况，勘察分层和勘察分层示意图如图12-7所示。试验室内对尾细砂（原状）、尾粉砂（原状）和粉质黏土（原状）土样补充以下试验，结果见表12-7。这一结果有助于正确认识沉积尾矿特性，比如，尾细砂、尾粉砂，其塑性指数一般大于10，属于尾粉质黏土，最大干密度为1.90~1.98g/cm^3；而尾粉质黏土的塑性指数一般大于16，属于黏土，最大干密度为1.86g/cm^3。如果用这个最大干密度评价土样达到的密实度状态，差不多在0.78~0.92之间，低于同级别碾压式土坝的压实度要求。

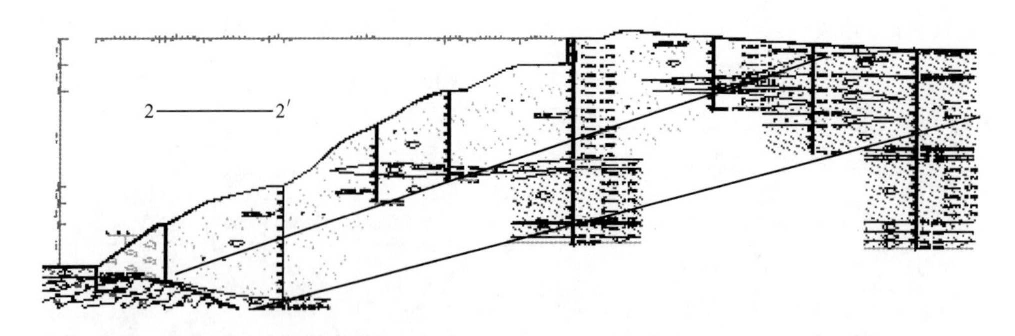

图12-7　勘察分层和勘察分层示意图

表 12-7　天然干密度和天然含水量试验结果

钻孔编号	压实度表示的状态	尾矿坝补充试验	试验方法：烘干法和环刀法		
		取样深度/m	含水率/%	湿密度/g·cm^{-3}	干密度/g·cm^{-3}
K3-1	0.78	0.5~0.7	8.3	1.66	1.54
K-3	0.87	2.0~2.2	25.0	2.09	1.67
K3-7	0.81	7.0~7.2	6.4	1.91	1.80
K3-9	0.82	9.0~9.2	17.7	1.83	1.56
K11-41	0.87	43.0~43.2	27.0	2.06	1.62
K11-43	0.9	45.0~45.2	24.3	2.13	1.71
K11-45	0.92	47.0~47.2	23.7	2.17	1.76
K11-47	0.9	49.0~49.2	24.2	2.14	1.72
K11-49	0.85	51.5~51.7	28.3	2.03	1.58

注：状态栏按含水量高低采用最大干密度估算。

（5）标贯测试结果。标准贯入试验的主要结果如图 12-8 和图 12-9 所示。

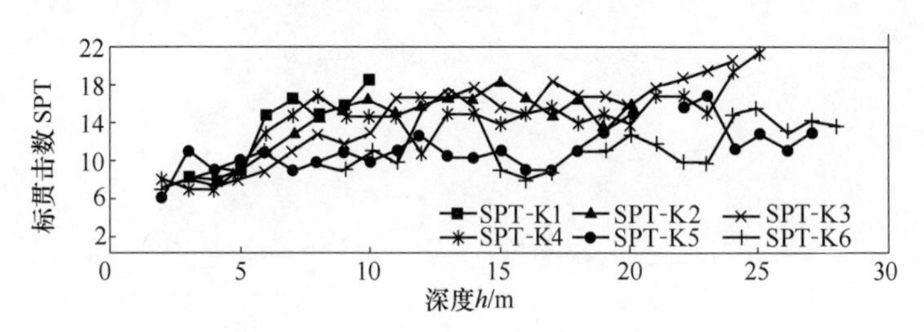

图 12-8　沉积尾矿的标贯击数

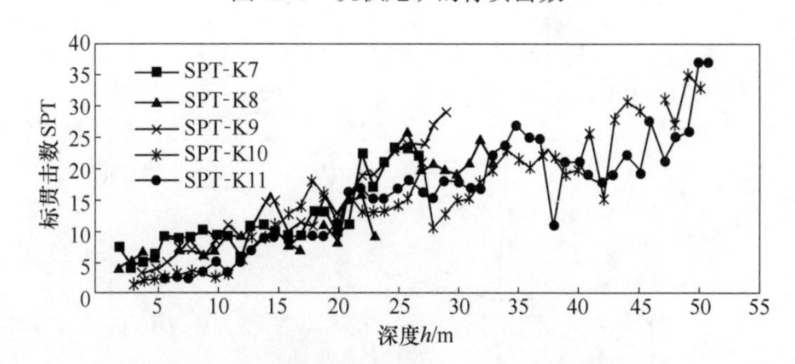

图 12-9　沉积尾矿的标准贯入试验的主要结果

12.5　后井南库尾矿沉积规律述评

根据现场观察，在初期坝顶标高附近，1995 年以前，排矿支管的矿浆流落地后形不成小冲坑，矿浆流是淹没在泥面的。2005 年前后，矿浆流落地后有了冲坑，如图 12-6（a）所示，粗颗粒在坑内沉降并被水流带向周边，然后逐渐沉积在一个扇形坡面上。较细的颗粒不易沉积，被矿浆水携带到更远处，然后沿扇形坡交界处的弯弯小溪裹携到水区沉积。

以前，由于坝前多支管同时排矿，矿量大、浓度高、沟谷窄，夹裹了细颗粒的矿浆不能充分散开，因而在坝前壅高，造成了较粗尾矿沉积面上一层细粒矿浆缓慢流动的情况。

根据 2005 年钻孔和颗粒分析资料，在 419m、411m、407.6m、395m 等不同高程，以某一坡度、在一定高度（高差的带宽）内选取数据，得到尾矿中值粒径 D_{50}随滩面长度 L 的关系，如图 12-10～图 12-15 所示。

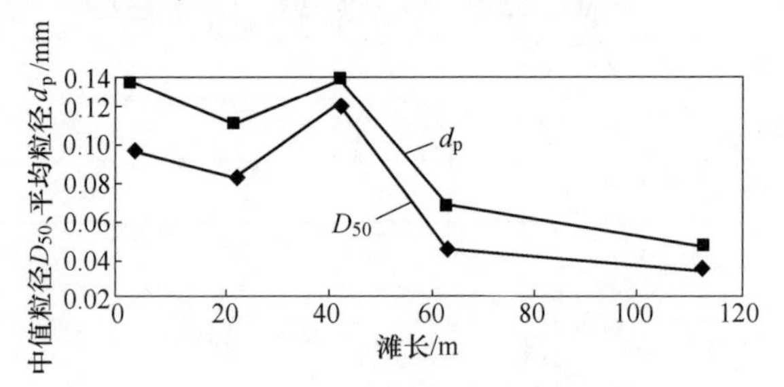

图 12-10　平均颗粒沿滩长的分布

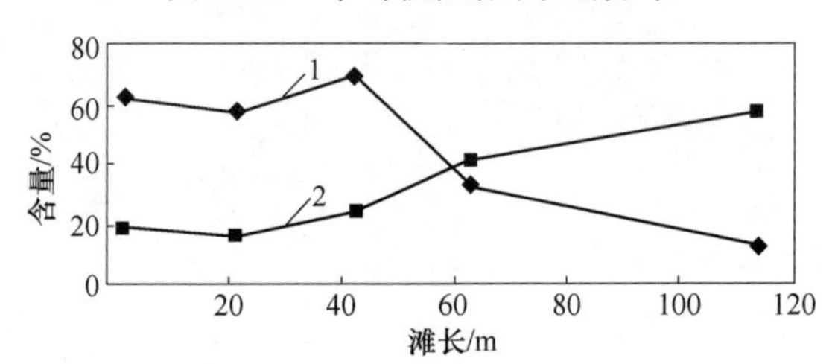

图 12-11　平均颗粒沿滩长的分布

1—大于 0.074mm 颗粒含量；2—小于 0.038mm 颗粒含量

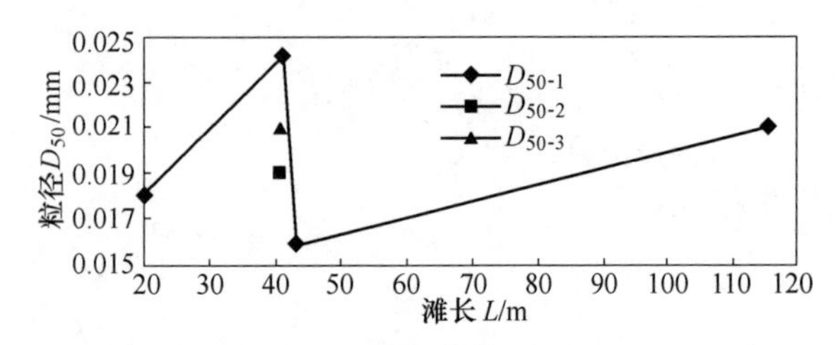

图 12-12　坝顶 419m 标高的滩面颗粒分布

从这些结果可以看出，低于 407m 标高，粗细粒的分界点小于 100m（1994 年测定在 60～80m），与 1994 年的结果相比，稍有变大；坝前也有 D_{50} 小于

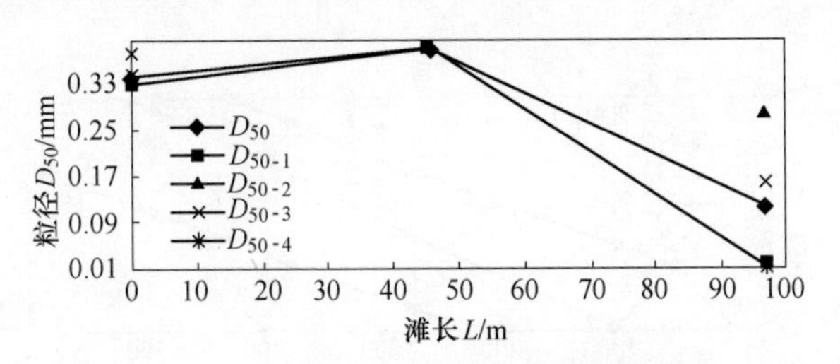

图 12-13 坝顶 411m 标高的滩面颗粒分布

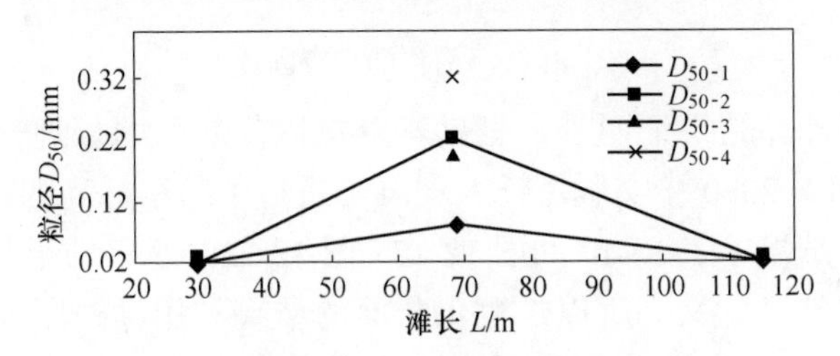

图 12-14 坝顶 407.6m 标高的滩面颗粒分布

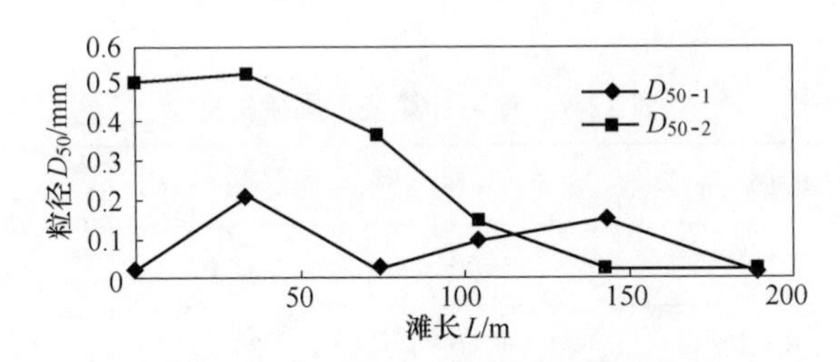

图 12-15 坝顶 395m 标高的滩面颗粒分布

0.02mm的细颗粒尾矿；标高 411m 附近，D_{50}大于 0.09mm，偏粗尾矿能达 100m 以远；勘察期间的滩面尾矿普遍较细，D_{50}在 0.015～0.025mm。南副坝放矿以来，受地形条件影响，滩面坡比发生了变化。根据 2005 年的资料整理的坡比见表 12-8。百米滩长坡比大于 3%，有利于防洪。

表 12-8 2005 勘察线上钻孔的高程和坡比

	距离	20	30	71	121	131	备 注
Ⅰ-Ⅰ′断面	标高/m	419.16	417.61	417.10	416.4	416.64	子坝下 421.16m
	坡度/%	15	11.83	5.72	3.93	3.45	
Ⅱ-Ⅱ′断面	距离	20	70				
	标高/m	418.68	417.10				子坝下 418.68m
	坡度/%	—	3.36				

依据上述沉积规律的资料，可以整理得到图 12-16 的计算剖面，总体上沉积分层是尾矿砂、粉砂、粉质黏土三类尾矿。

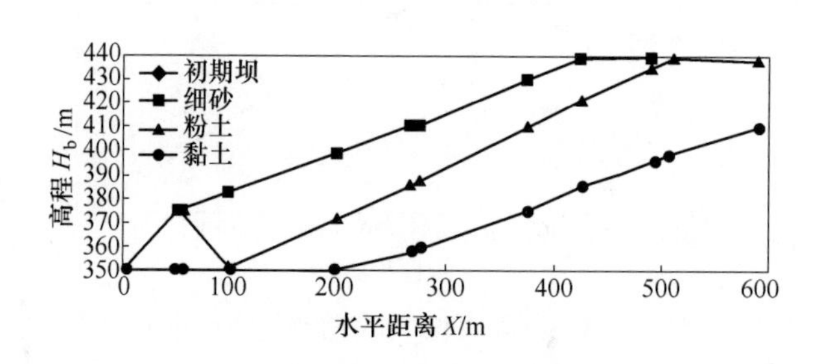

图 12-16　简化的计算断面

稳定性分析计算结果证明了依据勘察资料概化断面的合理性。2006 年使用的指标，用 SLOPE 2000 中文版（版本 v2.1）进行了勘察标高的稳定计算。尾矿参数见表 12-9，结果见表 12-10 和图 12-17～图 12-22。这一结果与动力攻关组的结果相比，具有借鉴意义。所以，概化断面的结果和用勘察断面分析的结果相同。但数据输入和处理极大简化，计算速度大大提高，从而可节省时间提高效率。

表 12-9　稳定计算使用尾矿指标

名称	容重/kN · m^{-3}	凝聚力/kN · m^{-2}	φ/(°)	饱和容重
初	23.00	0.00	32.00	23.00
砂	19.40	0.00	20.40	20.60
粉	19.70	17.40	20.10	20.20
粉黏	19.60	28.30	19.80	20.00

表 12-10　420m 标高稳定性计算结果

序号	分析方法	安全系数	搜索次数/次
1	2D 毕肖普 Bishop 简化法	2.1624	1920
2	2D 瑞典条分法	1.9337/1.976	2640
3	2D 美国陆军师团法	2.1869	1920
4	2D 毕肖普 Bishop 简化法（拟静力）	1.2834	1920
5	2D 瑞典条分法（拟静力）	1.1766	1920
6	2D 瑞典条分法（水工抗震规范拟静力）	1.7006/1.495	1920

注：“/”后数字是以前的结果。

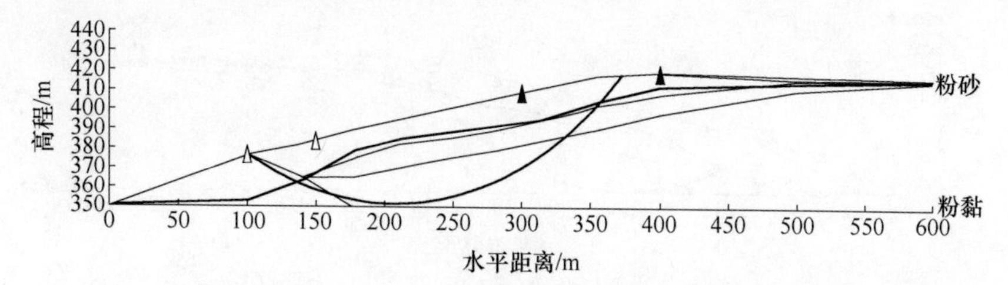

图 12-17　稳定性计算的滑动面（毕肖普法 $F_s = 2.1624$）

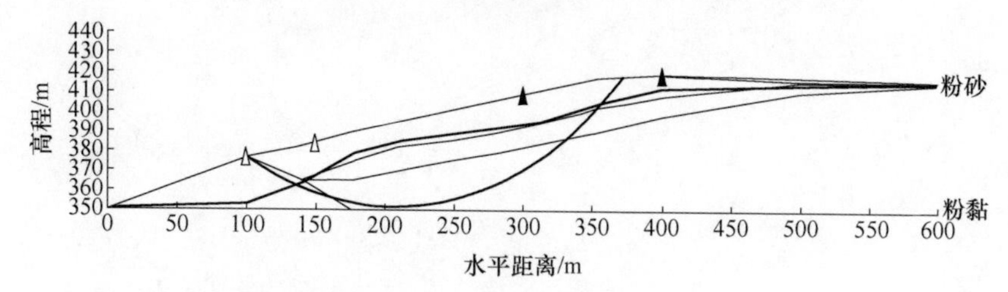

图 12-18　稳定性计算的滑动面（瑞典法 $F_s = 1.9337$）

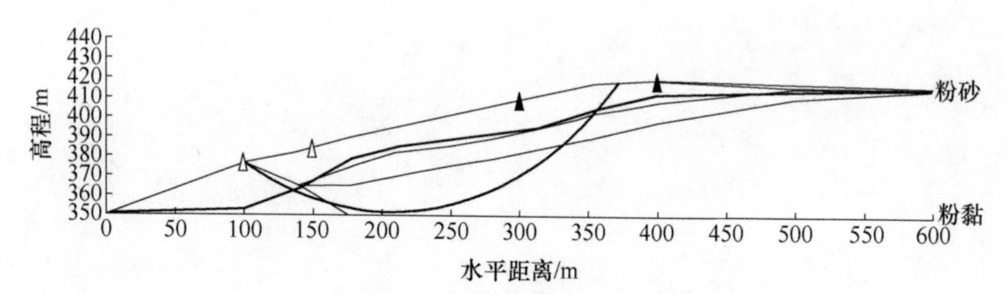

图 12-19　稳定性计算的滑动面（美国陆军师团法 $F_s = 2.1869$）

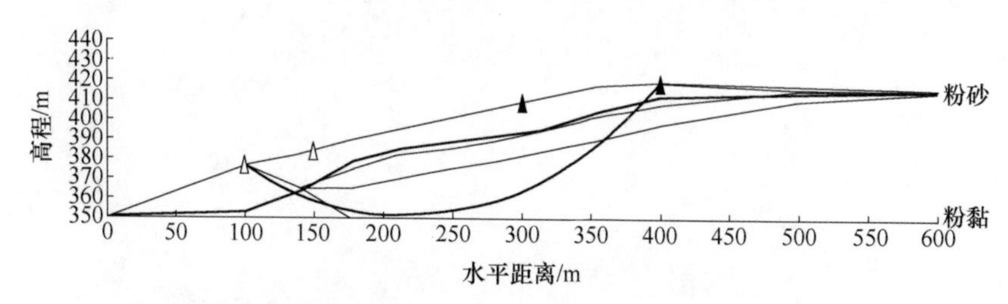

图 12-20　稳定性计算的滑动面（毕肖普法 $F_s = 1.2834$ 拟静力）

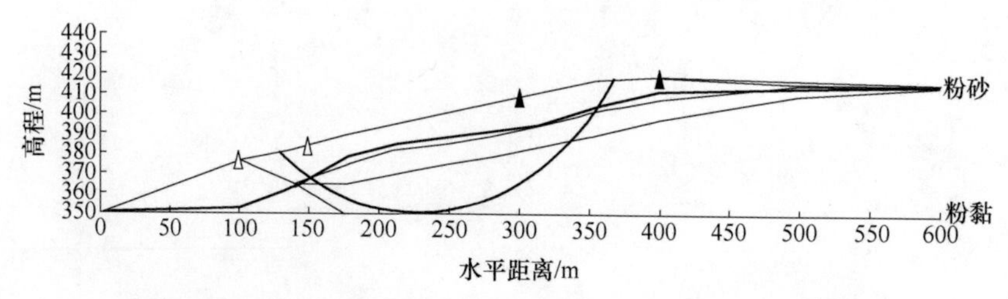

图 12-21　稳定性计算的滑动面（瑞典法 $F_s = 1.1766$ 拟静力）

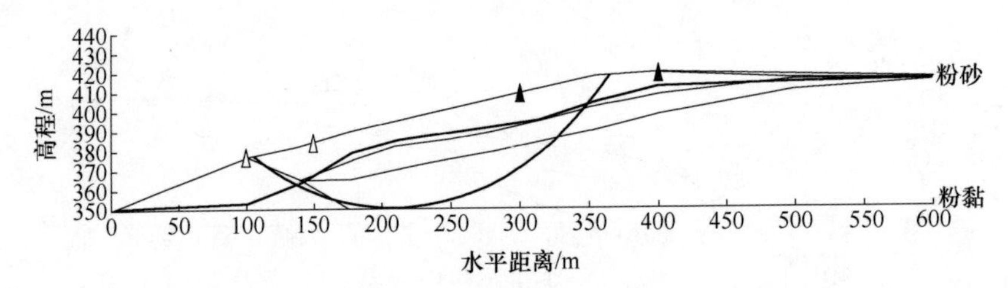

图 12-22　稳定性计算的滑动面（瑞典法 F_s = 1. 1706 拟静力）

13　中钢赤峰金鑫铜钼矿鸡冠山尾矿库

13.1　工程概况

中钢赤峰金鑫铜钼矿选厂处理规模为10000t/d，采用浮选工艺流程，产品为铜精矿和钼精矿粉。鸡冠山尾矿库由沈阳有色冶金设计研究院设计，2009年4月建成投入使用。总坝高61m，总库容2787.3万立方米。初期坝的设计高度35m，坝底高程700.0m，坝顶高程735.0m。上游坝坡为1∶2.0，下游坝坡为1∶2.5~1∶2.0。

2012年3月，子坝顶标高达到745m，目测坝下泥面标高743m，库后水位741m，最大滩长约1000m。库的概貌如图13-1所示，设计情况如图13-2所示。

图13-1　尾矿坝概貌

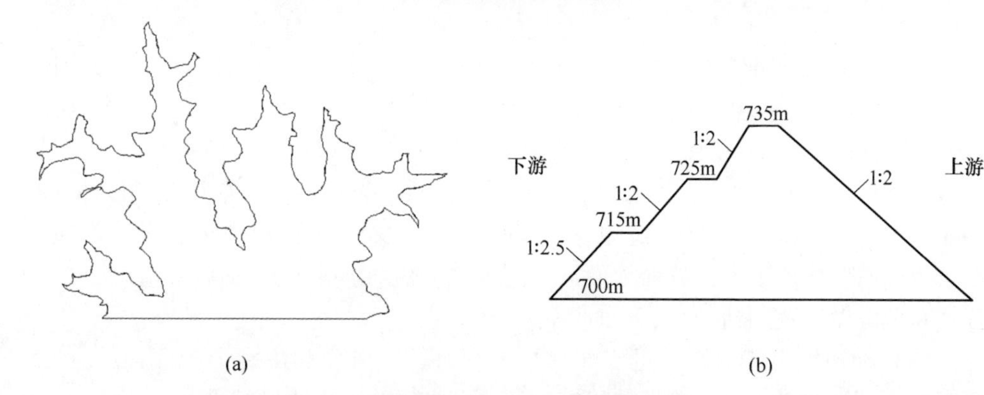

图13-2　尾矿坝平面和断面

（a）库平面示意图；（b）初期坝断面示意图

全尾矿的中值粒径D_{50}约为0.10mm，大于0.15mm和小于0.01mm的粒组含量都超过10%。现场尚能看到水玻璃、石灰等在库内形成的白色沉淀物。该项目的特色在于质量浓度40%用旋流器沉砂筑坝。鲁中的排放浓度37%，用旋流器沉砂护坝。

2013年完成的筑坝安全补充论证和实践证明（见图13-3），无霜期间分级筑坝、冰冻期间分散排尾工艺是可行的。以下主要介绍该库的安全论证条件、工作内容和结果。

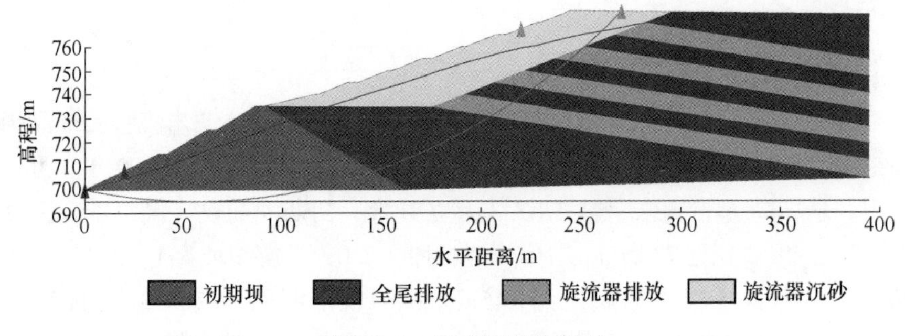

图13-3　尾矿坝概化断面

自尾矿库投产运行以来，需要优化调整的问题主要有以下几个：

（1）不同文件中设计库容有差别。设计文件和图纸中关于最终坝高、最大库容、服务年限等指标文字表述不一致。例如：尾矿库堆积最终标高为761.0m，总坝高56.0m，形成库容3250.6万立方米，可满足选厂生产10年服务年限的需要。安全专篇中总库容为2787.3万立方米，有效库容1900万立方米，服务年限16.6年。但两个阶段的设计图纸均表明堆积坝最大标高为775m，而平面图上排洪系统的标高在745~765m。企业要求该报告按行政审批的761m标高予以安全论证。

（2）初期坝和排渗体的效果待确认。初期坝上游边坡为1∶1.85，下游坝坡比为1∶2.5~1∶2.0，上游坡设有反滤层。坝型为透水堆石坝，最大坝长为470m。上游边坡设计为土工布组合滤层。自2009年建成以来，坝下游几乎不见渗水。根据“安全专篇”，库底平行设置了3条排渗盲沟，长150.0m，每条间隔80m，但未见有水从坝底渗出。据工程勘察报告分析，可能原始地层漏水严重，水区距离初期坝近千米，故而地面见不到渗水。初期坝和坝基的排渗系统暂时无资料和理由做失效判断。

（3）期初坝距离山脊太近。如果堆积坝过缓，滩面和山脊会把库区分为东西两部分，坝坡过陡会影响坝坡稳定。该论证将对此给出明确结论。

（4）尾矿颗粒比原设计的细。尾矿颗粒比原设计预期的细、浓度高，不能有效分选沉积，致使滩面短、坡度缓、尾矿软，用原设计方法难以筑子坝。所以企业采用旋流器分级沉砂筑坝。该报告重点论证改用旋流器分级筑坝的工艺和坝体的安全性。

选厂尝试旋流器分级筑坝以来，实践中仍存在下列有待解决的问题：

（1）尾矿坝第一期子坝轴线坝长近600m，筑坝工作量大，筑坝工艺改变后，尾矿坝稳定性和防洪安全条件与原设计不同，需要分析确认。

（2）原设计要求每升高10m堆积坝，预埋盲沟排渗系统，筑坝工艺修改后无法施工。需要在沉积尾矿特性试验分析基础上，论证浸润线控制和沉积尾矿的固结条件。

（3）方案设计、安全专篇和施工图设计中，子坝体形、大小、坡比是不一致的，有必要根据筑坝工艺和坝坡的稳定性分析结果，确定合理的子坝体形和外坡比。

（4）在旋流器分级筑坝实践和试验分析的基础上，形成一套分级筑坝、排放和安全运行的工艺参数。

实现安全运行，主要应论证旋流器分级筑坝后的坝坡稳定性和防洪安全，具体工作包括：

（1）研究确定旋流器分级沉砂筑坝的工艺。

（2）在沉积尾矿特性试验分析的基础上，论证坝坡抗滑稳定性。

（3）进行既有构筑物的防洪复核。

（4）调整尾矿库的筑坝方案，实现合理安全运行。

（5）根据尾矿的土工试验成果、稳定性分析结果，决策原设计堆积坝的排渗设施的取舍。

13.2 优化调整筑坝工艺和排放

选厂年处理矿石190万吨、排尾矿量近196.3万吨。每季度排尾矿49.1万吨；每天约5948.5t。

原设计对冬季排放未做明确要求，实践中必须在11月中旬到来年4月中旬，共计5个月，实施冬季坝前全尾分散排放或支沟单管排放。根据现阶段坝高库容关系，一个冬季库后上升约2.5m，2012年筑坝时，库后将接近740.5m，坝前将略高于744.5m。

每年4月到11月旋流器筑子坝，溢流直接排到库内。

按照原设计，服务年限约为16.6年。筑坝工艺调整后，库容和服务年限也有相应变化，不影响安全运行。重新核算的高程库容关系见表13-1，库容曲线如图13-4所示。到761m标高的库容约1500万立方米。

表13-1 高程-库容关系

高程/m	705	715	725	735	745	755	765	775
面积/万平方米	0.51	5.10	12.60	26.00	41.16	57.20	71.65	85.95
累计库容/万立方米	0	28.06	116.55	309.47	645.23	1137.05	1781.28	2569.28

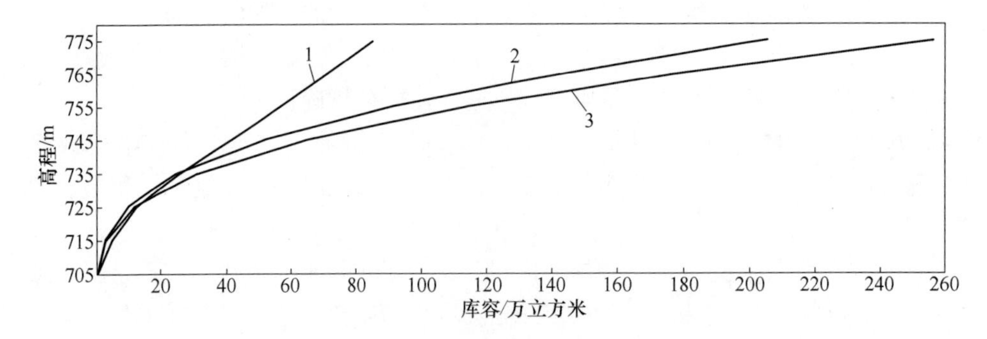

图 13-4 库容曲线

1—高程面积曲线；2—有效库容；3—总库容

子坝的具体调整如下：

(1) 微调第二级子坝的坝轴线。把第二期子坝的轴线与左右岸（至少是右岸）在745m标高的交点向下游方向稍作移动，如图13-5所示。这样能充分利用一号支沟，增加一部分库容。

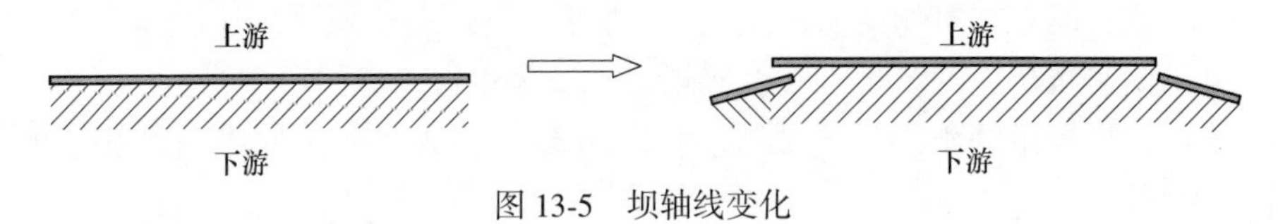

图 13-5 坝轴线变化

(2) 调整堆积坝坝坡。第一期子坝坝坡已经按原设计1∶5.0筑成，再加平台宽度，势必造成堆积坝总坡度过缓，影响库的运行。建议将第二期子坝坝坡改为1∶3.0，740m标高留2m宽马道，745m的平台宽5m，总的坝坡为1∶3.7，待坝体沉降稳定以后，预期外坡比在1∶4左右。如图13-6所示。

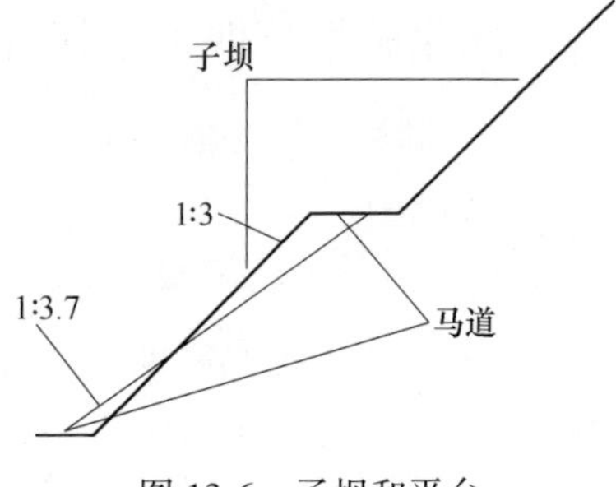

图 13-6 子坝和平台

(3) 旋流器筑坝。旋流器筑坝应尝试将8台旋流器分成4组，每2台一组。2组由两坝肩向坝中筑坝，另外2组由坝中心向两坝肩筑坝，4组旋流器两两相对，相向而行，直至合拢，如图13-7所示，子坝断面如图13-8所示。两期子坝的堆筑量估算如图13-9所示。

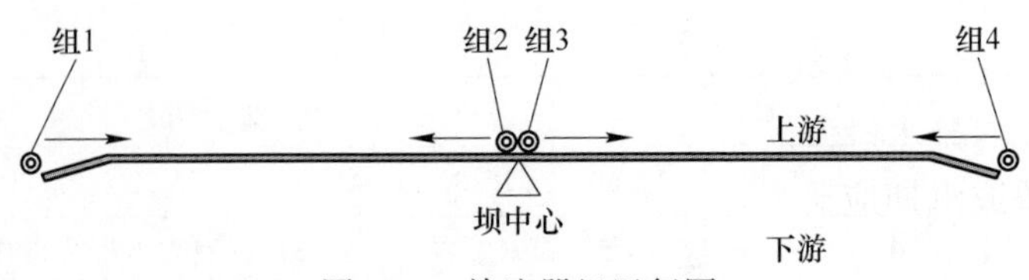

图 13-7 旋流器组运行图

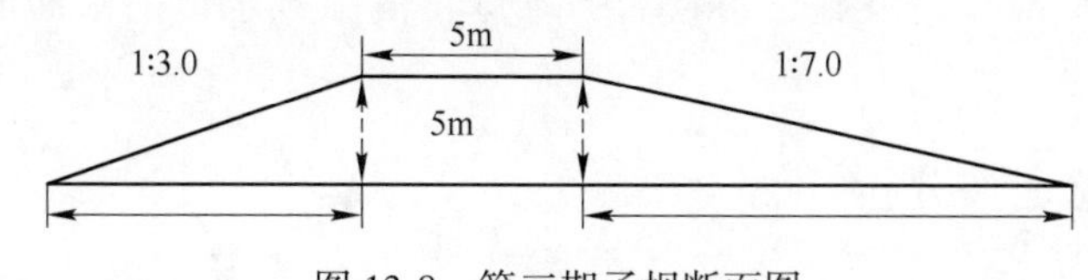

图 13-8 第三期子坝断面图

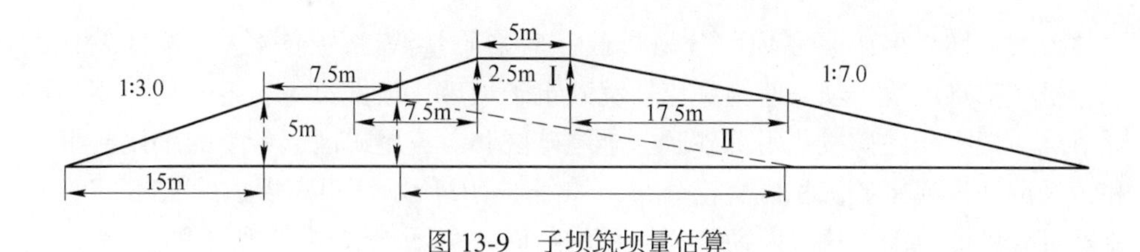

图 13-9 子坝筑坝量估算

13.3 尾矿排放、筑坝管理

尾矿坝一直流传一句口头禅，说的是设计和管理的关系——“三分设计七分管理”，这表明，行业内非常重视运行管理。

（1）堆筑新子坝时，必须清理坝肩、坝基。将树木、树根、草皮、废石及其他有害构筑物全部清除。清除杂物应运至库外，不得就地堆积。可以覆盖在坝坡上，以利于绿化。若遇有泉眼、水井、地道、洞穴等，应妥善处理，并作隐蔽工程记录，经主管技术人员检查合格后方可充填筑坝。

（2）尾矿排放时，应于坝前均匀放矿，保持坝体均匀上升。子坝顶及沉积滩面应均匀平整，避免滩面出现侧坡、扇形坡、放矿水横流，或细颗粒尾矿大量、集中沉积于某端或某侧的现象。不得往滩面上丢弃块石、废管件、支架及混凝土管墩等杂物。严禁矿浆排放时沿子坝内坡趾流动冲刷坝体。

（3）子坝堆筑完毕，应进行质量检查。质量检查的主要内容是：

1）子坝剖面尺寸、长度、轴线位置及边坡坡比。

2）坝顶及内坡趾滩面高程、库内水位。

3）尾矿筑坝质量。

（4）放矿时，尾矿工必须到岗、到位，不得离岗。

（5）控制尾矿库内水位应遵循以下原则：

1）在满足回水水质和水量的前提下，尽量降低库内水位。

2）当回水与坝体安全对滩长和超高的要求有矛盾时，必须防止漫坝。

3）水边线应与坝轴线基本保持平行。

（6）在库内排水口旁设置醒目的水位标杆，便于尾矿工检查、记录。

（7）雨季或汛期应确保正常水位以上、1.5 倍调洪高度内的排水斜槽全部敞开。

(8) 汛前应对排洪设施进行检查、维修，清除排水口前水面的漂浮物，确保排洪设施畅通。

13.4 坝的稳定性分析

13.4.1 计算断面概化

投产初期，尾矿浆在坝前分散排放，矿浆质量浓度为 45%，分选性差，人工、机械都难以筑子坝。改为旋流器沉砂筑子坝后，根据第一、第二期子坝的实际情况，把沉积尾矿概化为沉砂区、全尾矿区和溢流尾矿区，冬季的全尾矿沉积和筑坝期间溢流尾矿沉积区交错分布，如图 13-10 所示。距离坝顶约 75m 定为旋流器沉砂堆的范围。这个断面与原设计的断面（见图 13-11）有所不同。

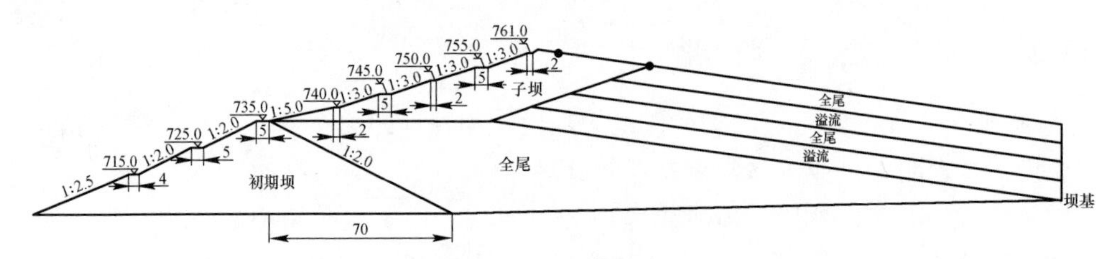

图 13-10 调整后的概化断面（775m 标高）

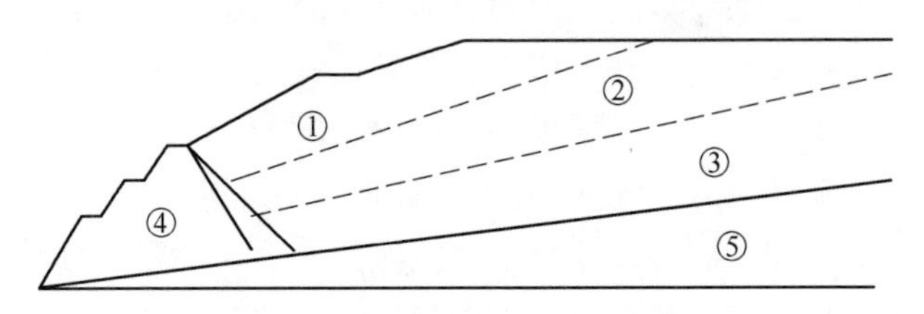

图 13-11 原设计的用的概化断面图

①—尾粗砂；②—尾细砂；③—尾粉砂；④—堆石；⑤—素填土

13.4.2 全尾矿和沉积尾矿的粒级

根据沈阳有色冶金设计研究院方案设计，全尾矿的级配如图 13-12 所示，中值粒径 D_{50} 约为 0.10mm，大于 0.15mm 和小于 0.01mm 的含量都大于 10%，图 13-13 所示是此次取样的颗粒分析成果，D_{50} 在 0.08～0.15mm，属于中等偏粗的尾矿，看来比设计的偏细。

13.4.3 沉积尾矿的常规土工试验结果

表 13-2 是现场取样表层尾矿的物理力学性质。沉积滩自排放口 0m、30m、60m、90m 共取 4 个点，沉砂在混凝土堆顶部、中部和下部取 3 个点。据筛分结

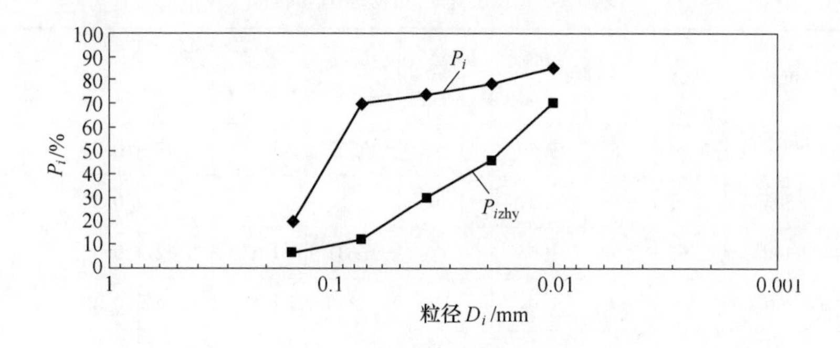

图 13-12　全尾矿的级配曲线

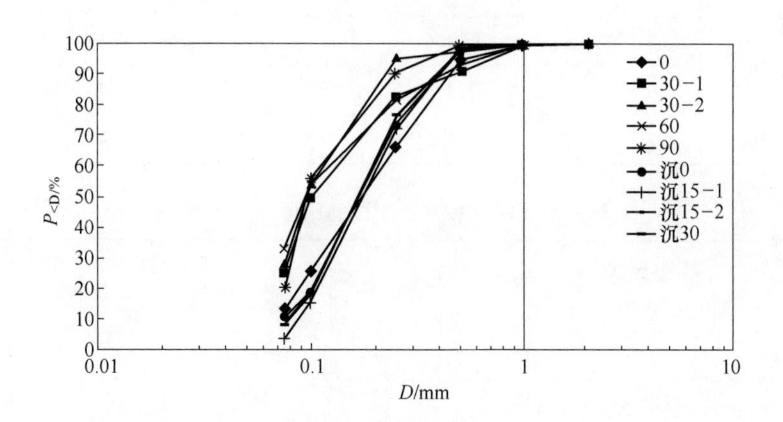

图 13-13　赤峰金鑫沉积尾矿颗粒分析（北方工业大学，2011 年）

果，各点试样的分类为细砂和粉砂。由于取样时排放时间已久，天然含水量很低。因经历了干缩作用，干密度比湿润状态所取试验结果稍大，不宜理解为沉积密实度大。多数试样的孔隙率大于 40%，还属于较松状态。使用相对密度概念(用于中粗砂好，粉细砂差)，经干燥过的试样已经达到中等密度（见表 13-3）。表 13-4 成果的中等渗透性恰好反映了这种中密状态试样的特性。三轴试验结果尚好，可作为计算依据，见表 13-5。

13.4.4　固结试验

表 13-6 是固结系数，这些结果说明，沉积尾矿具有转移水分、消散孔隙水压力、压缩固结的特性。周边排水条件越好，这一特性发挥的就更好。固结系数 C_v 在 10^{-3} cm^2/s，属于固结较快的范畴，固结度达 90%时的时间 T_{90} 在 1.5~2.0 min。应该指出，固结度的提高不等同于密度的增加，固结度的增加是孔隙水压力消散的结果，沉积尾矿密度的增加是孔隙体积的减少，是压力作用下压缩变形的结果。

表 13-2 表层尾矿的物理力学性质

序号	试样位置	G_s	W_0/%	ρ_0 /g·cm^{-3}	ρ_{d0} /g·cm^{-3}	ρ_{dmax} /g·cm^{-3}	ρ_{dmin} /g·cm^{-3}	e	n	φ_{cq} /(°)	C_{cq} /kPa
1	放矿口 0m	2.74	2.87	1.59	1.55	1.779	1.25	0.77	0.44	16	6.8
2	放矿口 30m-1	2.74	5	1.71	1.62			0.69	0.40		
3	放矿口 30m-2	2.66	6.45	1.55	1.46	1.631	1.17	0.82	0.45		
4	放矿口 60m	2.68	6.42	1.64	1.54	1.735	1.16	0.74	0.43	17	6.8
5	放矿口 90m	2.64	6.36	1.61	1.51			0.74	0.43		
6	沉砂顶	2.70	3.95	1.66	1.6			0.69	0.41		
7	沉砂 15m-1	2.69	3.32	1.69	1.64	1.759	1.24	0.64	0.39	14	6.8
8	沉砂 15m-2	2.69	5.79	1.71	1.62	1.735	1.24	0.66	0.40	14	6.8
9	沉砂 30m	2.72	5.83	1.64	1.55	1.729	1.24	0.75	0.43		

表 13-3 相对密度试验结果

试验名称	初始孔隙片 e_0	相对密度	最大孔隙比	最小孔隙比	最大干密度 /g·cm^{-3}	最小干密度 /g·cm^{-3}
放矿口 0m	0.77	0.65	1.19	0.54	1.779	1.248
放矿口 30m-2	0.82	0.71	1.28	0.63	1.631	1.170
放矿口 60m	0.74	0.71	1.28	0.52	1.735	1.155
沉砂 15m-1	0.64	0.825	1.16	0.53	1.759	1.244
沉砂 15m-2	0.66	0.82	1.17	0.55	1.735	1.237
沉砂 30m	0.75	0.70	1.18	0.57	1.729	1.244

表 13-4 渗透试验结果

试验名称	G_s	干密度 /g·cm^{-3}	孔隙比 e	e_{max}	e_{min}	相对密度 D_r	渗透系数 /cm·s^{-1}
放矿口 0m	2.74	1.68	0.631	1.19	0.54	0.86	2.0682×10^{-5}
放矿口 60m	2.68	1.613	0.662	1.28	0.52	0.81	3.1151×10^{-5}
沉砂顶	2.70	1.61	0.677	1.16	0.53	0.77	2.0120×10^{-4}
沉砂 15m-1	2.69	1.61	0.671	1.16	0.53	0.78	1.5995×10^{-4}
沉砂 15m-2	2.69	1.57	0.713	1.17	0.55	0.74	2.3837×10^{-4}
沉砂 30m	2.72	1.63	0.669	1.18	0.57	0.84	1.4185×10^{-4}

表 13-5　三轴试验结果

试样名称	G_s	干密度 /g·cm^{-3}	孔隙比 e	e_{max}	e_{min}	相对密度	黏聚力 /kPa	内摩擦角 /(°)
放矿口 0m	2.74	1.69	0.62	1.19	0.54	0.88	0	32.8
放矿口 60m	2.68	1.66	0.61	1.28	0.52	0.88	0	34.2
沉砂 15m-1	2.69	1.69	0.59	1.16	0.53	0.90	0	37
沉砂 15m-2	2.69	1.71	0.57	1.17	0.55	0.97	0	34.6

表 13-6　固结试验结果

试样名称	干密度 /g·cm^{-3}	孔隙比 e	t_{90}/min	e_{max}	e_{min}	D_r	固结系数 C_v/cm^2·s^{-1}	压力/kPa
放矿口 0m	1.67	0.641	1.4	1.19	0.54	0.84	9.12×10^{-3}	400~800
放矿口 60m	1.59	0.686	1.3	1.28	0.52	0.78	8.88×10^{-3}	400~800
放矿口 90m	1.63	0.62	2.1	1.28	0.52	0.87	6.33×10^{-3}	400~800
沉砂 15m-1	1.54	0.747	1.8	1.16	0.53	0.65	7.28×10^{-3}	400~800
沉砂 15m-1	1.50	0.793	1.8	1.17	0.55	0.61	7.16×10^{-3}	400~800

13.4.5　三轴试验结果

表 13-7 是三轴固结不排水（CU）试验的主要成果，包括抗剪强度（莫尔圆），偏应力（$\sigma_1-\sigma_3$）和应变关系 ε_1 关系，孔隙水压力 u 和应变 ε_1 的关系，代表了中等密度尾矿材料的特性，是可信、可用的。

表 13-7　三轴试验主要成果汇总

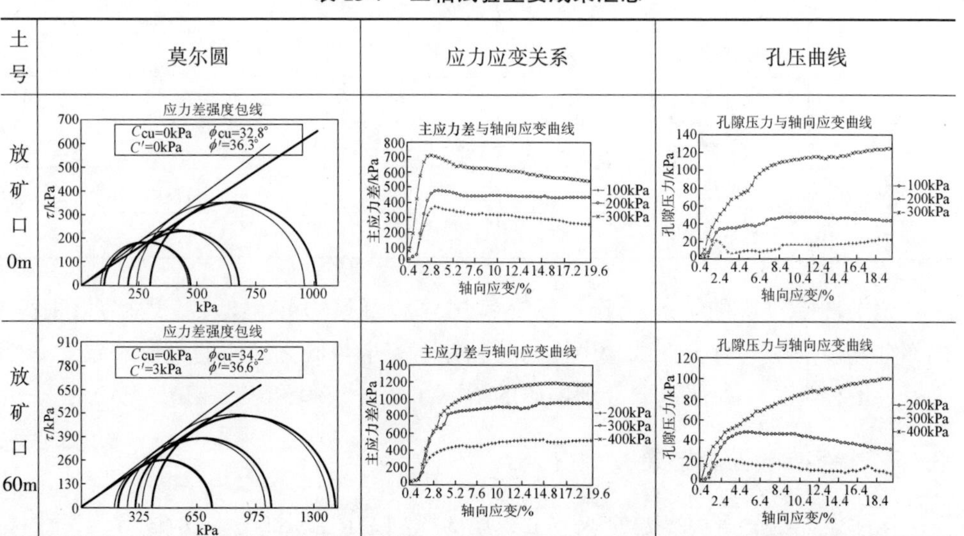

续表 13-7

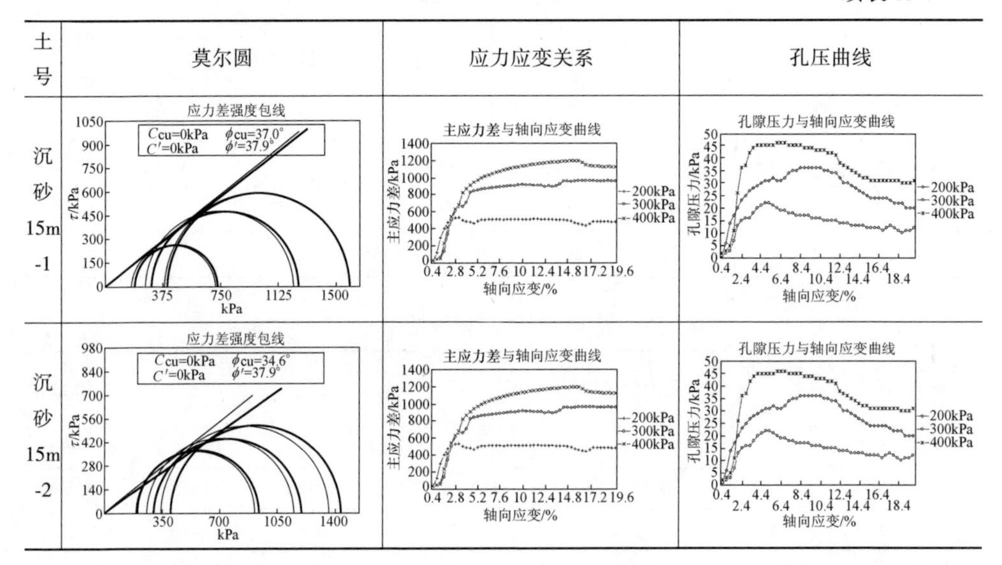

土号	莫尔圆	应力应变关系	孔压曲线
沉砂15m-1			
沉砂15m-2			

13.4.6　工程类比和计算指标应用

初步设计使用的稳定计算指标见表 13-8，该表中的密度显然低了。全尾级配，没有尾粗砂，素填土用于坝基也欠准确，勘察报告给出的是含砾石粉质黏土和粉质黏土（两种黄土）。

表 13-8　初步设计稳定计算使用的土性指标

土层编号	分类名称	天然密度 /g·cm^{-3}	饱和密度 /g·cm^{-3}	内摩擦角 /(°)	凝聚力 /kPa
①	尾粗砂	1.55	1.76	27	15
②	尾细砂	1.53	1.76	22	12
③	尾粉砂	1.43	1.1	19	12
④	堆石	1.9	2.10	34	0
⑤	素填土	1.8	1.85	—	3.5

此次直接剪切的抗剪试验指标（摩擦角和凝聚力）偏低，三轴结果稍高，也不宜直接采用。何况，试验用样的分类并不完全与概化剖面的分层一致。有必要通过工程类比，参照选取较细尾矿的指标，见表 13-9 和表 13-10。

13.4.7　稳定分析及其结果

该库设计为三等库，总坝高 61m，属 3 级坝。正常运行、洪水运行、特殊状

表 13-9 黄金行业三个尾矿试验指标（ZK12-x 为桦厂沟钻探资料）

土样编号	湿密度 /g·cm^{-3}	含水率 /%	干密度 /g·cm^{-3}	c_{cq} /kPa	φ_{cq} /(°)	a_{1-2} /MPa^{-1}	E_s/MPa	I_p
久盛 WK1	1.98	27.8	1.55	0	22.3	0.33	5.38	9.1
久盛 WK2			1.65	0	25.6	0.3	5.57	
镇沅 WK1	2	22.05	1.64	5.37	27.8	0.25	6.69	
镇沅 WK2	2.07	20.7	1.71	10.37	29.5	0.2	7.78	
K12-4	2.15	15	1.87			0.06	24.4	6.8
K12-8	2.15	19.1	1.8			0.11	13.7	9
K12-10	2.11	21.6	1.73			0.12	13.2	8.8
K12-12	2.12	23.3	1.72			0.12	14	8.5
K12-14	2.11	22.9	1.72			0.11	15.4	8.7
K12-16	1.96	31	1.5			0.27	6.9	13
K12-18	1.9	32.8	1.43			0.26	7.4	14.3
K15-7	1.88	32.2	1.42	16	19.1	0.22	8.7	9
K15-9	1.97	26.7	1.53	27	17	0.16	10.8	9.4
K15-11	2.05	25.3	1.64	17	24.5	0.12	14.5	9.1
K15-13	20.8	28.7	1.62	19	16.6	0.14	12.7	9
K15-15	2.01	25	1.61	13	16.7	0.13	12.6	9.2
K15-17	2.11	21.2	1.74			0.13	12.1	8.6

表 13-10 本复核稳定计算使用的土性指标

土层编号	分类名称	天然密度 /g·cm^{-3}	饱和密度 /g·cm^{-3}	内摩擦角 /(°)	凝聚力 /kPa
①	初期坝	1.90	2.05	34	0
②	沉砂子坝	1.92	2.06	32	0
③	全尾沉积	1.95	2.08	28	0
④	溢流沉积	1.90	1.94	22	0
⑤	坝基	1.80	1.90	26/24	30

态下坝坡抗滑稳定最小安全系数应达到 1.20、1.10、1.05。

库区地震设防烈度为 7 度。地震加速度取 0.1g。地震条件下的稳定性采用拟静力方法，执行《水工建筑物抗震设计规范》(DL 5073—2018)。

计算使用的浸润线采用了控制浸润线概念确定，子坝最高点浸润线埋深10m，一期子坝下埋深6.5m，正常水位的滩长采用250m（目前可达500m以远）。

使用SLOPE 2000中文版（版本v2.5）计算有两个坝高，设计拟堆高761m标高。瑞典法安全系数偏小，毕肖普（Bishop）简化法和美国陆军师团法的结果高度一致。圆弧滑动面和非圆弧滑动面的安全系数差别不大，761m的静力、拟静力的安全储备都高，见表13-11和图13-14。

表13-11　稳定性计算结果（标高761m）

序号	方　　法	静力安全系数	拟静力安全系数	备　注
1	毕肖普Bishop简化法	1.3430	1.1629	圆弧
2	美国陆军师团法	1.3517	1.1717	圆弧
3	美国陆军师团法	1.3757	1.1664	非圆弧
4	瑞典条分法	1.2422	1.0893	圆弧

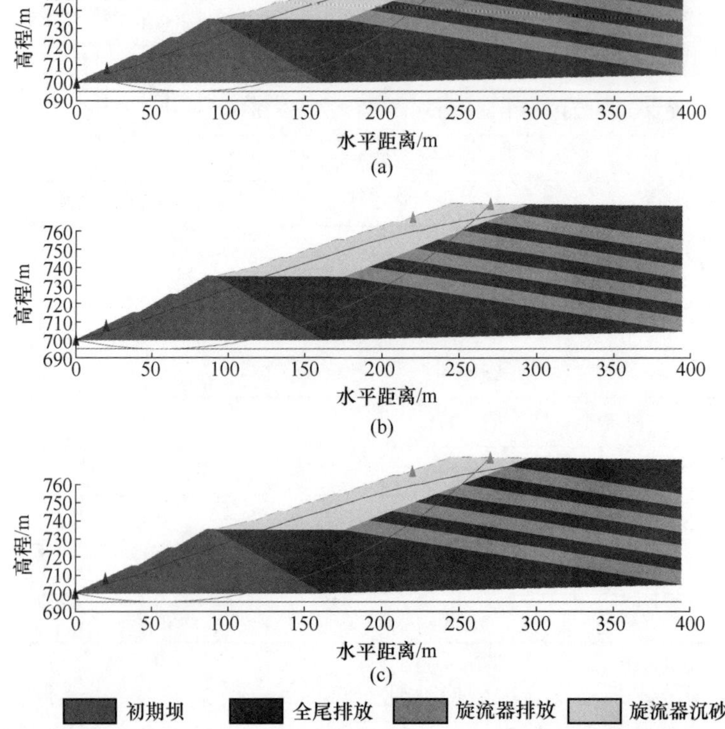

图13-14　三轴稳定计算方法的结果

（a）瑞典条分法（f=1/3422）；（b）毕肖普法（f=1.3430）；（c）美国陆军师团法（f=1.3517）

从滑动面的位置看，初期坝和坝基对于坝坡稳定至关重要。初期坝按照堆石偏低选用了抗剪强度指标，地基按黄土和角砾土用了中等偏高的指标。

如果观测资料证实，该计算所用浸润线较高，实际浸润线更低，则暂不需要上排渗设备。

一般说，堆积松散饱和的沉积尾矿，在地震条件下强度指标会进一步因震动孔压上升而降低。

鉴于以上状况，建议未来3年，组织一次勘察，把堆积坝、初期坝和坝基的工程性质搞清楚，核实该计算的可靠性并全面开展扩容工作，以保证安全持续生产。

13.5 防洪安全复核

以下综合介绍沈阳有色冶金设计研究院的初步设计和安全专篇中有关水文计算和调洪演算主要依据和结论。

13.5.1 防洪设计概况

原设计使用辽宁省的水文资料：偏差系数 $C_v = 0.5$、偏态系数 $C_s = 3.5C_v$、多年平均最大24小时暴雨 $\overline{p}_{24} = 80\text{mm}$、$\overline{p}_{三日} = 120\text{mm}$（$\overline{p}_{24}$ 疑为 $\overline{H}_{24}$）。库区总汇水面积：$F = 2.793\text{km}^2$，主河槽长度 $L = 1.765\text{km}$，$J = 5.835\%$。设计洪水结果见表13-12～表13-15。可知，初期50年一遇时，需要调节库容12.87万立方米，洪水升高2.0m；500年一遇洪水入库并经排洪后，洪水升高1.62m，需要调节库容32.22万立方米。这样的调洪结果无可厚非，主要是防洪条件是否满足要求，即库内的泄流条件和蓄洪条件能不能达到设计要求。

表13-12 各汇水区块洪峰流量 Q_P

频率	Ⅰ汇水区	Ⅱ汇水区	Ⅲ汇水区	Ⅳ汇水区	Ⅴ汇水区
$P=2$	12.4	5.99	13.64	2.53	5.74
$P=1$	16.21	7.83	17.82	3.3	7.5
$P=0.5$	23.8	11.49	21.16	4.85	11.01
$P=0.2$	31.0	14.97	34.1	6.32	14.35
F_i/km^2	0.86	0.415	0.945	0.175	0.398

表13-13 各汇水区块洪水总量 W

频率	Ⅰ汇水区	Ⅱ汇水区	Ⅲ汇水区	Ⅳ汇水区	Ⅴ汇水区
$P=2$	4.43	1.91	4.36	0.81	1.83
$P=1$	5.28	2.55	5.59	1.07	2.10

续表 13-13

频率	Ⅰ汇水区	Ⅱ汇水区	Ⅲ汇水区	Ⅳ汇水区	Ⅴ汇水区
$P=0.5$	7.75	3.22	8.52	1.6	3.09
$P=0.2$	9.92	4.13	10.91	1.81	3.96
F_i/km^2	0.86	0.415	0.945	0.175	0.398

表 13-14 各汇水区块洪水过程洪水历时

频率	Ⅰ汇水区	Ⅱ汇水区	Ⅲ汇水区	Ⅳ汇水区	Ⅴ汇水区
$P=2$	1.98	1.775	1.774	1.779	1.77
$P=1$	1.81	1.81	1.743	1.803	1.553
$P=0.5$	1.81	1.56	1.81	1.829	1.553
$P=0.2$	1.78	1.53	1.777	1.591	1.553
F_i/km^2	0.86	0.415	0.945	0.175	0.398

表 13-15 沈阳有色设计研究院的调洪结果

特　征	50年一遇	500年一遇	备　注
坝顶高程/m	735.0	761.0	
最小干滩长/m	70.0	100.0	百米处高程 760.0m
最高洪水位/m	733.0	755.0	应为 758.02m
正常水位/m	729.0	756.4	汛前的水位
调洪幅度/m	3.0	3.6	坝顶至水面 4.6m
调洪库容/$\times10^4\mathrm{m}^3$	6.6	17.21	
一次洪水总量/$\times10^4\mathrm{m}^3$	12.87	32.22	
一次洪水上升幅度/m	2.0	1.62	
平均泄量/$\mathrm{m}^3\cdot\mathrm{s}^{-1}$	46.89	46.89	实际是三套排洪系统的控制泄量之和

13.5.2 防暴雨和洪水复核

依据沈阳有色设计研究院文件，尾矿库汇水面积约为 2.793km^2。考虑到围场距离赤峰喀拉沁旗很近（70~80km），该复核依据《承德水文图集》选取暴雨参数，计算设计暴雨、洪峰流量 Q_{24P}、洪水总量 W_{24P} 等。这么做符合《水利水电工程设计洪水计算规范》（SL 44—1993）的规定。

根据《承德地区水文图集》查的相关计算参数，多年平均最大 24 小时暴雨 $\overline{H}_{24}=55\mathrm{mm}$，暴雨衰减指数 $n_2=0.8$，小于 1h 暴雨衰减指数 $n_1=0.9$，暴雨变差系数 $C_{v24}=0.40$，暴雨偏态系数 $C_s=3.5C_v$。

按汇流分区Ⅳ，采用推理公式的参数，用以下公式计算设计洪峰流量、汇流时间和洪水总量等。

$$Q_m = 0.278(i - \mu)F \quad 或 \quad Q_m = 0.278F(H_r/\tau)$$

$$\tau = 1.412(L/J^{0.5})^{0.52}$$

$$\mu = 0.0036S_p^{1.88}$$

$$W_P = 0.1H_PF$$

$$m = 0.65(L/J^{0.5})^{0.263}$$

洪水历时计算采用公式：

$$T_m = W_{24P}\alpha/(0.36Q_{24P})$$

式中 i——暴雨强度，mm/h，$i = S_p/\tau^n$

S_p——雨力，mm/h，$S_p = K_p\overline{H}_{24p} \times 24^{n-1}$；

τ——汇流时间，h；

n——暴雨递减系数；

W_P——设计频率下的洪水总量，万立方米；

F——流域面积，km^2，$F=2.793km^2$；

L——主河槽长度，$L=1.765km$；

0.1——单位换算系数；

R——设计频率面雨量产生的径流深，mm；

α——洪水历时过程系数；

T_m——洪水历时，h。

将上述计算数据与结果汇总于表13-16。

500年一遇的洪峰流量 $Q_{0.2\%}=65.5m^3/s$ 和洪水总量 $W_{0.2\%}=28.5\times10^5m^3$。

表13-16 设计暴雨和设计洪水计算结果

$P/\%$	0.2	0.5	1.0	2	备 注
K_p	2.82	2.53	2.31	2.08	查水文手册
$\overline{H}_{24p}$	155	139	127	114	
H_r/mm	102	99	72	62	查表
$Q_{m1}/m^3 \cdot s^{-1}$	65.5	63.5	46.2	39.8	$0.278F(H_r/t)$
Q_{m1}/F	23.4	22.8	16.5	14.2	
$W/\times10^4m^3$	28.5	27.7	20.1	17.3	
T_m/h	0.264	0.273	0.244	0.238	

13.5.3 泄流能力复核

该库排洪系统比较复杂，设计共有溢水塔共13座，转流井10座，排水管两种管径，即 $DN=2000mm$，$DN=1500mm$。溢水塔高度有9.0m、12.0m两种规格。溢水塔直径有3种规格，即 $D=3500mm$、$D=3000mm$、$D=4500mm$。

沿排水沟构筑物共有 5 个典型断面，即 1-1 断面、2-2 断面、3-3 断面、3′-3′断面、3″-3″ 断面，其中 3′-3′、3″-3″ 断面为 3-3 断面的支断面。

1-1 断面上有溢水井 Y_{21}、Y_{22}、Y_{23}，转流井 Z_3、Z_4、Z_5。Z_5转流井后接排水斜槽。2-2 断面上有 Y_{13}、Y_{14}、Y_{15}，、Y_{16}号溢水井，其中 Y_{13}、Y_{14}、Y_{15}、Y_{16}连接排水管为 180°夹角，转流井有 Z_1、Z_{10}号。Y_{16}号溢水井后用排水斜槽连接。3-3 断面上有 Y_1、Y_2、Y_3、Y_4号溢水井，转流井有 Z_2、Z_6、Z_7、Z_9号。Z_9后接排水斜槽。3′-3′断面上有 Y_6、Y_7号溢水井，连接排水管均有夹角。转流井有 Z_6。Y_7后接排水斜槽。3″-3″断面上有 Y_3号溢水井，连接排水管有夹角，转流井有 Z_7、Z_8号。Z_8后接排水斜槽。

平面图上 1-1 断面排水管径为 *DN*1500mm，2-2、3-3 断面为 *DN*2000mm 排水管。

在目前筑坝工艺下，这一系统的泄流能力需要复核各个塔、塔下管的进口和排洪管出口三个部分。各部分的流量计算公式如下。

塔的泄流公式，考虑水位未淹没框架圈梁：

$$Q_c = n_c m_c \varepsilon b_c \sqrt{2g} H_y^{1.5}$$

式中　Q_c——流量，m^3/s；

n_c——同一横断面上排水口的个数；

m_c——堰流系数；

ε——侧向收缩系数；

b_c——一个排水口的宽度；

H_y——溢流堰泄流水头。

塔下管的进口采用管的压力流公式：

$$Q_c = \mu F_x \sqrt{2gH_z}$$

式中　Q_c——流量，m^3/s；

μ——计算系数；

F_x——排水隧洞下游出口断面积；

H_z——计算水头，为进口断面中心算起的水头。

管的出口采用管道自由流公式：

$$Q = \omega_c c \sqrt{RI}$$

式中　Q——流量，m^3/s

ω_c——过水面积；

c——谢才系数；

R——水力半径；

I——排洪构筑物坡度。

计算结果见表 13-17～表 13-19。计算结果表明，在塔的内径一定时，塔的进口流量由拱板上的泄流水头决定，各塔的泄流水头见表 13-17。数值在 0～1.5m

或0~1.62m，相当于标高在741~742.5m之间。滩面坡度确保1%，滩长确保250m，扣除安全滩长，泄流水头将得以充分保障。滩面或子坝符合挡水要求就更好。

表13-17 塔的泄流能力复核成果

塔的编号	水位标高/m	计算水头/m	流量/$m^3 \cdot s^{-1}$	备 注
Y16	741.00	0.00	0.00	计算内径1.50m
	741.50	0.62	2.00	
	742.00	1.12	4.85	
	742.50	1.62	8.43	
Y7	741.00	0.00	0.00	计算内径1.5m
	741.50	0.50	1.45	
	742.00	1.00	4.09	
	742.50	1.50	7.52	
Y9	741.00	0.00	0.00	计算内径2.0m
	741.50	0.50	1.93	
	742.00	1.00	5.45	
	742.50	1.50	10.02	
Y23	741.00	0.00	0.00	计算内径2.0m
	741.50	0.62	2.66	
	742.00	1.12	6.46	
	742.50	1.62	11.24	

表13-18 塔下管口的泄流量

H/m	0.3	0.45	0.6	0.75	0.9	1.05	1.2	1.35
Q/$m^3 \cdot s^{-1}$	0.98	3.22	7.22	13.01	20.36	28.34	39.60	42.63

表13-19 管道下游出口的泄流量（管道直径1.5m）**塔的编号**

计算水头 H/m	2	3	4	5	6	备 注
流量 $Q_{1.50}$/$m^3 \cdot s^{-1}$	3.67	4.93	5.92	6.77	7.53	计算内径1.50m
流量 $Q_{2.0}$/$m^3 \cdot s^{-1}$	5.84	8.26	10.11	11.68	13.06	计算内径2.0m

塔下水平管道的泄流量通常是排洪系统泄流能力的制约因素之一。一般库区纵坡条件较陡（I>2.5%），流速比较大，管道下游出口的泄量也会比较大。现把各部分的泄流量画在一平面内，如图13-15所示。可知，该排洪系统出口流量很大，塔顶进口流量也比较大，塔下管口的进口泄量控制泄流量。根据这一计算成

果，塔内水深保证 4m，进口可望实现 $10m^3/s$ 的泄量，塔内水位进一步提高是有条件的。管内水头提高后，压力加大，泄量也会进一步提高。

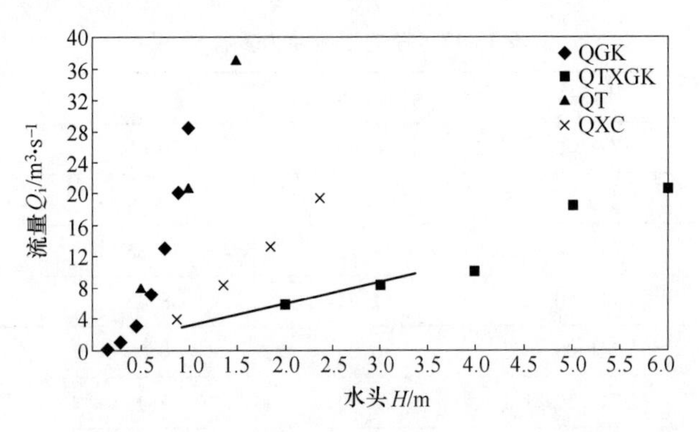

图 13-15 塔、斜槽、管道的塔下进口和管道出口的泄流曲线

后期泄洪主要靠斜槽，斜槽的最大过水净断面设计为 $B×H=1.2m×1.2m$，根据施工图设计，主要斜槽的有关数据见表 13-20 和表 13-21。

表 13-20 斜槽的主要设计数据

位置	水位标高	水平投影 L_1/m	夹角 /(°)	水平投影 L_2/m	夹角 /(°)	水平投影 L_2/m	夹角 /(°)
Y16、Z10	736/755.0	242.92	5	130.10	10	87.4	8
Z9 后	745	154.89	9	69.04			
Y7 后	735	85.72	6				
Z8 后	730.8	129.28	7				
Y5 后	735.0	90.48	6	232.27			

注：按运行图表，到 2013 年按汛前水面将增高 2.38m，上升至 745.9m，以此作为起调洪水位，只有此标高以上的排洪斜槽泄水。

表 13-21 斜槽泄流能力复核

H/m	$Q_{Y16后}/m^3 \cdot s^{-1}$	$Q_{Z9后}/m^3 \cdot s^{-1}$	$Q_{Y5后}/m^3 \cdot s^{-1}$	$\sum Q/m^3 \cdot s^{-1}$
0.85	1.84	1.16	1.22	4.22
1.35	3.68	2.31	2.43	8.42
1.85	5.90	3.71	3.90	13.51
2.35	8.45	5.32	5.59	19.36

注：Q 表示泄流量，注脚表示位置。

斜槽泄流能力的计算分为自由流和半压力流，分别采用不同的计算公式。其中自由泄流又分为未超过盖板和超过盖板两种情形。

水位未超过盖板上沿最高点时采用以下公式进行计算：

$$Q_a = 0.8\sigma_n m_1(\tan\beta + \cot\beta)\sqrt{2g}H_s^{2.5}$$

计算数据见表 13-20，计算结果见表 13-21。把塔、斜槽、管道的塔下进口和管道出口的泄流曲线汇总到图 13-15 中可知，小水头时，系统的泄流能力由斜槽控制，此后由塔下管口控制。库内排水口底坎或控制库水位以上的水深大于 1m 时，泄量接近 $4m^3/s$，水深 1.5m 时，泄量达 $6m^3/s$。

根据库容曲线，在 745～775m 标高内，总库容几乎以每米 63.3 万立方米线性增长。其每米水深的蓄洪能力至少有 31.15 万立方米。

根据洪水计算，500 年一遇的洪峰流量 $Q_{0.2\%}=65.5m^3/s$ 和洪水总量 $W_{0.2\%}=28.5\times10^5m^3$。而库内最高水位升高不到 1m，需要的最大泄量约 $6m^3/s$，现在 3 个沟内的斜槽完全可以满足防洪要求。

13.6　结论

该论证的主要结论为：

（1）根据原设计尾矿库平面布置图，复核了尾矿库总库容筑坝方法的调整和优化不影响库容和服务年限，按原设计生产规模可服务 16.6 年。

（2）建议微调堆积坝端部坝轴线，把第二期子坝的轴线在 745m 标高与左右岸的交点向下游方向稍移动，以便充分利用一号支沟的库容。

（3）建议调整堆积坝坝坡，第一期子坝外坡已经按原设计 1∶5.0 筑成，从第二期子坝，把子坝外坡改为 1∶3.0，740m 标高留 2m 宽马道，745m 的平台宽 5m，总外坡为 1∶3.7，待坝体沉降稳定以后，预期外坡比在 1∶4 左右。

（4）筑坝和排放，每年 4 月到 11 月旋流器筑子坝，溢流直接排到库内。冬季坝前全尾分散排放。根据现阶段库容条件，一个冬季，泥面上升约 2.5m，2012 年筑坝时，库后将接近 740.5m，坝前将略高于 744.5m。随着坝高，库面积增大需要的筑坝高度将降低，但不建议调整现筑坝方式。

筑坝工艺宜逐渐形成定式，建议将 8 台旋流器分成 4 组，每 2 台一组。2 组由东西两头向坝中间筑坝，另外 2 组由坝中心向东西两头筑坝，4 组旋流器两两相对，相向而行，直至合拢。

（5）控制尾矿库内水位应遵循以下基本原则：

1）在满足回水水质和水量的前提下，尽量降低库内水位。

2）当回水与坝体安全对滩长和超高的要求有矛盾时，必须采取防止漫坝措施。

3）水边线应与坝轴线基本保持平行。

4）在库内排水口旁，设置醒目的水位标杆，便于尾矿工检查、记录。

5）雨季或汛期应确保正常水位以上，1.5 倍调洪高度内的排水斜槽全部敞开。

（6）沉积尾矿具有转移水分、压缩固结的特性。周边排水条件越好，这一特性越发挥得更好，尾矿坝稳定也越高。

（7）试验表明，经干燥过的试样，已经达到中等密度。中等渗透性恰好反映了这种中密状态试样的特性。静三轴试验表明，沉积尾矿具有较好的抗剪强度指标。

（8）稳定性结果表明，抗滑安全系数满足有关规范要求，静力、拟静力的安全储备 761m 比 775m 高。761m 标高的安全是可靠的。

（9）由于初期坝和坝基部分浸润线高，最小滑动面的位置通过初期坝底，建议注意观测这里的水位变化，如果水位高于控制浸润线，可采取降水或固坡措施。

（10）未来系统的泄流能力由斜槽和塔下管口控制，库内排水口底坎或控制库水位以上水深大于 1m 时，泄量接近 $4m^3/s$，水深 1.5m 时，泄量达 $6m^3/s$。

（11）500 年一遇的洪峰流量 $Q_{0.2\%}=65.5m^3/s$ 和洪水总量 $W_{0.2\%}=2.85\times10^5m^3$。在 745~775m 标高内，每米坝高的总库容以 63.3 万立方米线性增长，每米水深的蓄洪能力至少有 31 万立方米。防洪能力是可靠的。

14 镇沅金矿

14.1 工程概况

镇沅金矿位于云南省镇沅彝族、哈尼族、拉祜族自治县和平（丫口）乡。斑毛沟尾矿库由长春黄金设计院设计，距离选冶工业区约 1.5km，汇水面积 7.4km^2。沟底平均纵坡 11.66%，局部大于 20%。初期坝高 26m，总坝高 112m，有效库容 670 万立方米。

2009 年 7 月遭遇暴雨，即将竣工的沟内斜槽和东、西岸山体及岸坡上的浆砌石排洪沟被冲毁。修复工程全部改为钢筋混凝土结构，于 2010 年 6 月完成。2010 年 5 月，初期坝顶以下基本填满。尾矿排放重量浓度 35%，坝前分散排放。由于尾矿颗粒细，存在筑子坝困难，矿浆脱水慢、沉积慢，澄清距离和水深不够，滩面短，泥面坡度缓等问题。

据测算，初期坝当年 10 个月排放 25m，2012 年勘察钻孔前年均升高 17.2m，是尾矿细、浓度高、快速升高，山皮土子坝，上游法分散排放的典型实例。按传统上游法的理念，这个库是满库"泥水"，表观上也的确如此。精心管理和保障措施比较到位，基本保障了库安全运行。

图 14-1 反映了尾矿库的全貌。图 14-2～图 14-4 给出了排渗、等代滩长等工程措施。

(a)

(b)　(c)

图 14-1　尾矿坝概貌

（a）镇沉库山皮土子坝和尾矿堆坝；（b）初期、子坝和滩面；（c）从库后看子坝

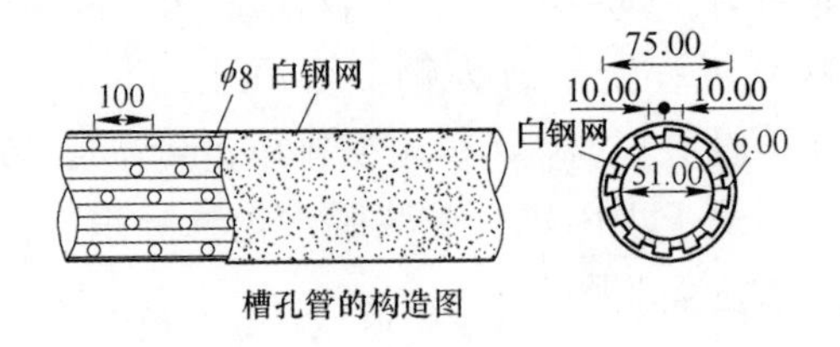

图 14-2　修改的排渗设计

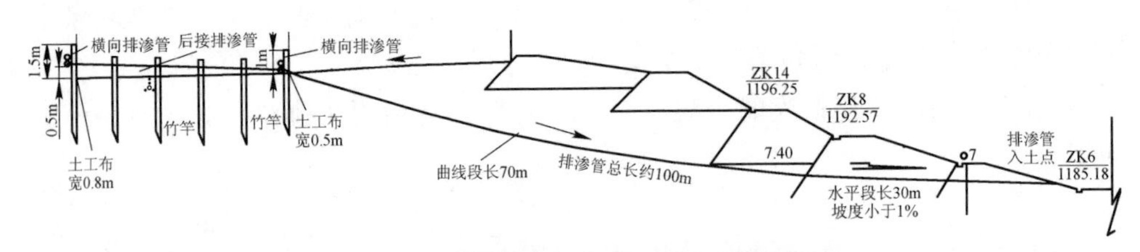

图 14-3　坝前的强制性留砂和排渗措施示意图

图 14-4 留砂和排渗措施

14.2 沉积尾矿的特性及其述评

各种原位测试方法被岩土工程界认为扰动较小，能真实揭示地层，提供可靠信息的方法。勘察给出了十字板（VPT）、静力触探（CPT）、标贯（SPT）、波速（VST）测试结果。

14.2.1 十字板

十字板（VPT）测试的抗剪强度 C_u 很低，灵敏度指标 C_u/C'_u 偏大。图 14-5、图 14-6 和表 14-1 表明，十字板不扰动情况的抗剪强度 C_u 值低到 2kPa（ZK3），高的也只有 23kPa（ZK5）。十字板扰动后的抗剪强度 C'_u 值仅为 C_u 的 1/3～1/2，个别的只有 1/5。这表明，沉积尾矿既松散又敏感。

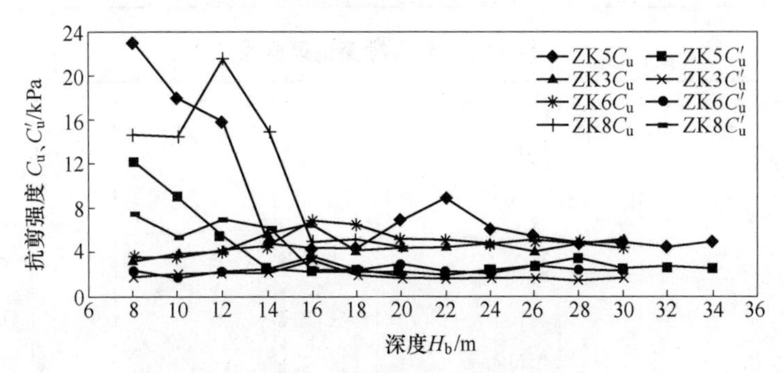

图 14-5 十字板测试的尾矿抗剪强度

14.2.2 静力触探

静力触探（CPT）的结果见表 14-2 和表 14-3，由于可以连续给出地层的测试结果，静力触探是用于分层的好方法，其锥尖阻力 q_c 和侧摩阻力 f_s 的大小既反

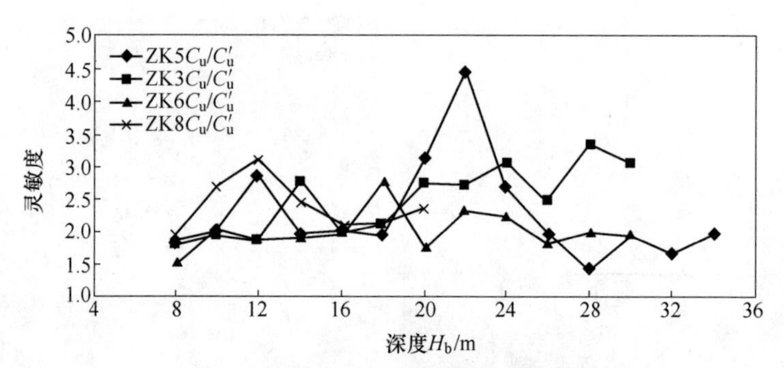

图 14-6　十字板测试的尾矿灵敏度

表 14-1　十字板剪切试验指标统计

地层	统计指标	统计值				
		频数	范围值	平均值	标准差	变异系数
尾粉土②2	原状土抗剪强度 C_u/kPa	37	3.30~22.70	7.0	5.7	1.02
	重塑土抗剪强度 C_u/kPa	37	1.50~9.00	3.1	1.87	0.7
	灵敏度 S_t	37	1.52~3.45	2.2	0.44	0.17

表 14-2　沉积尾矿静探试验指标统计

地层	统计指标	统计值		
		n	范围值	平均值
尾粉土②1	锥尖阻力 q_c/MPa	4	1.40~12.17	5.28
	侧摩阻力 f_s/kPa	4	12.4~144.7	83.3
	压缩模量 E_s/MPa	4	5.4~7	7

表 14-3　静力触探记录曲线

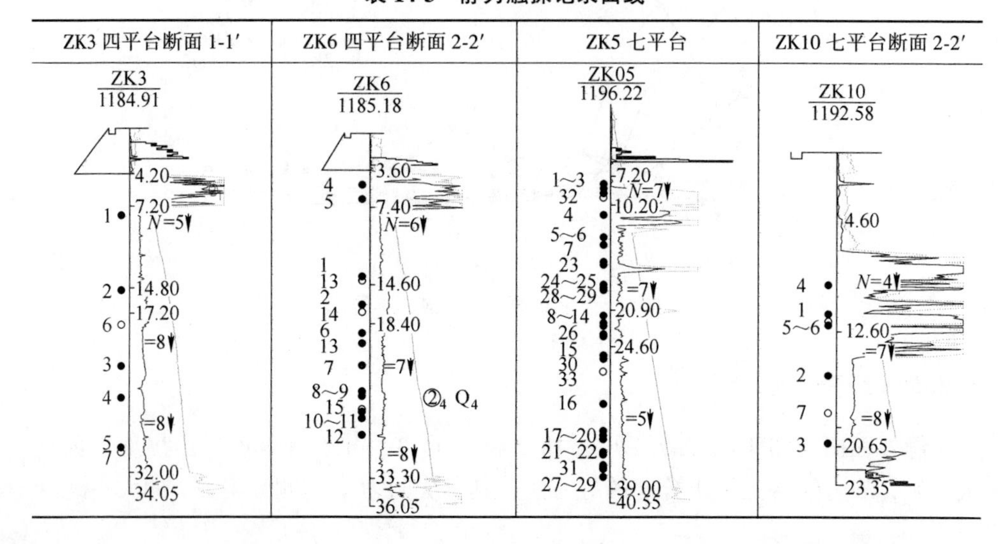

映土的软硬，又可评价土的性质。与十字板结果相比，各层沉积尾矿都有理想的侧壁摩阻力f_s和锥尖阻力q_c，但q_c沿深度增幅不大。按有关经验，根据触探成果（锥尖阻力q_c）可以换算出摩擦角、压缩模量等指标，见表14-4，模量在5.4~7MPa，这相当于土工试验室在100~200kPa的压缩模量。

表14-4 依据静力触探（CPT）计算各土层的压缩模量指标

土层编号	土层名称	q_c折合摩擦角 φ/(°)	锥尖阻力 q_c/MPa		侧摩阻力 f_a/kPa		压缩模量 E_s/MPa
			变化范围	平均值	变化范围	平均值	
①1	填土	<20	0.00~0.61	0.09	0.1~12.2	7.1	
①2	填土	<28	0.00~2.57	0.16	0.4~17.7	7.1	
②1	粉土	32	1.40~12.17	5.28	12.4~144.7	83.3	7.0
②2	粉土	34	0.78~2.49	1.08	20.9~52.4	30.9	5.6
②3	粉土	34	0.75~1.88	1.53	34.3~70.5	38.9	6.3
②4	粉土	34	0.97~2.14	1.33	40.0~66.0	51.5	6.0
③1	砾类土	36	1.66~4.96	2.75	30.6~100.4	69.7	5.4

这些结果表明，沉积尾矿具备理想力学特性的条件，具有一定的密实度，具有一定的透水条件。在子坝约束条件下，可以逐步自重固结，发挥其功能。以下3个公式是依据一组模量试验结果建立的。旨在说明沉积尾矿的力学性是“与时俱进”的，是和它们的起始点有关的，都是随深度增加的，试验的起始压力大，模量的基数也大。

$$E_{s100\sim200} = 9.4448 - 0.0653H_b$$

$$E_{s200\sim300} = 14.615 - 0.0699H_b$$

$$E_{s300\sim400} = 19.66 - 0.0974H_b$$

14.2.3 标贯击数

标贯击数，即标准贯入锤击数（SPT）是评价砂性土的很好指标，评价粉细砂和粉土目前仍缺少研究。沉积尾矿的测试结果汇总于表14-5。实测标贯击数$N_{63.5}$在5~12之间，这表明，尾矿处于松散和极松散状态（$N_{63.5}$大都小于4和8——参考纯砂资料）。$N_{63.5}$在前20m几乎不随深度增加，20m后稍有增加。2017年的表观结果见表14-6，比较深层的测试数据，比如12~25m见的数据比2012年的大。

表 14-5　2012 年勘察的标贯击数（SPT，勘察报告摘录）

试验深度 H/m	实测击数 $N_{63.5}$	深度矫正击数 N	备注	试验深度 H/m	实测击数 $N_{63.5}$	深度矫正击数 N	备注
9.00	7	6.7	ZK1	1.80	7	6.7	ZK3~5
13.00	8	4.6		5.00	5	4.4	
16.00	6	4.4		9.00	5	4.1	
11.80	7	5.4	ZK2	10.00	7	5.7	
17.50	8	4.9		19.00	7	4.9	

表 14-6　2017 年勘察的标贯击数（SPT，勘察报告摘录）

钻孔号	试验段	实测击数	校正后击数	钻孔号	试验段	实测击数	校正后击数
ZK16	12.25~12.55	5	3.9	ZK19	7.35~7.65	5	4.2
ZK17	8.35~8.65	5	4.1	ZK16	16.65~16.95	10	7.2
ZK18	20.65~20.95	7	4.9	ZK17	14.75~15.05	11	3.71
ZK20	12.15~12.45	18	13.9	ZK18	25.15~25.45	6	4.2
ZK21	10.45~10.75	5	4	ZK19	22.75~23.05	6	4.2
ZK22	9.85~10.15	6	4.8	ZK20	17.35~17.65	7	5
ZK23	8.65~8.95	6	5.1	ZK21	24.65~24.95	7	4.9
ZK18	13.95~14.25	5	3.8	ZK23	14.65~14.95	12	8.9

14.2.4　波速

波速测试结果见表 14-7，用这组结果评价沉积尾矿可得到沉积偏软结论。

沉积尾矿层波速达到 140m/s 以后，几乎不再随深度增加。这表明沉积尾矿的力学性能随深度增加得慢。这一现象与前述十字板、静探、标贯的结果一致。这可能与尾矿上升快、尾矿细、初期坝排渗不良有关。

表 14-7　各钻孔各土层剪切波速成果

测试钻孔	地层层号	岩土名称	测试深度/m	剪切波速/m · s^{-1}	按波速分类
ZK1	子坝①1	填土	0~7.1	195.4	中软土
	②1	尾粉土	7.1~17.7	152.3	中软土
	②2	尾粉土	17.7~20.9	140.1	软弱土
	②3	尾粉土	20.9~23.65	156.7	中软土
	②4	尾粉土	23.65~32.2	143.5	软弱土
	③1	砾类土	32.25~36	285.9	中硬土

续表 14-7

测试钻孔	地层层号	岩土名称	测试深度/m	剪切波速/m · s^{-1}	按波速分类
ZK6	子坝①1	填土	0~3.6	191.4	中软土
	②1	尾粉土	3.6~20.5	155.7	中软土
	②2	尾粉土	20.5~29.35	142.6	软弱土
	②3	尾粉土	29.35~30.55	164.2	中软土
	②4	尾粉土	30.55~33.3	146.8	软弱土
	③1	砾类土	33.3~35.5	292.3	中硬土
ZK10	子坝①1	填土	0~6.9	186.9	中软土
	②1	尾粉土	6.9~14.25	160.3	中软土
	②2	尾粉土	14.25~20.65	142.1	软弱土
	③1	砾类土	20.65~23	289.4	中硬土
ZK11	子坝①1	填土	0~4.1	187.6	中软土
	②1	尾粉土	4.1~11.4	151.3	中软土
	②2	尾粉土	11.4~17.6	154.6	中软土
	②3	尾粉土	17.6~22.3	144.2	软弱土
	②4	尾粉土	22.3~25.8	154.7	中软土
	③1	砾类土	35.8~31	283.2	中硬土

14.3 沉积细尾矿特性的讨论

综合各原位测试方法的结果，各指标都不随深度明显增长，十字板指标偏低，标贯锤击数和静力触探结果较理想，基本反映了沉积尾矿较软的特性，波速结果更灵敏。结合室内试验的结果，对这个坝的沉积尾矿做进一步的讨论是有益的。首先介绍沿海软土。

14.3.1 与沿海软黏土比较

沿海的软土塑性指数越小，抗剪强度指标越高[20,57]。和沿海的黏土比较见表 14-8 和表 14-9，表 14-10 可作为标准来应用。当液性指数在 1.0~1.4，塑性指数小于 12~14 时，固结快剪的摩擦角在 22°~25°。

表 14-8 沿海软土塑性和抗剪强度指标[57]

塑性指数 I_p	液性指数 I_L	摩擦角 φ/(°)	凝聚力 C/kPa
22.6	1.34	3.56	8.86
25	1.2	1.23	7.92
25.3	1.12	2.71	11

续表 14-8

塑性指数 I_p	液性指数 I_L	摩擦角 φ/(°)	凝聚力 C/kPa
25.8	1.02	2	5
22.8	1.04	3.2	7.1
16.3	1.47	4.3	3
14.1	1.5	4.6	4
23.9	1.59	9.1	19
25.8	1.04	2.81	13.6

表 14-9 上海软土塑性和固结快剪指标[57]

塑性指数 I_p	液性指数 I_L	压缩系数 a_{1-2}/MPa^{-1}	摩擦角 φ_{cu}/(°)	凝聚力 C_{cu}/kPa
13.8	0.95	0.36	25.3	17
13	1.37	0.43	25.3	20.8
13.5	1	0.47	27.7	21.9
21.8	1.49	1.45	10.6	8.2
16.5	1.35	1.01	18.3	8.3
12	1.34	0.41	9	7.9
15.7	1.36	0.35	22	3.8
22.1	1.45	1.4	9	8.4
22	1.12	1.13	10.1	10.8
14.5	0.98	0.61	21.7	11.1
12.4	1.17	0.43	23	6.7

表 14-10 黏性土的状态以及和其他指标的相关性[20,57]

稠度状态	流动	软塑	软可塑	硬可塑	硬塑	坚硬
液性指数 I_L	>1	1~0.75	0.75~0.5	0.5~0.25	0.25~0	<0
锥尖阻力	>-2.56	<-2.56	>-2.21	<-2.21	<-2.21	>5
标贯击数 $N_{63.5}$	<2	2~4	4~7	7~18	18~35	>35

根据图 14-7 沉积尾矿的标贯击数在 5~10 击。按表 14-9 尾矿的专题在软可塑到硬可塑，液性指数在 0.75~0.25。力学特性属于沿海软土。

14.3.2 颗粒组成与分选性

图 14-8 所示为设计使用的颗粒分析曲线，是根据初步设计安全专篇的资料绘制的。WK1、WK2 来自北京交通大学检测报告的资料。北方交大的试样是现场提供的全尾矿，用比重计法测定的。由于试样经历由湿到干，到再湿（比重计

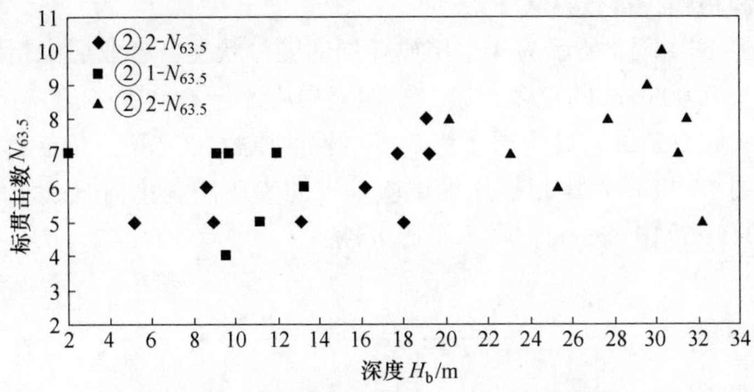

图 14-7 测试标贯击数 $N_{63.5}$ 随深度散点图

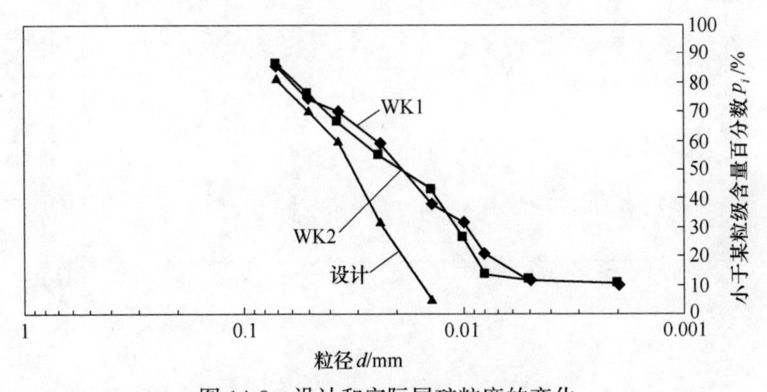

图 14-8 设计和实际尾矿粒度的变化

法为湿法）的过程，制备试样若不能把土的团粒充分分散，试验成果的粗颗粒含量有可能会偏大，细颗粒含量则会偏小。

图 14-9 所示是 ZK6 的部分数据，与全尾矿相比，还是有微弱分选。表现就

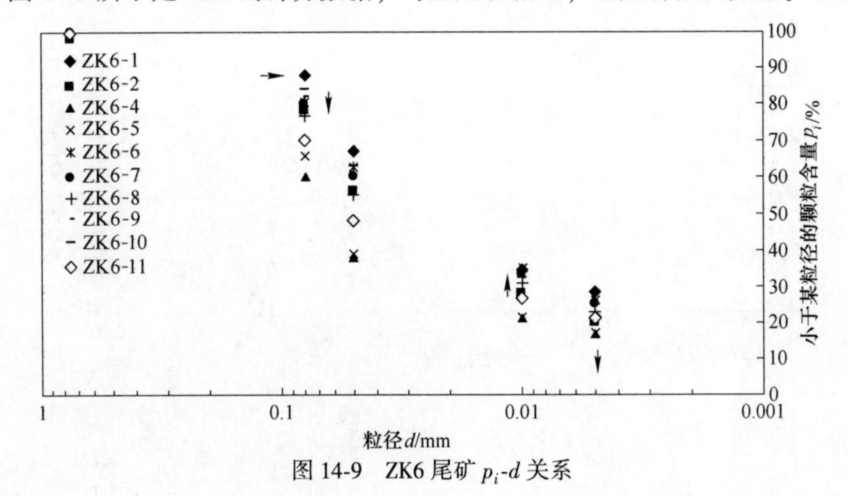

图 14-9 ZK6 尾矿 p_i-d 关系

是，细颗粒和粗颗粒都被富集了。

图 14-10~图 14-13 所示为 4 个尾矿亚层的颗粒状况，各亚层中粗颗粒比全尾矿的多，小于 0.005mm 的也多。第三、四亚层中小于 0.005mm 的高于 40%。细颗粒含量高，到一定的密度会严重影响渗透性。压力大，密度也会变大，渗透性也会变小，图 14-14 所示是根据压缩试验确定的渗透性变化情况。压缩后尾矿渗透性在 $2\times10^{-5}\sim6\times10^{-5}$cm/s，属于弱透水性。

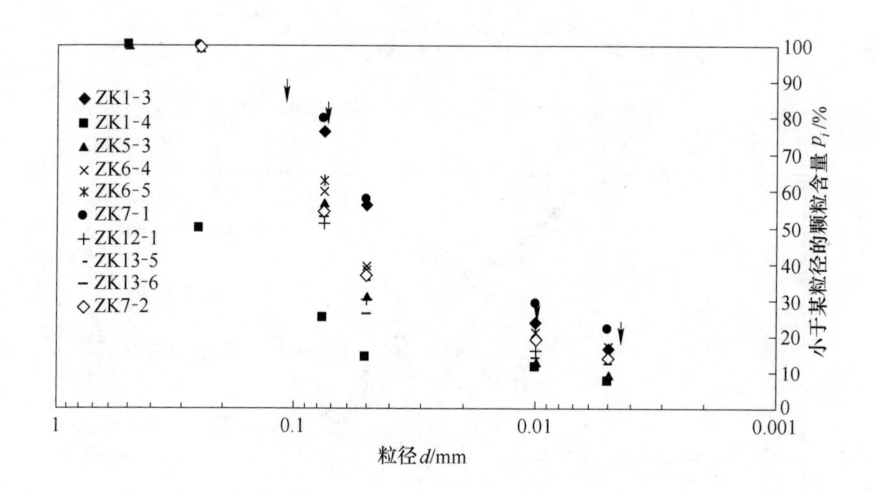

图 14-10　尾亚黏层 1 的 p_i-d 关系

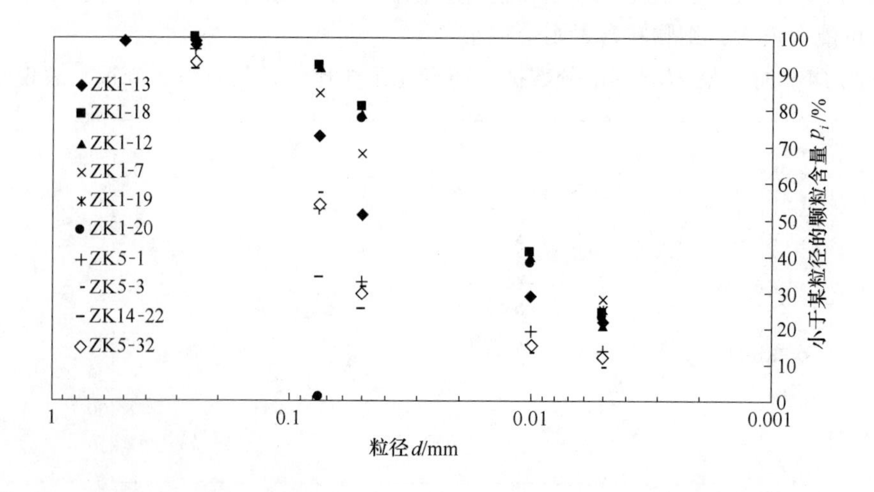

图 14-11　尾矿亚黏层 2 的 p_i-d 关系

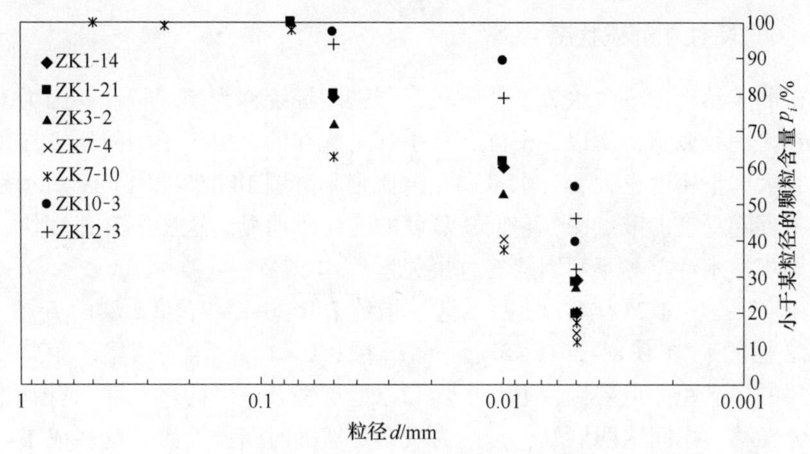

图 14-12 尾矿亚黏层 3 的 p_i-d 关系

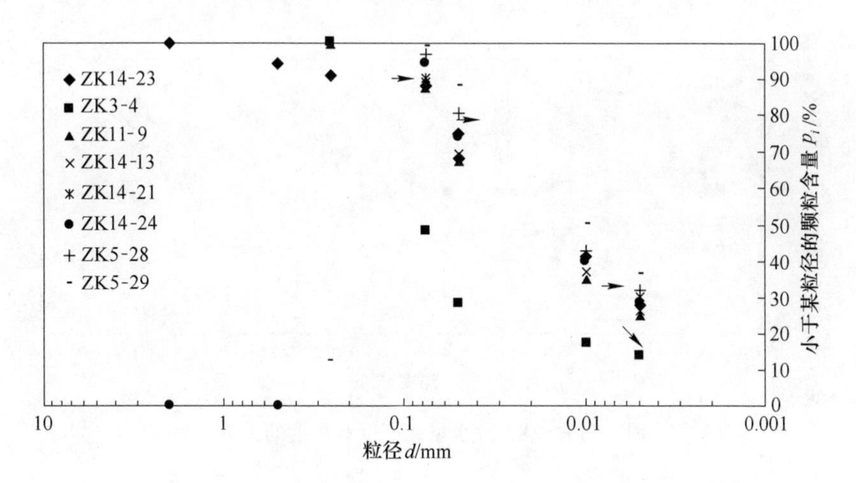

图 14-13 尾矿亚黏层 4 的 p_i-d 关系

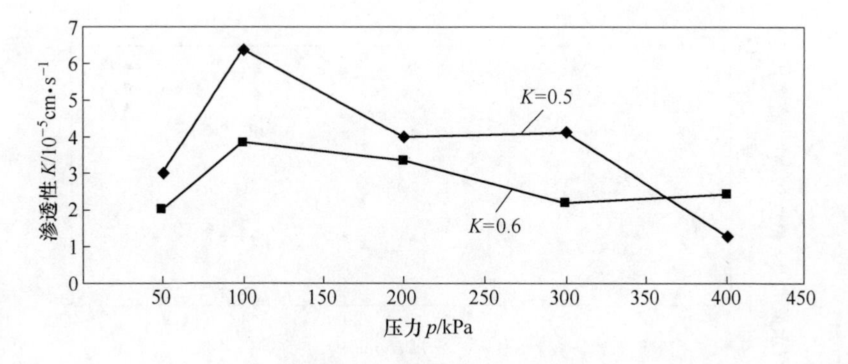

图 14-14 渗透性随压力变化

14.3.3　物理特性和沉积状态

尾矿的天然密度、含水量、孔隙比、干密度等统称为物理特性。因为大部分尾矿都在浸润线以下，所以，很湿，几乎都是饱和的。由于子坝的压重作用，尾矿密度较大，干密度也大，含水量和孔隙比则小。图14-15～图14-19所示是钻孔的物性指标随深度的散点图，它们随深度的变化不明显。这和上升速率快、颗粒细、初期坝透水性差等不利因素有直接关系。

图14-20～图14-23尾矿②1层的液性指数 I_L 在0.8～2，②2层的 I_L 在0.8～3.2，②3层的 I_L 在0.8～2.3，②4层的 I_L 在0.2～1.7。第一层尾矿距离子坝底近，底层的尾矿距原地层比较近，子坝和原地层都有一定的透水性，有利于尾矿中的水分转移。中间这两层软，是因为没有足够的时间排除渗。这些成果与原位测试的结果反映的情况是一致的。

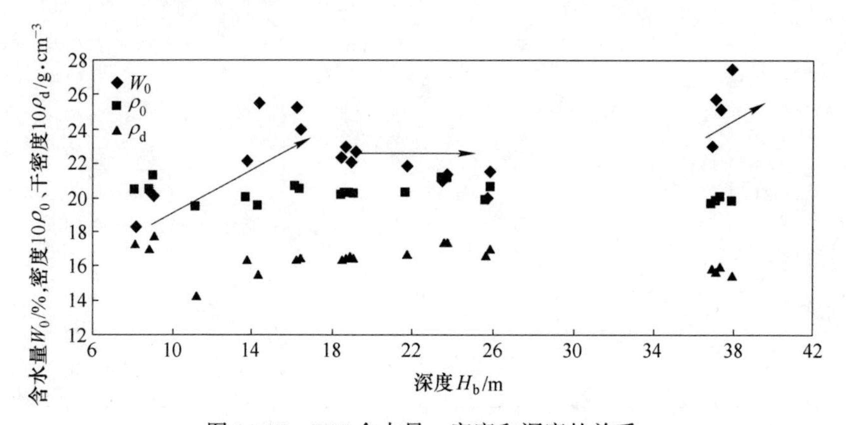

图14-15　ZK5含水量、密度和深度的关系

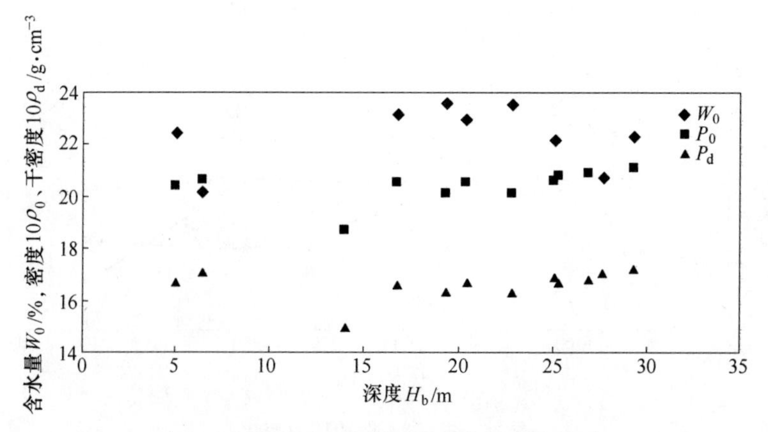

图14-16　ZK6含水量、密度和深度的关系

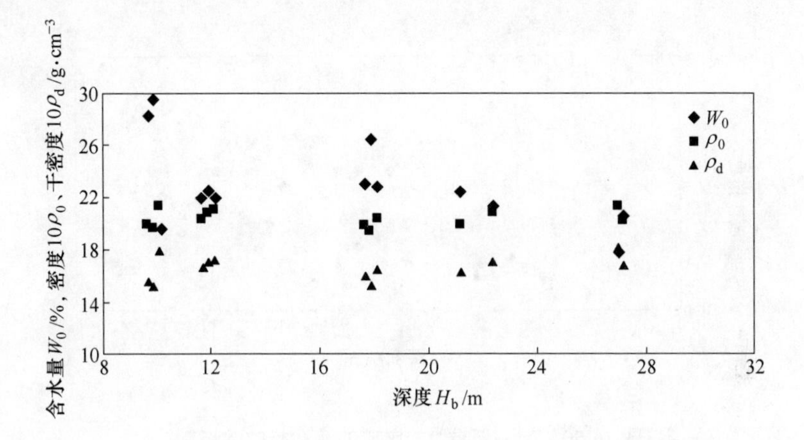

图 14-17 ZK8 含水量、密度与深度的关系

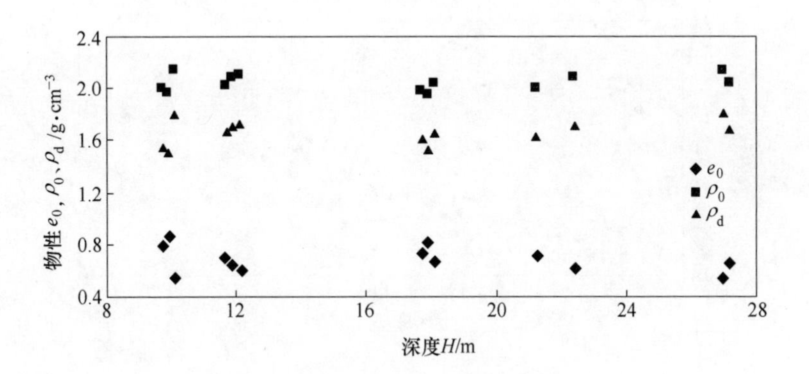

图 14-18 ZK8 孔隙比、密度与深度的关系

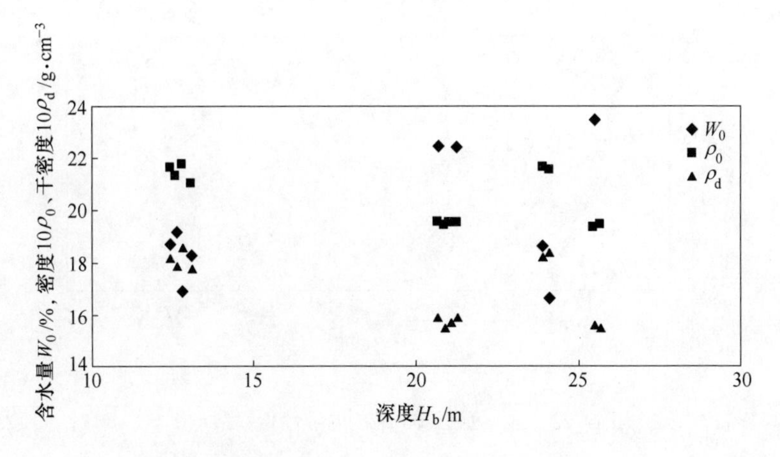

图 14-19 ZK14 含水量密度与深度的关系

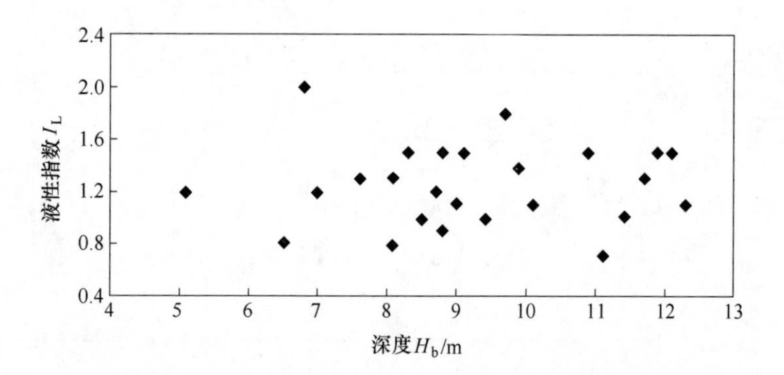

图 14-20　第一亚层②1 尾矿的液性指数散点图

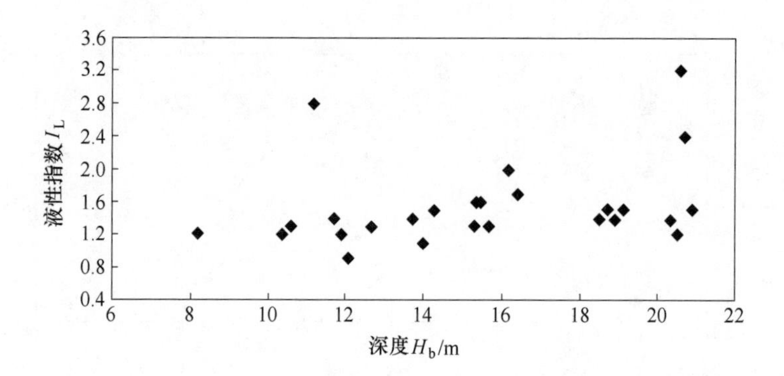

图 14-21　第二亚层②2 尾矿的液性指数散点图

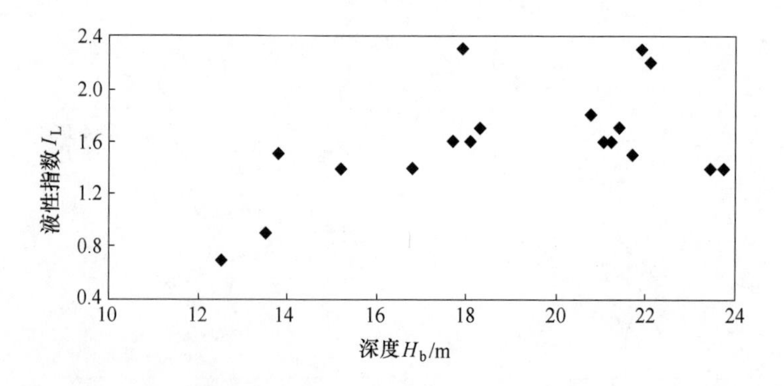

图 14-22　第三亚层②3 尾矿的液性指数散点图

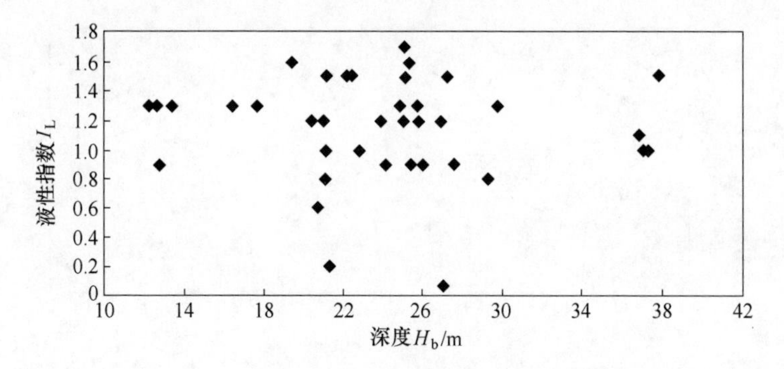

图 14-23 第四亚层②4 尾矿的液性指数散点图

14.3.4 抗剪强度指标

图 14-24~图 14-28 所示是直接快剪强度指标 C_q、φ_q 和固结快剪强度指标 C_{cq}、φ_{cq}与含水量的散点图。照理，固结以后含水量减少，固结剪切强度指标 C_{cq}、φ_{cq}应该增大，这里，由于横坐标不是剪切时的含水量，C_{cq}、φ_{cq}与天然含

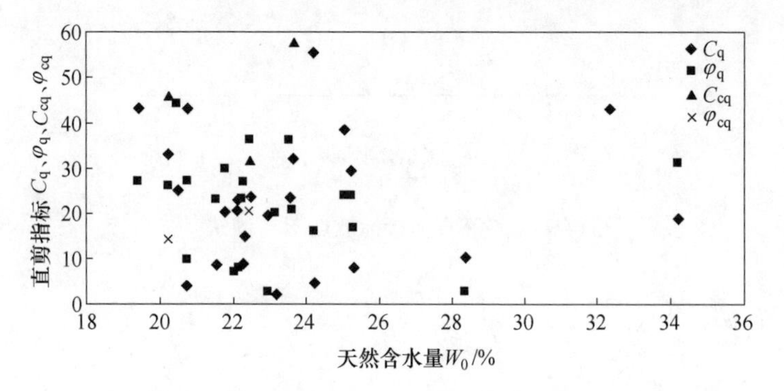

图 14-24 ZK3、ZK6、ZK10 直剪指标散点图（一）

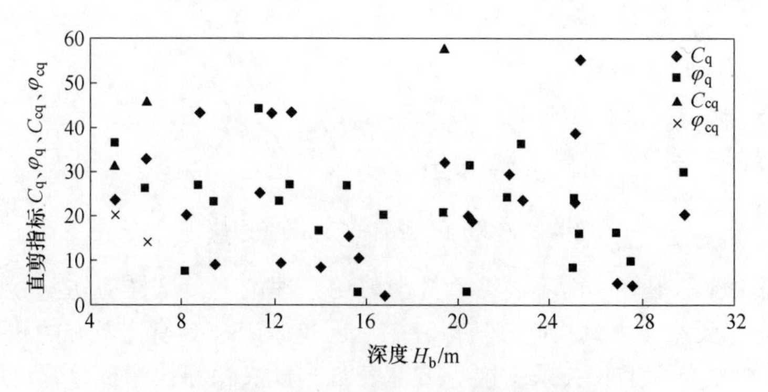

图 14-25 ZK3、ZK6、ZK10 直剪指标散点图（二）

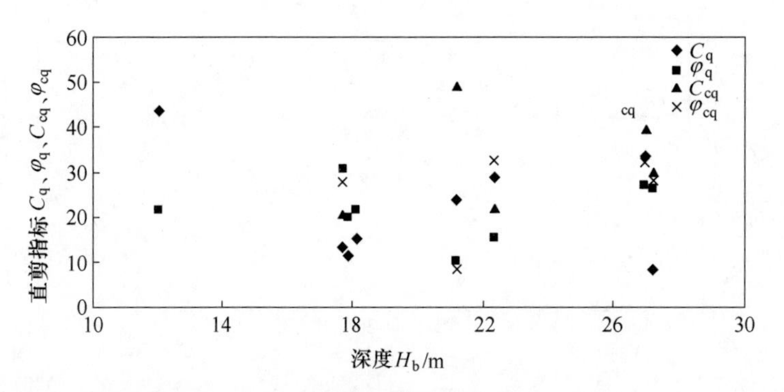

图 14-26　ZK8 直剪指标散点图（直快、固快）

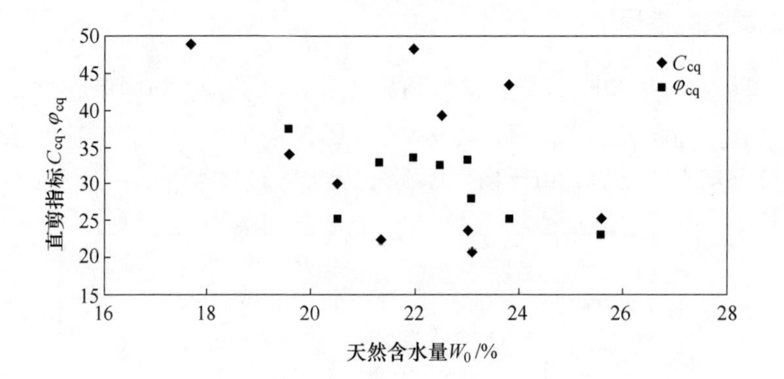

图 14-27　ZK8 直剪指标散点图（固快一）

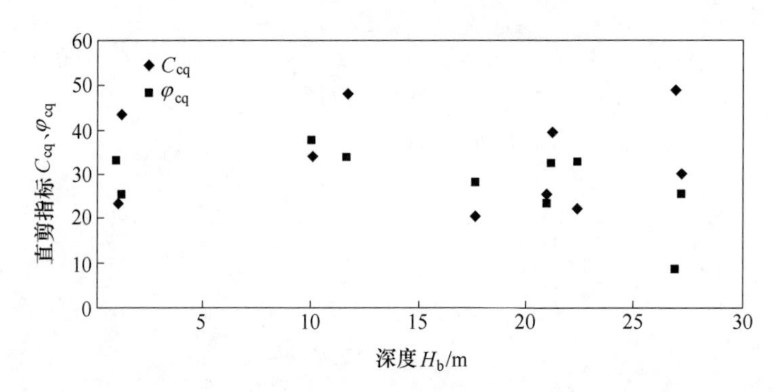

图 14-28　ZK8 直剪指标散点图（固快二）

水量 W_0 相关性不很好。而不固结不排水剪切，理论上，试样剪切前后的含水量不变，且应与天然含水量相同。所以，C_q、φ_q 应与 W_0 具有比较好的相关性，且应随 W_0 减少呈单一增长关系。这些结果表明，直快和固快指标分不开，快剪指标随 W_0 减少无明显单一增长关系。勘察给出的分层平均抗剪强度指标还有反趋势的状况，②3 层的直快摩擦角 φ_q 比固快摩擦角 φ_{cq} 还大，见表 14-11，这属于不合理的现象。是取样、试验、统计带来的误差累计造成的。

表 14-11　勘察报告给的分层平均抗剪强度指标

层号	直快凝聚力 C_q	直快摩擦角 φ_q	固快凝聚力 C_{cq}	固快摩擦角 φ_{cq}
②1	3.68	20.83	29.48	22.23
②2	13.22	8.99	18.50	16.17
②3	14.94	21.80	14.84	19.04
②4	13.83	14.10	24.18	20.37

为了探讨固结快剪强度指标 C_{cq}、φ_{cq} 与剪切时含水量的相关性，进而找到它们之间的单一关系，先选择不同的几个起始孔隙比的压缩试验结果，如图 14-29 所示，据此可求得不同压力对应的不同孔隙比。再从试验成果中（见图 14-24~图 14-28）选择与上述孔隙比条件一致或者最接近的固结快剪强度指标 C_{cq}、φ_{cq}，得到指标随含水量的变化。含水量在 22~29 之间，可用公式可表示为：

$$C_{cq} = 74.812 - 1.8398W$$

$$\varphi_{cq} = 58.255 - 1.5458W$$

按这组公式，可根据各层尾矿的平均含水量，求得固结快剪抗剪强度指标，见表 14-12。用这组指标，可避免散点图的"混"和平均值的离散度过于大。这种方法解决了从机理上选择试验强度指标的问题。

表 14-12　按现场含水量求的抗剪强度指标

尾矿亚层	天然含水量	凝聚力 c	摩擦角 φ/(°)
②1	21.9	34.5	24.4
②2	27.7	23.8	15.44
②3	23.5	31.6	21.93
②4	22.1	34.2	24.09

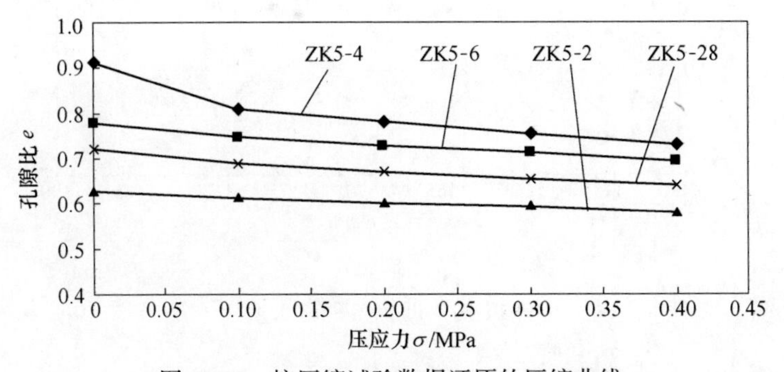

图 14-29　按压缩试验数据还原的压缩曲线

14.4　仿真模拟结果和勘察结果的对比分析

仿真模拟可以把坝内的沉积尾矿状态用重度、干重度、含水量、孔隙比、超孔隙水压力和固结度等物理力学指标详尽描述。数据来自微细难离析尾矿筑坝与排放技术的研究与应用报告二。原报告还研究了有、无槽孔管排渗的效果模拟，可以比较它们对沉积尾矿物理力学、固结度等指标的贡献。

对于模拟成果与真值贴近程度的验证，最直接的方法就是分析输入的可靠性。模拟时，输入仅凭重塑样的试验结果，按相关经验延伸到必要的范围，属于误差偏大的情况。虽然，按现在的勘察数据整理后，输入再进行模拟，当然是最好的验证，但是需费更多时间和经费。现依据钻孔的标高和位置，在仿真计算的数据表中，选择位置几乎重合的点位，再沿深度方面选取与钻孔位置接近的模拟数据，把模拟的结果和勘察的结果进行对比。

物性成果对比：先比较含水量（图中都用天然含水量 W_0 表示），图 14-30~图 14-33 所示分别给出了 ZK6、ZK7、ZK8、ZK14 钻孔的资料，相应模拟数据来自《微细难离析尾矿筑坝与排放技术的研究与应用》。图 14-34~图 14-37 比较了天然密度、干密度、孔隙比。模拟数据和勘察结果数值上接近或者可比，变化趋势一致，只有 ZK14 没有预测到含水量如此低。可能这个位置的子坝透水性好，所以，子坝以下含水较低，模拟的表层或者浅层含水量偏高。密度、干密度、孔隙比等指标的比较同样具有一致的量级和变化趋势。

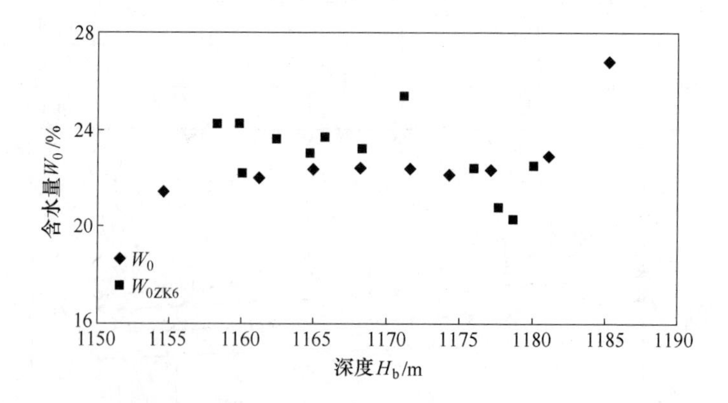

图 14-30　近 ZK6 的含水量

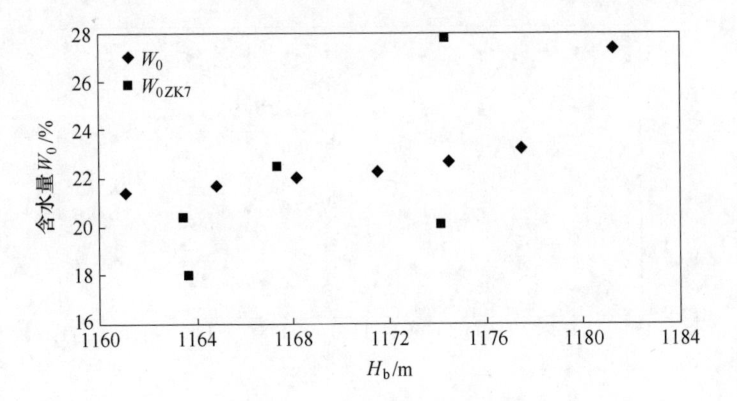

图 14-31 近 ZK7 的含水量

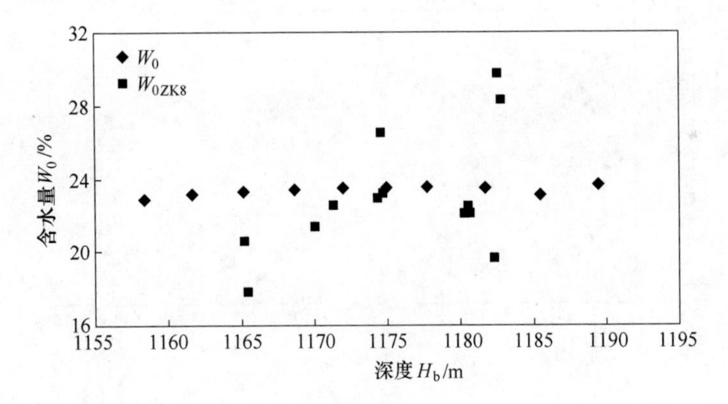

图 14-32 近 ZK8 的含水量

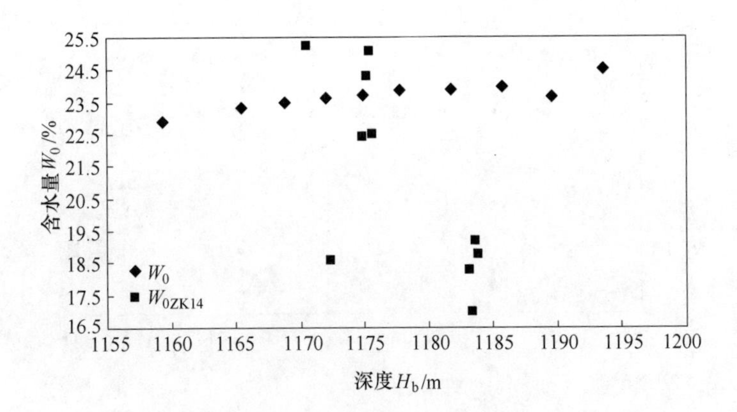

图 14-33 近 ZK14 的含水量

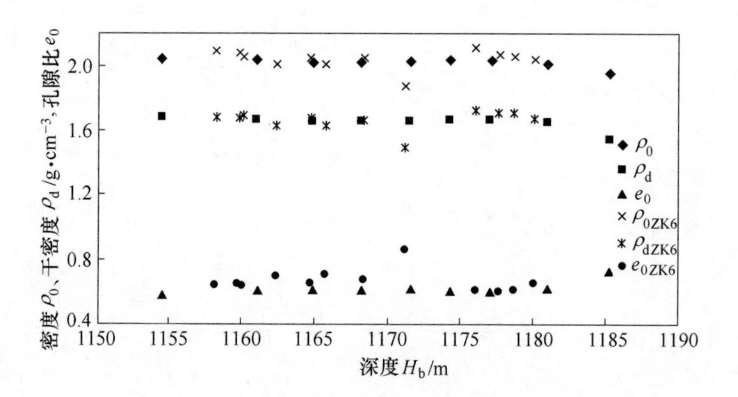

图 14-34　近 ZK6 的物性（天然密度、干密度、孔隙比）

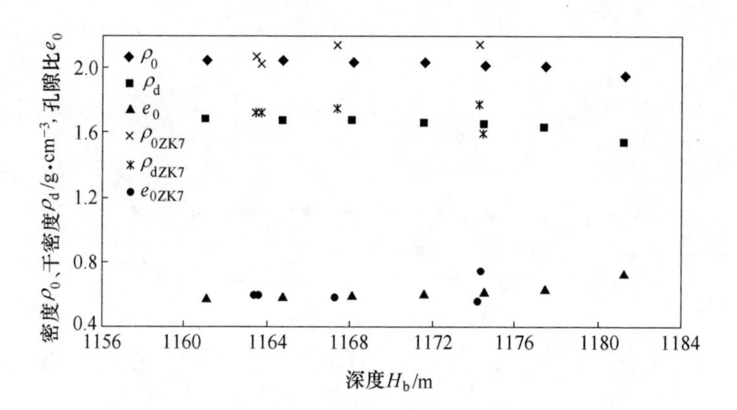

图 14-35　近 ZK7 的物性（天然密度、干密度、孔隙比）

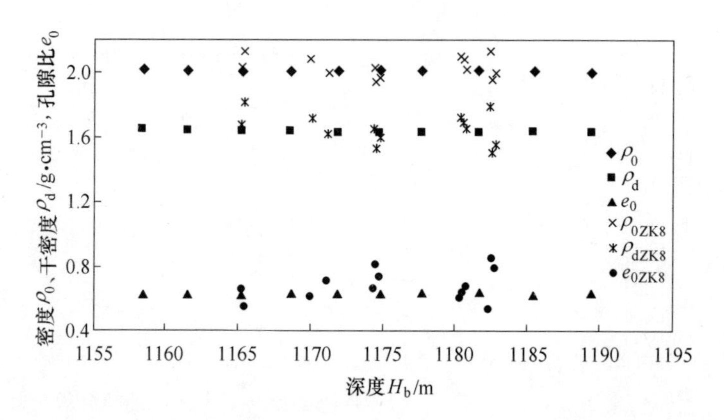

图 14-36　近 ZK8 的物性（天然密度、干密度、孔隙比）

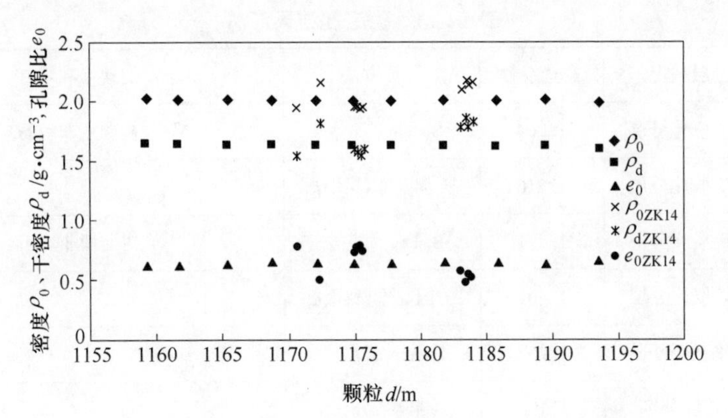

图 14-37 近 ZK14 的物性（天然密度、干密度、孔隙比）

14.5 坝坡稳定性

计算的断面如图 14-38 所示，根据勘察报告，和亚层都属于尾粉土，计算断面采用了两个方法得到：一个是按勘察断面，一个按固结度分区的断面。这里的勘察分层不是几句尾矿分类，是同一土类的 4 个亚层，依据实际上也是力学的；固结度的分区依据仿真模拟结果如图 14-39 所示，显然是力学的。稳定计算的过程不详细叙述，结果见表 14-13 和图 14-40～图 14-42，所用坝料指标见表 14-14。

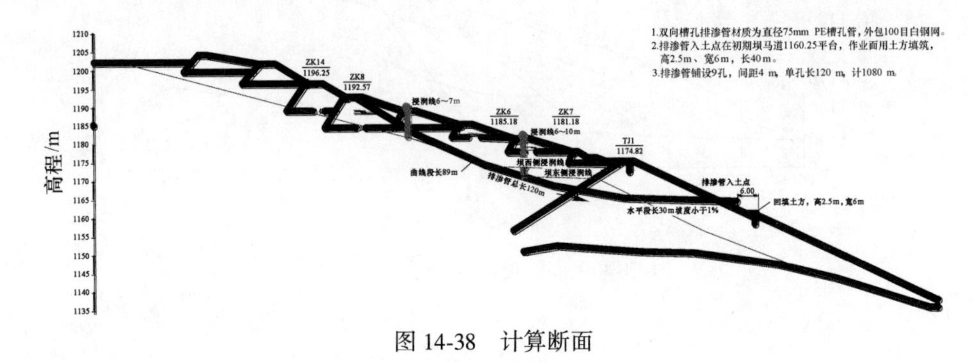

图 14-38 计算断面

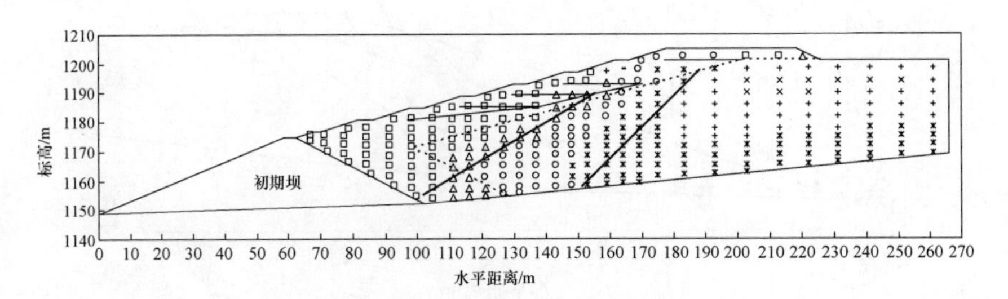

图 14-39 固结度计算结果

（按固结度 $U>90\%$、$U=80\%\sim30\%$、$U<30\%$分三区）

表 14-13　稳定性结果汇总

序号	分层情况	安全系数	计算方法	初期坝和坝基
1	尾矿概化分层	1.204	Bishop 简化法	初期坝非块石
2	尾矿概化分层	1.216	美国陆军师团法	
3	尾矿概化分层	1.491	Bishop 简化法	初期坝非块石
4	尾矿概化分层	1.402	美国陆军师团法	
5	固结度分区	1.252	Bishop 简化法	
6	固结度分区	1.108	瑞典条分法	
7	固结度分区	1.327	Bishop 简化法	初期坝非块石
8	固结度分区	1.363	Bishop 简化法	
9	固结度分区	1.403	美国陆军师团法	
10	固结度分区	1.108	瑞典条分法	

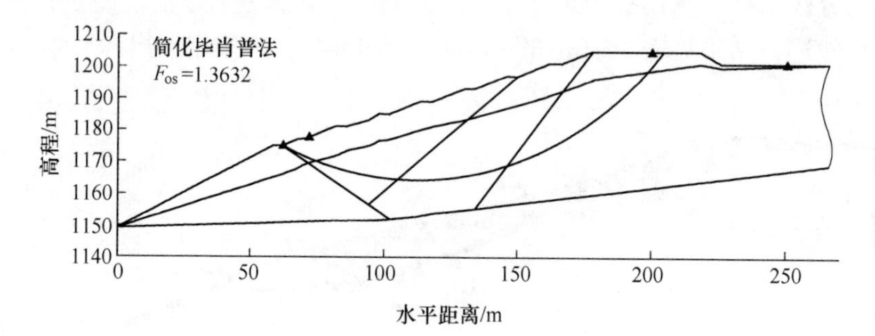

图 14-40　固结度分区稳定计算结果

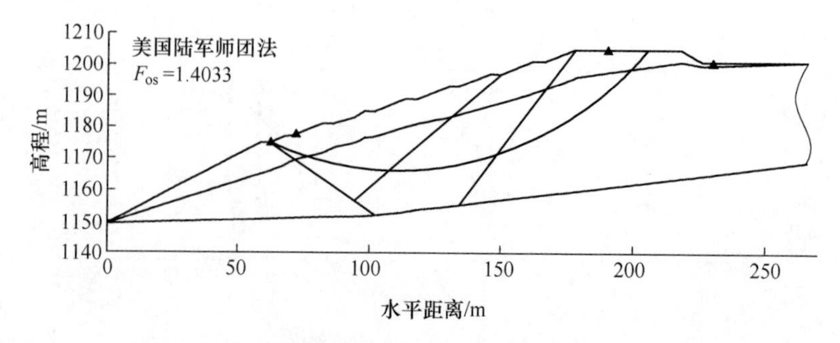

图 14-41　固结度分区稳定计算结果

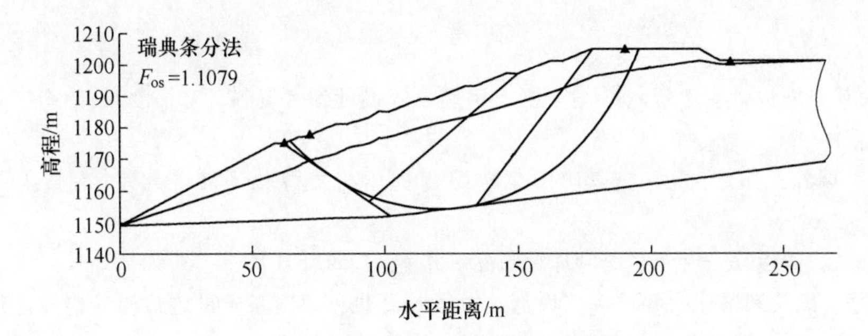

图 14-42 固结度分区稳定计算结果

表 14-14 计算中材料的特性指标

名称	重度/kN·m^{-3}	凝聚力/kPa	摩擦角/(°)	饱和重度/kN·m^{-3}
U90	19.7	0	24.5	20.1
U80	20	0	21.5	20.2
U<30	19.7	0	16	19.9
初期坝	20.5	0	26	20
基岩	18.3	0	27	19

参 考 文 献

[1]《尾矿设施设计参考资料》编写组. 尾矿设施设计参考资料 [M]. 北京:冶金工业出版社, 1984.

[2] 张锦瑞, 王伟之, 等. 金属矿山尾矿综合利用与资源化 [M]. 北京:冶金工业出版社, 2002.

[3] 田文旗. 国家安全生产监督管理总局视频讲座, 2009 年 5 月.

[4] 中华人民共和国住房和城乡建设部, 中华人民共和国国家质量监督检验检疫总局. GB 50863—2013 尾矿设施设计规范 [S]. 北京:中国计划出版社, 2013.

[5] AQ 2006—2005 尾矿库安全技术规程 [S].

[6] 编写组. GB 50986—2014 干法赤泥堆场设计规范 [S]. 北京:中国计划出版社, 2015.

[7] 徐洪达. 中国尾矿堆积坝技术的概况 [C]//第11 届全国尾矿库安全运行与尾矿综合利用高峰论坛文集. 武汉, 2018.

[8] 徐洪达. 中国尾矿库安全现状 [C]//第11 届全国尾矿库安全运行与尾矿综合利用高峰论坛文集. 武汉, 2018.

[9] 徐洪达. 我国早期尾矿后期筑坝研究成果及其推广 [C]//第11 届全国尾矿库安全运行与尾矿综合利用高峰论坛文集. 武汉, 2018.

[10] 徐洪达, 等. 新常态下的尾矿筑坝和运行问题探讨 [C]//第9届尾矿库安全运行高峰论坛论文集. 2016.

[11] 徐洪达. 论创新尾矿筑坝方法 [C]//第8届全国尾矿库安全运行高峰论坛论文集. 2015.

[12] 徐洪达. 尾矿排放和筑坝问题研究 [C]//全国尾矿库安全运行与尾矿综合利用高峰论坛论文集. 2017.

[13] 徐洪达. 冲积法尾矿坝的思考 [C]//第12 届全国尾矿库安全运行与尾矿综合利用高峰论坛文集. 景德镇, 2018.

[14] 徐洪达. 中线法尾矿筑坝的实践与技术改进 [C]//第12 届全国尾矿库安全运行与尾矿综合利用高峰论坛文集. 景德镇, 2018.

[15] 金松丽, 赵卫全, 闫浩. 细粒尾矿坝槽孔管排渗系统优化设计 [R]. 中国水利学会, 2017.

[16] 徐洪达. 上游式尾矿坝的沉积规律 [J]. 有色矿山,2003 (5).

[17] 程耀灵, 等. 采用中线法筑坝的峨口铁矿尾矿库安全运行技术探索 [C]//第3届全国尾矿库安全运行高峰论坛文集. 2010.

[18] 吴飞. 德兴铜矿 4 号尾矿库中线法堆坝生产及技术管理实践 [J]. 有色金属, 1998 (1).

[19] 梁金建. 德兴铜矿四号库尾矿库中线法堆坝生产实践 [J]. 中国矿山工程,2008.

[20] 印万忠. 尾矿膏体浓缩和堆存技术现状 [J]. 金属材料与冶金工程,2012.

[21] 刘洪均, 等. 乌努格吐山铜钼矿尾矿膏体排放和高浓度排放的研究和应用 [C]//第4届尾矿库安全运行技术高峰论坛论文集. 2011.

[22] 惠学德, 谢纪元. 膏体技术及其在尾矿处理中的应用 [J]. 中国矿山工程,2011 (2).

[23] 费祥俊. 浆体与粒状物料输送水力学 [M]. 北京:清华大学出版社, 1994.

[24] 冯满．尾矿浓缩和膏体尾矿的地面堆放［J］. 现代矿业,2009（10）.
[25] 张德洲．尾矿膏体堆存技术的发展和应用［J］. 中国矿山工程,2010（2）.
[26] 李春龙，宁辉栋，于泽，等．包钢西矿膏体尾矿的地面堆存效果分析［J］. 现代矿业，2014（8）.
[27] 汪文韶．土石坝填筑坝抗震研究［M］. 北京:中国电力出版社，2013.
[28] 中国科学院工程力学研究所．地震工程研究报告集（第四集）［M］. 北京:科学出版社，1981：217-243.
[29] 赵剑明，刘小生，杨玉生，等．高土石坝抗震安全评价与减灾方法［DL］. 网络文摘.
[30] 中国电力出版社．GB 51247—2018 水工建筑物抗震设计规范［S］. 北京:中国电力出版社，2018.
[31] 中华人民共和国国家经济贸易委员会．DLT 5129—2013 碾压式土石坝施工规范［S］. 北京:中国电力出版社，2014.
[32] 杨春和，张超，等．尾矿坝安全评价与病害治理［M］. 武汉:湖北人民出版社，2006.
[33] 潘建平．尾矿坝抗震设计方法及抗震措施研究［D］. 大连：大连理工大学，2007.
[34] 徐志英，沈珠江．高尾矿坝的暴雨渗流和地震液化有限单元分析［J］. 华东水利学院学报,1983（1）.
[35] 沈珠江．陡河土坝的地震液化及变形分析［C］//沈珠江土力学论文选集. 北京：清华大学出版社，2005.
[36] 汪闻韶．土的动力强度和液化特性［M］. 北京：中国电力出版社，1997.
[37] 陈青．尾矿坝设计手册［M］. 北京:冶金工业出版社，2007.
[38] 国家标准建筑抗震设计规范管理组．GBJ 11—1989 建筑抗震设计规范［S］. 北京:地震出版社，1990.
[39] 徐洪达，等．尾矿坝防震设计探讨［C］//第5届全国尾矿库安全运行技术高峰论坛文集．金属材料与冶金工程，2012（4 月增刊）.
[40] 蒋溥，王启鸣，等．地震小区划概论［M］. 北京:地震出版社，1990.
[41] 袁林娟，汪小刚，刘小生，等．水工抗震规范中高土石坝动态分布系数的探讨［J］. 中国水利水电科学研究院学报，2012，10（3）：161-165.
[42] 胡聿贤．地震工程学［M］. 北京:地震出版社，1988.
[43] 李作章，等．尾矿库安全技术［M］. 北京:航空工业出版社，1996.
[44] 调查组．我国冶金矿山尾矿坝安全稳定性技术调查报告［R］. 冶金部矿山司，1987.
[45]《中国有色金属尾矿库概论》委员会．中国有色金属尾矿库概论［M］. 中国有色金属工业总公司，1992.
[46] 徐洪达．我国尾矿库病害事故统计分析［J］. 工业建筑,2001.
[47] 田文旗，等．尾矿库安全技术与管理［M］. 北京:煤炭工业出版社，2006.
[48] 印万忠，等．尾矿的综合利用与尾矿库的管理［M］. 北京:冶金工业出版社，2013.
[49] 陈龙．我国尾矿库事故统计分析与对策.
[50] 梅国栋，王云海．我国尾矿库事故统计分析与对策研究［J］. 中国安全生产科学技术，2010（6）：211-213.

[51] 国务院令493号. 安全生产事故报告和调查处理条例 [EB]. 2007年6月.
[52] 李雷，等. 大坝风险评价与风险管理 [M]. 北京:中国水利水电出版社，2006.
[53] 编写组. DL/T 5353—2006水利水电工程边坡设计规范 [S]. 北京:中国水利水电出版社，2007.
[54] 王家祁. 中国暴雨 [M]. 北京:中国水利水电出版社，2002.
[55] 王国安，李文家. 水文设计成果合理性评价 [M]. 郑州:黄河水利出版社，2002.
[56] 顾晓鲁，钱鸿缙，等. 地基与基础 [M]. 3版. 北京：中国建筑工业出版社，2005.
[57] 黄绍铭，高大钊，等. 软土地基与地下工程 [M]. 2版. 北京：中国建筑工业出版社，2005.
[58] 美国工程科学院全国研究会地震工程研究委员会. 论地震工程研究 [M]. 罗学宁,池江，译. 北京：地震出版社，1988.
[59] 徐洪达，等. 御驾泉尾矿库333m标高筑坝可行性研究 [J]. 中国矿山工程，2004（3）.
[60] 徐洪达. 不同固结度尾矿泥CU试验和抗剪强度指标 [J]. 中国矿山工程，2005（1）.
[61] 徐洪达. 不同固结度尾矿泥动强度的试验和推求 [J]. 中国矿山工程，2004（5）.
[62] 徐洪达. 高浓度尾矿输送与筑坝研究和实践 [J]. 冶金工业部建筑研究总院院刊，1997（2）.